編輯大意

一、本書遵照教育部公布之「電腦網路」課程標準編輯而成。

二、本書全一冊，適用於資訊科第三學年，第二學期，每週三節，三學分授課之用。

三、本書撰寫主要目的是讓學習者瞭解：

　　1. 何謂電腦網路？網路基本工作原理為何？
　　2. 網路基本運作包含哪些要素？
　　3. 網路種類有哪些？目前實際應用上常見的網路規格有哪些？
　　4. 網路架設和管理相關資訊。
　　5. 網路未來發展趨勢。

四、本書共分九章，第一章主要介紹網路傳輸基本要素～訊號，包括訊號種類和訊號傳遞基本原理和傳輸基本觀念。第二章介紹訊號如何傳遞及工作原理，包括調變、基頻和寬頻傳輸等觀念。第三章介紹何謂個人電腦通訊介面，並介紹數據機基本工作原理和相關知識。第四章介紹何謂區域網路，包括區域網路種類、特性及相關標準規格，並介紹網路分層基本概念。第五章介紹目前市場上常見區域網路實做範例，包括乙太網路、權杖環網路、高速乙太網路和無線網路。第六章介紹何謂網路作業系統，第七章介紹網路作業系統規劃管理等相關實務，包括安裝、測試及如何管理。第八章介紹網際網路基本觀念和工作原理，並介紹TCP/IP通訊協定相關知識及網際網路相關應用。第九章介紹廣域網路和寬頻網路相關實務。

五、本書雖經細心編輯和校正，仍恐有疏漏之處，敬請各位先進惠予指教。

編者　謹識

目 錄

第一章 概 論　1

- 1-1　簡　介 2
- 1-2　訊　號 5
  - 1-2-1　訊號的種類 6
  - 1-2-2　數位與類比訊號轉換 9
  - 1-2-3　數位與類比訊號的比較 9
  - 1-2-4　週期訊號與非週期訊號 11
- 1-3　訊號傳輸 12
  - 1-3-1　傳輸形式 12
  - 1-3-2　傳輸速率 14
  - 1-3-3　傳輸品質 14
  - 1-3-4　單工和多工傳輸方式 15
  - 1-3-5　串列式和並列式傳輸 17
  - 1-3-6　同步傳輸和非同步傳輸 19
- 1-4　結　論 21
- 重點摘要 22
- 習　題 24

第二章　訊號調變與編碼　27

- 2-1　調　變 28
- 2-2　訊號傳輸媒介 31
  - 2-2-1　雙絞線 31
  - 2-2-2　同軸電纜 33
  - 2-2-3　光纖纜線 35
  - 2-2-4　傳輸媒介的選擇 37

2-3 訊號編碼和解碼 38
  2-3-1 類比訊號編碼 38
  2-3-2 數位訊號編碼 42

2-4 類比傳輸和數位傳輸 46
  2-4-1 類比傳輸 46
  2-4-2 數位傳輸 47

2-5 無線傳輸 48
  2-5-1 光學訊號傳輸 48
  2-5-2 無線電波訊號傳輸 49

2-6 結　論 50
重點摘要 52
習　題 54

第三章　電腦通訊介面與數據機　　57

3-1 通訊介面簡介 58
3-2 RS-232 通訊介面 59
  3-2-1 歷史背景 59
  3-2-2 傳輸規格 60
  3-2-3 其他 RS-232 改善介面 62
3-3 數據機(Modem) 63
  3-3-1 數據機的種類 64
  3-3-2 數據機規格 67
  3-3-3 數據機選用方法 76
  3-3-4 數據機未來發展趨勢 76

3-4 結　論 77
重點摘要 79
習　題 81

第四章　區域網路　85

- 4-1　簡 介 86
- 4-2　使用區域網路的好處 87
- 4-3　區域網路的的特點 90
- 4-4　區域網路拓樸方式 93
  - 4-4-1　匯流排拓樸 93
  - 4-4-2　星型拓樸 94
  - 4-4-3　環狀拓樸 95
  - 4-4-4　網狀拓樸 96
  - 4-4-5　混合式拓樸 97
  - 4-4-6　拓樸的選擇 97
- 4-5　區域網路開放架構 98
  - 4-5-1　網路分層 98
  - 4-5-2　OSI 參考模式分層 99
- 4-6　結 論 108
- 重點摘要 110
- 習 題 113

第五章　區域網路之元件及連線　117

- 5-1　區域網路之元件 118
  - 5-1-1　網路卡(Network Interface Card) 118
  - 5-1-2　訊號加強器(Repeater) 119
  - 5-1-3　集線器(Hub) 120
  - 5-1-4　集線交換器(Switch Hub) 121
  - 5-1-5　橋接器(Bridge) 123
  - 5-1-6　路由器(Router) 125
  - 5-1-7　閘 道(Gateway) 127
- 5-2　區域網路之連線實作 127
  - 5-2-1　乙太網路(Ethernet) 127
  - 5-2-2　權杖環網路(Token Ring) 133

iv

    5-2-3 權杖匯流排.. 136
    5-2-4 FDDI 光纖網路.. 136
    5-2-5 Apple Talk 網路... 137
    5-2-6 ARCnet.. 138

  5-3 高速區域網路實作... 139
    5-3-1 快速乙太網路.. 140
    5-3-2 十億位元乙太網路(Gigabit Ethernet) 142
    5-3-3 ATM 網路... 143

  5-4 無線網路實作... 148
    5-4-1 無線網路的發展.. 148
    5-4-2 IEEE 802.11 149
    5-4-3 行動電話無線傳輸系統.. 150
    5-4-4 藍芽技術.. 154

  5-5 結　論... 155
  重點摘要... 157
  習　題... 159

第六章　區域網路作業系統　　163

  6-1 簡　介... 164
  6-2 網路作業系統的概念... 164
    6-2-1 作業系統.. 164
    6-2-2 網路作業系統.. 166
    6-2-3 網路資源.. 167
    6-2-4 網路作業系統架構... 175
    6-2-5 網路作業系統的使用概念...................................... 178
    6-2-6 區域網路公用程式... 179

  6-3 網路作業系統相關產品.. 181
  6-4 結　論... 187
  重點摘要... 189
  習　題... 191

第七章　區域網路之安裝及管理　195

- 7-1　區域網路的安裝 196
  - 7-1-1　安裝評估 196
  - 7-1-2　架設網路 199
- 7-2　區域網路的管理 205
  - 7-2-1　設備管理 205
  - 7-2-2　效能管理 208
  - 7-2-3　安全管理 210
  - 7-2-4　帳戶管理 214
  - 7-2-5　系統維護 215
- 7-3　結　論 216
- 重點摘要 218
- 習　題 219

第八章　網際網路應用　223

- 8-1　網際網路發展過程 224
- 8-2　TCP/IP 通訊協定 226
  - 8-2-1　IP 協定 229
  - 8-2-2　TCP 協定 239
  - 8-2-3　網路名稱系統 244
- 8-3　網際網路應用 248
  - 8-3-1　電子郵件(E-mail) 248
  - 8-3-2　檔案傳輸(FTP) 251
  - 8-3-3　全球資訊網(WWW) 251
- 8-4　網際網路未來應用 254
  - 8-4-1　電傳視訊 254
  - 8-4-2　視訊會議 255
  - 8-4-3　遠距教學 256
  - 8-4-4　遠距醫療 257

	8-4-5　電子商務	258
	8-4-6　電子出版	259
	8-4-7　電子書	260
8-5	結　論	262
	重點摘要	264
	習　題	266

第九章　整體服務數位網路與寬頻網路　269

9-1	廣域網路傳輸技術標準	270
	9-1-1　T-Carrier	270
	9-1-2　SONET	271
	9-1-3　X.25	272
	9-1-4　Frame Relay	273
	9-1-5　ATM	273
9-2	整體服務數位網路	274
	9-2-1　ISDN簡介	274
	9-2-2　ISDN的架構	275
	9-2-3　ISDN的服務與應用	279
	9-2-4　ISDN的未來發展	281
9-3	寬頻網路	281
	9-3-1　ADSL	282
	9-3-2　Cable Modem	284
	9-3-3　DirectPC	288
9-4	結　論	288
	重點摘要	290
	習　題	292

Chapter 1

第  章

##

學習目標

1. 瞭解電腦網路。
2. 瞭解電腦網路構成要件及使用電腦網路的好處。
3. 瞭解訊號，包括訊號種類及訊號傳遞的原理。
4. 瞭解類比訊號和數位訊號的差異。
5. 瞭解訊號傳輸兩種形式，即有線傳輸和無線傳輸。
6. 瞭解單工傳輸、半雙工傳輸及全雙工傳輸。
7. 瞭解串列式傳輸和並列式傳輸。
8. 瞭解同步傳輸和非同步傳輸。

Computer Network

1-1 簡介

在現代社會裡，電腦的使用可說是相當普及，例如在家我們可以使用電腦玩遊戲、寫作業或做文書處理等工作，在公司我們可以使用電腦做試算表分析或資料庫查詢，當然，在很多公共場所，如超市賣場、車站機場，也有許多電腦幫我們結帳、購物、訂位或查詢等，要說現代人的生活要完全擺脫電腦輔助，只怕已是不可能的事。

然而在大部分情況下，電腦都是單機使用獨立作業的，和其他的電腦並不相關連，這種作業方式稱為單機作業或本地（local）作業。但實際運用上，我們可能有很多資訊或想要使用的資源（resource）如印表機、繪圖機等，並未包含在我們這台電腦上，然而在別人的電腦上可能有，如此一來我們只要在需要時和別人共用就好了，根本無須自己複製相同一份資訊或購置相同設備在我們自己電腦上，反過來我們也可以把我們有的資訊或資源提供給別人使用，相互交流互通有無，這不是很理想嗎？但我們該如何和別人分享這些資源呢？答案就是透過電腦網路。

簡單地說電腦網路就是不同電腦彼此間資訊交流的橋樑，實現資訊互通、設備共享的基本配置。若原本單機使用的電腦加入電腦網路會有什麼好處呢？舉例來說，當我想查詢某大學今年度招生簡章及注意事項時，傳統上我們可能要跑到學校去索取或購買相關資料，這對住在偏遠地區的同學來說就很不方便。但只要這些學校將這些資訊連上網路且開放讓我們存取的話，我們就可以在家透過網路連線服務去獲得我們想要的資訊，根本無須出門，是不是快捷方便很多？還有現代資訊容量實在變化太快，不是一般個人一天所能整理吸收，且資訊容量也太多，也不是一般個人電腦容量所能負荷容納，但只要連接網路，網路上自然有專門公司或機構幫我們整理資訊，我們只需挑選適合我們的瀏覽，便可快速掌握最即時資訊脈動，更美好的是我們根本不用外出在電腦面前幾番操作便可取得，真正做到秀才不出門，能知天下事的境界，對於個人無論是工作需求或自我充實，都是相當便利的管道。

那實體上，電腦網路是由什麼所組成的，電腦網路是由一些通訊節點（node）和傳輸媒介(media)所組合成的網絡（mesh）架構，這裡所謂的通訊節點也就是我們熟悉的個人電腦或任何可以上網的終端設備，而傳輸媒介就是可傳遞訊號的介質，如電纜線、光纖甚至無線電波等。在網路上所有的節點都必須設定一個獨一無二的位址（address）以供識別，就好像在我們每個人都有一個獨一無二的身份證編號一樣。這些彼此交換資料的節點也必須同時執行一個共通的通訊協定（protocol）(註)，做為彼此訊號傳輸溝通的準則，以便完成資料交換的工作，如圖 1-1(a)、(b)所示。

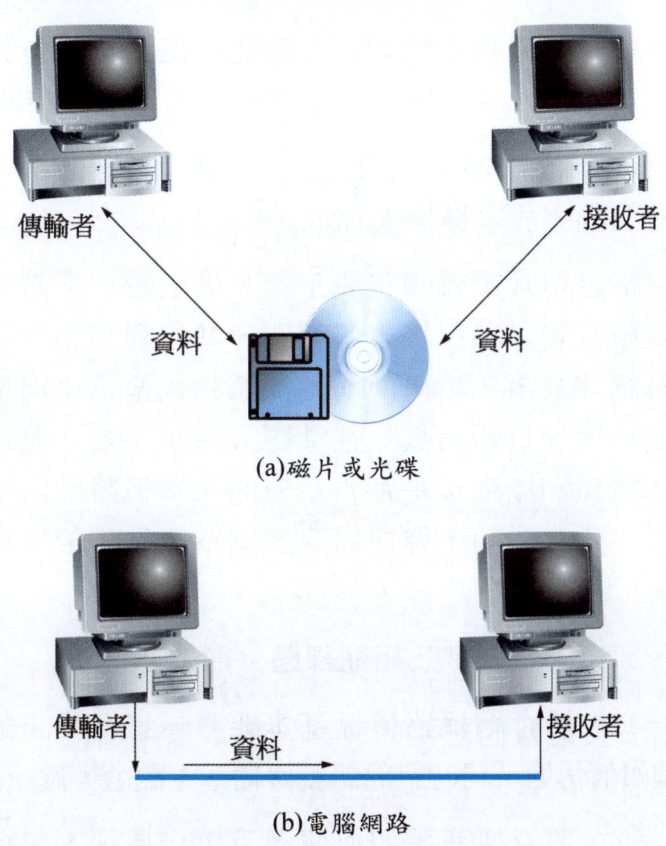

(a)磁片或光碟

(b)電腦網路

圖 1-1　資料交換途徑

> **通訊協定**(註)
>
> 　　通訊協定廣義的說便是讓兩個截然不同的實體相互溝通傳遞資料的機制。由於各類電腦及資訊設備由不同廠家提供，彼此間有相互的差異，但只要遵循彼此能夠共同遵守之通訊協定設計，則便可輕易和別家產品搭配使用，沒有使用上不相容的困擾。
>
> 　　通訊協定的制訂一般有兩種途徑，一是由國際具公信力的機構訂定標準，二是由市場領導廠商因產品佔有率高而直接採用成為標準協定。

　　沒有網路時，資訊交換方式通常使用磁片拷貝方式，傳輸者先將資料拷貝至軟碟片或光碟片上，然後手動傳遞給接收者。

　　有網路時，資訊交換方式則透過網路傳遞，傳輸者先將資料拷貝至伺服器上或開放本機供人存取。

　　電腦網路是相當複雜的資訊工業，從上游到下游包含通訊、材料、系統軟體及資訊工程等專業學問，其相關知識背景要在一時之間全盤瞭解絕非易事，更何況網路知識和技術每年均不斷地推陳出新，更新變化速度日新月異，往往讓人措手不及。雖是如此，有許多網路基本常識和原理卻是亙古不變的，本書將針對這些相關基本常識和原理，逐章討論，俾便同學對網路運作和架構建立正確的觀念和認識。

　　對於各章節內容安排及相關課題，簡述如下：

　　在第一章，將介紹網路傳輸基本要素，也就是訊號，包括訊號種類和訊號如何傳遞。同時對於訊號傳輸基本觀念，做一基本的描述。

　　在第二章，將介紹訊號如何傳遞及工作原理，包括調變、基頻和寬頻傳輸等觀念。同時對訊號傳輸媒介、資料編碼做一深入探討。

　　在第三章，將介紹個人電腦通訊介面，包括 RS-232 系列，並介紹數據機基本工作原理和相關知識。

　　在第四章，將介紹何謂區域網路，包括區域網路種類、特性及相關標準規格，並介紹網路分層基本概念。

在第五章，我們將介紹特定區域網路產品範例，包括乙太網路、權杖環網路、高速乙太網路和無線網路。

在第六章，我們將重點擺在網路作業系統，以一個網路管理者角度簡介網路作業系統基本功能和主要功能。

在第七章，我們介紹網路作業系統規劃管理等相關實務，包括安裝、測試及如何管理。

在第八章，我們介紹網際網路基本觀念和工作原理，並介紹TCP/IP通訊協定相關知識及網際網路相關應用。

在第九章，我們介紹廣域網路和寬頻網路相關實務，包括ISDN、ATM 及 ADSL、Cable modem 等。

1-2 訊 號

訊號（signal）的廣義解釋就是訊息傳遞的機制。在訊息傳遞的過程裡一定有一個傳輸端和一個接收端，傳輸端負責傳輸訊號給接收端，而接收端接收到訊號後再依據訊號傳輸內容作適當的動作反應，如圖 1-2 所示。

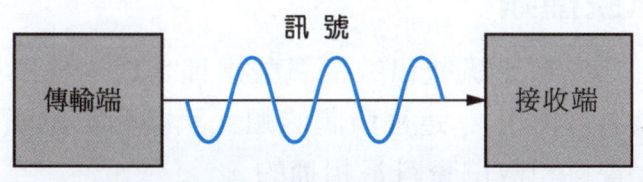

圖 1-2　訊號傳遞的模型

訊號的物理形式是沒有限定的，可以是聲波、電磁波或光，只要能達成溝通傳輸及接收兩端即可。

但若狹義地以網路通訊而言，訊號被視為一種傳遞訊息資料的載波。那何謂載波（carrier）？載波是一種以電磁脈衝或電波所形成的能量格式，可以被其它訊號調製，以一種穩定的變化傳輸資料。載波可藉由增加強度、變更頻率或相位來轉換能量行進方式，進而傳輸或轉換資料。由於光纖媒介的雷射傳導方式出現，以光纖傳導而言，載波也就成了傳輸資料的雷射光束，各種載波形式如圖 1-3 所示。

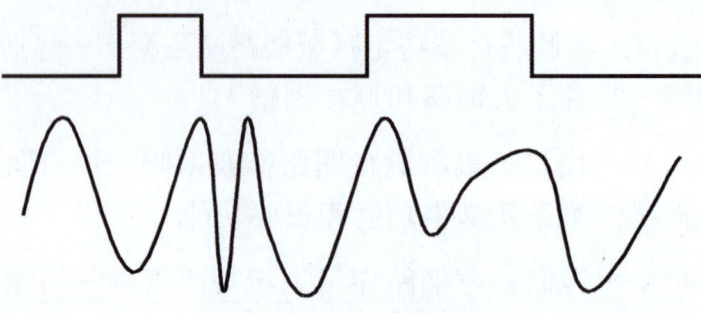

圖 1-3　各種載波形式

　　接下來我們來看傳遞訊息（message）。傳遞訊息通常指的就是要傳達的內容（content），也就是我們所謂的交換資訊（information）。這裡的資訊可以是文字、圖片甚至影音資料，然而這些資訊在實際轉換成載波形式前都必須經過資料編碼手續，但不論如何，資訊能完整無誤地由傳輸端傳輸至接收端是訊號處理過程最重要的一件事。

　　利用載波來做訊息傳達的作法有許多方式，就看系統設計策略為何。例如我們可以利用載波電壓振幅的高低來代表訊息資料的變化，或以載波頻率的高低來代表訊息資料的變化等，或者混合使用皆可，只要傳輸端和接收端相互認同即可。

1-2-1　訊號種類

　　訊號可分成類比訊號和數位訊號兩種，這兩種訊號可以單獨存在，也可以混合使用。這裡所謂的類比訊號和數位訊號觀念上和計算機中類比資料和數位資料是相通的。

(一)類比訊號

　　類比訊號指的是由連續性資料所構成的訊號。何謂連續性資料？就是資料值不斷地隨時間變化，即使要做很大的轉變（如由極小值轉變到極大值），也是連續循序轉變而不是瞬間切換，此為類比訊號的特性。最典型的類比訊號就是聲音訊號，例如在家看電視，聲音太小聽不清楚，我們想把它開大聲一點，當我們按下音量放大的按鈕時會發現音量調整過程中是由小到大逐步改變，而非突然從小聲可瞬間跳到大聲，像這種連續轉變的聲音訊號就是類比訊號的一種，如圖 1-4 所示為類比訊號。

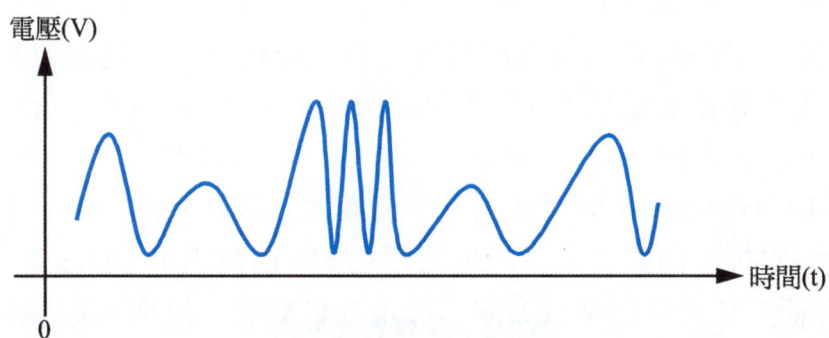

圖 1-4　類比訊號格式

(二)數位訊號

　　數位訊號指的是離散資料所構成的訊號，何謂離散資料？就是資料值只有兩種結果，不是有便是無（或者說不是真（True）便是假（False），不是打開（ON）就是關閉（OFF）），凡是由此兩種訊息所組成的訊號，就是數位訊號。例如商店招牌燈打開表示營業，關閉代表休息。

　　數位訊號輸出只包含兩種可能性，不是有便是沒有，所以數位訊號是相當絕對且沒有爭議性的。由於數位訊號廣泛用於計算機電路，所以利用計算機二進制的 0（代表無）或 1（代表有）來表示輸出結果也是相當普遍。本書若沒特別聲明，亦即用 0 或 1 來代表數位訊號的輸出值，如圖 1-5 所示為表數位訊號。

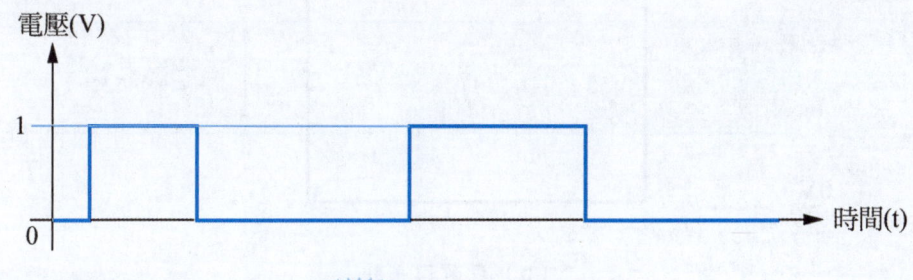

圖 1-5　數位訊號格式

　　由於前面所述訊號在網路通訊系統中通常代表就是電壓準位，以類比訊號而言由於為連續性變化，所以任何電壓值均可視為其輸出值,例如輸出 5V 即為 5V,2.3V 即為 2.3V,所以輸出結果有無限種可能。反觀數位訊號輸出結果只有明確兩種,不是有便是沒有,所以我們定義電壓準位在某個準位以上,代表有(1),低於某個準位以下,代表無(0)。例如一般電腦大部分以 5V 做準位,輸出 5V 代表 1,0V 代表 0。但注意的是準位值並不是絕對的,端看系統如何設計和安排,例如有些系統可能超過 3V 便視為 1,低於 2V 便視為 0。然而介於這兩個準位之間由於是模糊地帶,故為未定義狀態,好的硬體設計絕對要避免讓訊號準位落到這個區間。

凡輸出電壓高準位代表 1,低準位代表 0,此稱為正邏輯系統。反之,高準位代表 0,低準位代表 1,此稱為負邏輯系統,如圖 1-6 (a)、(b)所示。

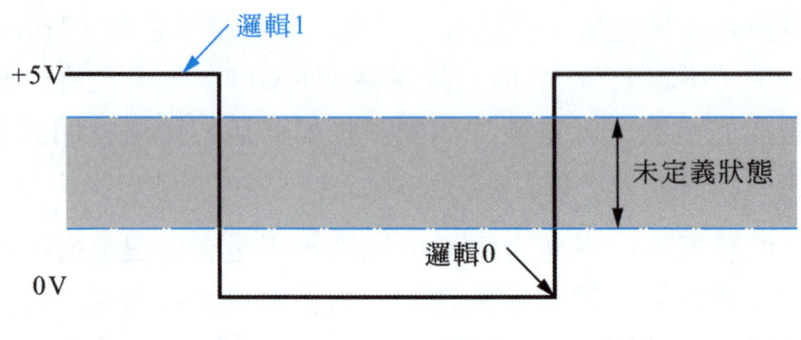

(a)正邏輯系統

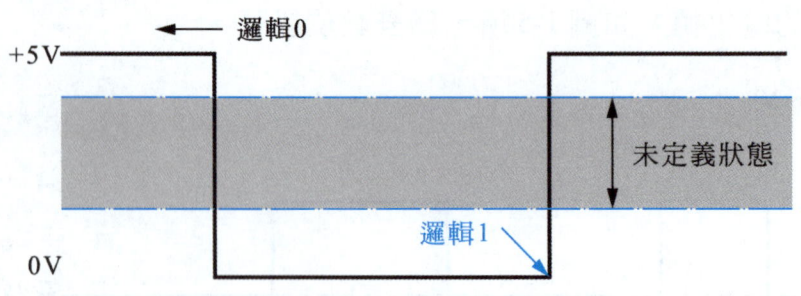

(b)負邏輯系統

圖 1-6 正邏輯系統和負邏輯系統

1-2-2 數位與類比訊號轉換

數位與類比兩種訊號是可以相互轉換的,將類比訊號轉換成數位訊號稱為 A/D 轉換器,或簡稱為 ADC,在此 A 是類比(analog)的意思,D 是數位(digital),而 C 是轉換器(converter)的縮寫,反過來將數位訊號轉換成類比訊號稱為 D/A 轉換器,或稱為 DAC。關於 A/D 轉換器或 D/A 轉換器電路原理和設計超出本書範圍,在此不再深入,但相關應用相當廣泛,待本書第三章談到數據機時再做更詳盡介紹,如圖 1-7 所示。

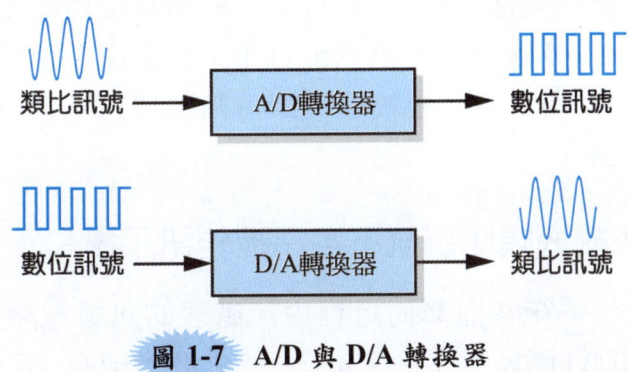

圖 1-7 A/D 與 D/A 轉換器

1-2-3 數位與類比訊號的比較

數位與類比兩種訊號在運用上,有下列主要差別:

(一) 數位訊號電路設計較類比訊號電路設計來得簡單且容易整合

由於數位訊號在電路設計上不是高電壓就是低電壓,所以不同公司設計的數位產品如 IC 或單晶片之間便十分容易整合。且數位訊號所使用之相關設備成本,一般也較類比訊號來得便宜。

(二) 數位系統的運算精確度優於類比系統

由於類比訊號做訊號處理時容易受電路元件特性影響,特別對溫度最為敏感。舉例來說假如我們有一個類比訊號需要做兩次雙倍的運算，例如輸入為1V，中間一段雙倍應為 $1 \times 2 = 2(V)$，再一次應為 $2 \times 2 = 4(V)$，所以輸出應為4V。但因為類比電路元件受環境影響而產生誤差關係，執行的效果會有某種程度偏差，例如原本輸入為1V，中間一段雙倍因誤差關係本來應為2V結果變成2.05V，變成放大了2.05倍，再一次放大可能變成 $2.05 \times 2.05 = 4.2025(V)$，4.2025V當然比起預期的4V多了一些誤差，若在要求精確的系統這是不理想的，更何況運算愈多次誤差累積也就越可觀，這當然不是所樂見之結果。

　　反觀數位系統，同上例，假設輸入電壓為1V，經類比至數位轉換後的編碼是0001(此碼表示數目1)，經過數位處理運算後的結果是0100(0001的四倍為0100，表示數目4)，再經由數位至類比轉換至輸出端就得到4V的電壓。相較之下即可知數位系統運算比起類比系統來得穩定可靠。

(三) 數位系統較類比系統不容易被雜訊干擾

　　由於數位系統在運算的過程中所處理的訊號電壓不是高(代表 1 的電壓)就是低(代表 0 的電壓)，高低之間會留有一段緩衝區作為區分的距離，此種距離容忍了一些雜訊的重疊干擾，使得數位系統分辨代表數值的高低訊號不至錯亂，所以運算的結果相對也穩定精確。反觀類比系統，特別是小信號輸入，任何雜訊加入會使得原本訊號產生不可預期的改變，特別經由放大器放大後在放大的同時雜訊也跟著被放大了，其結果自然就嚴重失真。

(四) 數位系統的信號儲存較類比系統容易

　　數位訊號在儲存時，儲存的是代表訊號的數碼，而數碼可由任何1或0的型態組合，例如電壓的「高」與「低」，光線的「有」與「無」，磁場的「N極」與「S極」等，所以數位系統可供儲存信號的種類很多。常見的數位媒體包括磁帶機、磁碟機、隨機存取記憶體(一種以電壓儲存的記憶體)、光碟機，甚至以打孔區分有無的紙帶，以鉛筆塗抹的答案卡，都是數位系統可儲存的裝置。然而，類比系統為了要依振幅比例將信號電壓儲存下來，可以用到的方式，市面上可以看到的就只有錄音帶或錄影帶了，但這類裝置非常容易磁化或潮解，並不適合長期儲存。

所以綜合以上比較，數位系統在許多應用上比起類比系統有相當大的改進，這也是為什麼現在許多訊號傳輸系統都走向數位化的原因。

1-2-4 週期訊號與非週期訊號

訊號若以時間特性來說，可以分為週期訊號(periodic signal)和非週期訊號(aperiodic signal)兩種。所謂「週期訊號」指的是每隔一段時間就會重複出現相同特性的訊號，若以波形圖來說，週期訊號便是每隔一段時間具有重覆波形的訊號（如圖1-8所示）。反之，非週期訊號便不具有這種特性，在任何時間訊號輸出值都為不可預測。

若以數學函數式表示，訊號$f(t)$滿足若存在一數值T，使得

$$f(t+T) = f(t)$$ 對所有t均成立

則我們稱T為週期訊號之週期。反之，若該信號找不到一個T值滿足上式，則該訊號便為非週期訊號。

週期訊號中，最單純的就是「弦波訊號」(sinusoidal signal)，這個弦波家族的成員，祇有正弦波(sine wave)與餘弦波(cosine wave)兩種。根據我們對三角函數的瞭解，一個典型的弦波型的聲波訊號可以用下述的時間函數表示：

$$e(t) = A\sin(2\pi f t + \theta)$$

其中：A表示弦波訊號的振幅(振動的幅度，就是音量的大小)，f表示頻率(每秒的振動次數，單位是Hz)，而θ表示它的相位角。以此例而言，週期T便是$2\pi f$。

圖1-8為典型週期訊號，包括圖(a)正弦波、圖(b)三角波及圖(c)方波。

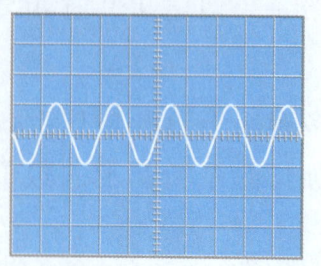 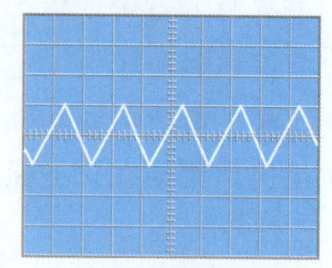 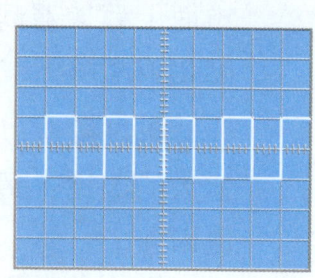

（a）正弦波　　　　　（b）三角波　　　　　（c）方　波

圖 1-8　各種週期訊號形式

1-3　訊號傳輸

　　訊號傳輸主要目的就是把資訊正確無誤地由傳輸端傳輸到接收端，達成資訊交流的目的。例如我們日常生活中最常見的無線電通訊、傳真和最近最熱門的電子郵件，都是訊號傳輸應用。由於完整訊號傳輸從頭到尾整個過程包含相當多技術重點，例如傳輸訊號在傳輸端到接收端該如何溝通？傳輸速度及正確性如何提高？傳輸媒介該如何選擇等，我們將在接下來章節有更深入的探討，本章僅對基本觀念做一通盤介紹。

1-3-1　傳輸形式

　　訊號傳輸形式，可分成有線和無線兩種。簡單說有線傳輸便是使用有形的傳輸媒介作為傳輸工具，如電纜線或光纖等，而無線傳輸便是使用無形的電磁波的作為傳輸媒介。

(一)無線傳輸

　　無線傳輸是利用電磁波作為傳輸媒介，然而電磁波傳播方式可分成三種：直線傳播（Line propagation）、地表傳播(Ground wave propagation)及反彈傳播(Skip wave propagation)。

1. 直線傳播

　　直線傳播通常用於近距離點對點傳輸，發送端直接發射電磁波至接收端，由於訊號直接直線傳輸，容易受地形影響產生衰減，是故並不適合長距離通訊使用。直線傳播接收端訊號能量與發射距離成反比。

2. 地表傳播

　　地表傳播類似直線傳播，差別在於地表傳播器有中繼調變器作為訊號轉送，若選擇適當選擇調變器位置，可有效增加通訊範圍和傳輸品質。

　　地表傳播發射機位置必須位於高處，如此接收距離可增加，受到衰減情況也比直線傳播來的少。

3. 反彈傳播

　　反彈傳播是所有無線傳播中，範圍和距離最長者，作法是將傳輸端的天線（Antenna，任何用來收集或發射電磁波之構造或裝置）把電磁波射向大氣層，經由大氣游離化方式傳播，反射到地表上完成傳播。

　　反彈傳播之電磁波頻率必須小於 300MHz，否則大氣層無法將足夠能量的反射波送回地表上。

(二)有線傳輸

　　有線傳播即是使用實體線路做為傳輸媒介，常見的媒介包括同軸電纜、雙絞線和光纖。依據傳輸訊號不同亦可分成類比訊號傳輸和數位訊號傳輸兩種，使用類比訊號傳輸的媒介，以同軸電纜和雙絞線電纜為主。使用數位訊號傳輸的媒介，目前則以光纖纜線為主。有關各傳輸媒介更詳細討論，將於第二章有更詳細說明。

　　由於最早使用的傳輸線路均是以類比訊號為主，特別是使用最久的電話網路，所以即使到目前已幾近全面數位化的時代使用類比訊號傳輸的比率還是超過數位訊號傳輸，但數位訊號傳輸線未來發展潛力是不容忽視，目前世界先進的國家正逐漸推展數位光纖線路配置，相信不久將來數位訊號傳輸會全面取代類比訊號傳輸。

(三)有線傳輸和無線傳輸之比較

以訊號傳輸品質而言，有線傳輸可靠度較無線傳輸來得高，因為無線傳輸容易受干擾（如濕氣、大自然的雷電），且易受地形影響造成通訊死角，使得通訊品質容易隨環境改變。反觀有線傳輸就無此困擾，但有線傳輸因為要架設實體線路，其架設成本反而高於無線傳輸，且後續維護又較無線傳輸困難，擴增或更換都十分不易。所以有線傳輸和無線傳輸各擅勝場，如何選擇就看使用環境來判斷。

1-3-2 傳輸速率

傳輸速率的定義便是指傳輸端於單位時間內資料量傳輸最大資料量到接收端，也就是我們常說的頻寬。傳輸速率愈快代表資料通訊時間愈短，但相對成本也比較昂貴。若以數位通訊而言，我們以每秒傳輸多少位元為傳輸速率的單位，也就是 bps（位元/秒），bps愈高，代表傳輸速率愈快。

以目前最常見的數據機（詳閱第三章），傳輸速率約在 38600～52000 bps，而一般區域網路（詳閱第五章）至少都要求在 10Mbps 以上。

1-3-3 傳輸品質

傳輸品質指的是資料傳輸過程是否容易受雜訊(註)干擾造成資料破壞或遺失，一旦傳輸資料被遭到破壞或遺失則必須重新傳輸，這自然影響到傳輸速度。所以傳輸品質愈好的通訊系統，也會是傳輸速率較快的系統，兩者是相輔相成的。

我們一般都以傳輸錯誤率來量化傳輸品質，傳輸錯誤率的定義是平均每傳輸多少個位元會發生一次錯誤，例如平均每傳輸 10^8 位元會錯一個位元，則傳輸錯誤率為 $1/10^8$，也就是 10^{-8}。傳輸錯誤率愈低，代表系統傳輸品質愈高，也就愈值得信賴。

雜　訊 (註)

一般雜訊的種類包括有熱雜訊 (thermal noise)，串音 (crosstalk) 及脈衝式 (impulse)。

熱雜訊產生是由於電子在電路上移動時所造成的，此項雜訊均佈在頻譜上，很難加以消除。

串音現象的產生這是因傳輸通道相鄰太近造成彼此吸收對方訊號所造成的。當傳輸距離增加、通道間距過於接近或訊號強度增加時，串音發生的可能性會提高。許多人都曾在打電話時聽到另一線上對談的聲音，這就是串音現象。

脈衝雜訊是一種隨機產生的異常波形，包含著不規律的脈波或是雜訊尖端，如下圖所示。

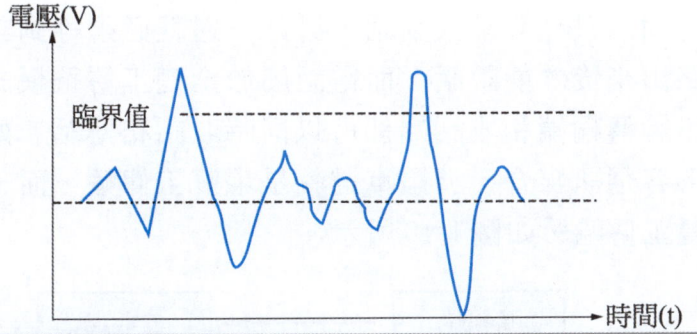

1-3-4 單工和多工傳輸方式

傳輸方式意即在訊號傳輸過程中，如何安排傳輸端和接收端彼此使用傳輸通道做資訊交換的作法。

若以傳輸方向性而言，傳輸方式可分為單工和雙工。

(一) 單工傳輸

在任何時刻，只能往一個預先設定的方向傳輸資料的傳輸方式，稱作單工傳輸。例如電視台將節目訊號送到我們家的電視，或電腦主機將資料傳至印表機列印等，由於資訊的傳遞僅是單方面送達而不包含雙向溝通，這就是單工傳輸。如果我們以馬路來形容傳輸媒介，單行道就是單工傳輸的形式，如圖 1-9 所示。

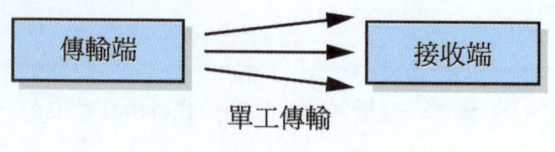

圖 1-9　單工傳輸

(二) 雙工傳輸

在任何時刻，可以往任意方向傳輸資料的傳輸方式，稱作雙工傳輸。但雙工傳輸依照傳輸方式不同又可分成半雙工傳輸和全雙工傳輸。若同一時間只允許單方向傳輸的方式稱為半雙工傳輸，反之同一時間不限制那個方向均可傳輸的方式稱為全雙工傳輸。例如早期用的無線電屬於半雙工傳輸模式，因為無線電雖可雙向溝通，但同一時間內只允許某人講話，另外一邊就必須等到對方講完釋放傳輸線路出來後才能說話，而電話屬於全雙工傳輸模式，因為同一時間內不論傳輸端和收話端都可以同時收話和傳話。如果我們再以馬路來形容通訊媒介，調撥車道就是半雙工傳輸，而一般雙向公路就是全雙工傳輸，如圖 1-10 所示。

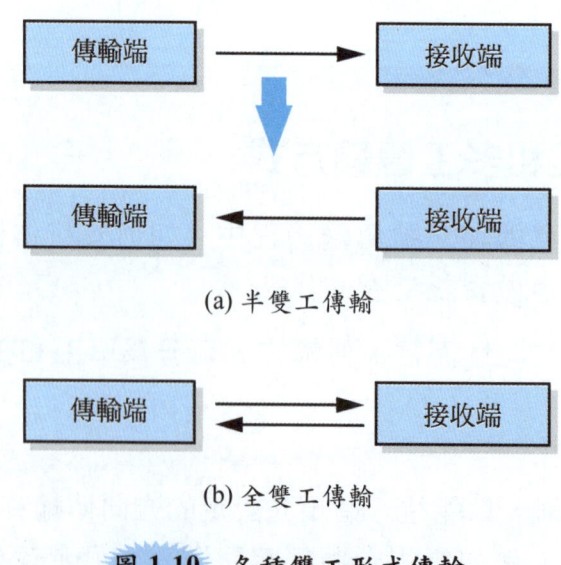

(a) 半雙工傳輸

(b) 全雙工傳輸

圖 1-10　各種雙工形式傳輸

1-3-5 串列式和並列式傳輸

資料傳輸若考慮將資料位元傳輸順序過程可分成串列式和並列式兩種。

(一) 串列式

將要傳輸的資料排列成串，然後一個緊接著一個逐一傳輸，這種方式稱為串列式傳輸。由於串列式傳輸在傳輸線需求上只需要一組線路便可完成，所以成本較低，但使用逐一傳輸方式使得傳輸速率變慢，所以串列式傳輸常用於遠距離較不要求速率的傳輸系統。

以圖 1-11 為例，原本並列傳輸資料一次為 16 位元，透過一個移位暫存器把並列傳輸資料儲存起來，利用時脈訊號控制移位暫存器循序轉成一次一位元之串列傳輸資料。

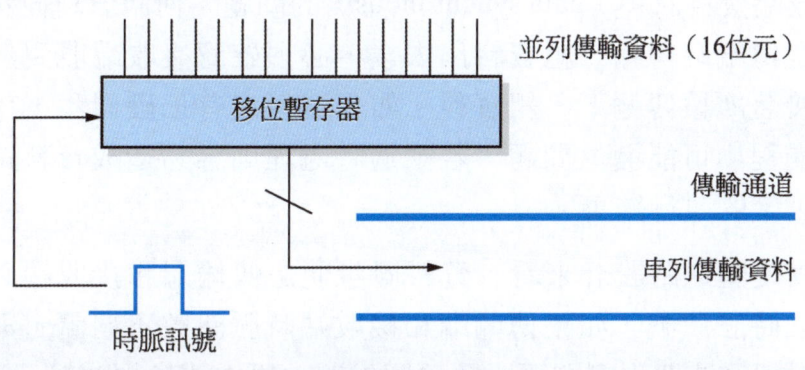

圖 1-11　串列傳輸

(二) 並列式

將要傳輸的資料用多個傳輸通道來傳輸，一次可同時傳輸數個以上的資料，這種方式稱為並列式傳輸。由於並列式傳輸在傳輸線要求上需一組線路方能完成，所以成本較高，線路愈多則成本愈高。但由於使用並列傳輸方式使得傳輸速率變快許多，所以並列式傳輸常用於近距離且要求快速度的傳輸，例如電腦中的記憶體匯流排或輸出入匯流排等，圖 1-12 便是一個 16 位元並列傳輸系統。

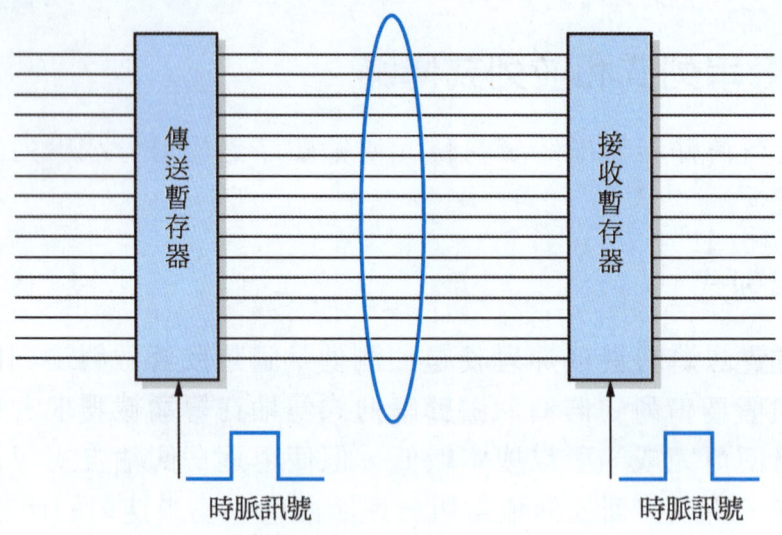

圖 1-12　並列輸入/輸出

　　事實上不論採用串列式或並列式，資料傳輸都必須注意傳輸端和接收端資料同步（data synchronous）的問題。何謂資料同步？簡單說就是傳輸端傳輸一組資料出去後，必須確認接收端收到無誤後，才能接著繼續傳輸下一組資料。如果資料沒有正確同步，代表資料傳輸過程中可能發生問題，若不適時處理則容易造成資料錯亂，導致不正確的執行結果。

　　以硬體電路設計來看，資料同步便是傳輸端和接收端必須使用相同之時脈訊號，如果傳輸端和接收端時脈訊號不同調，則可能發生資料誤收或遺失等問題，請看圖說明。原本傳輸端傳輸 5 個位元，結果接收端因資料不同步只收到 4 個位元，可說是失之毫釐差之千里，如圖 1-13 所示。

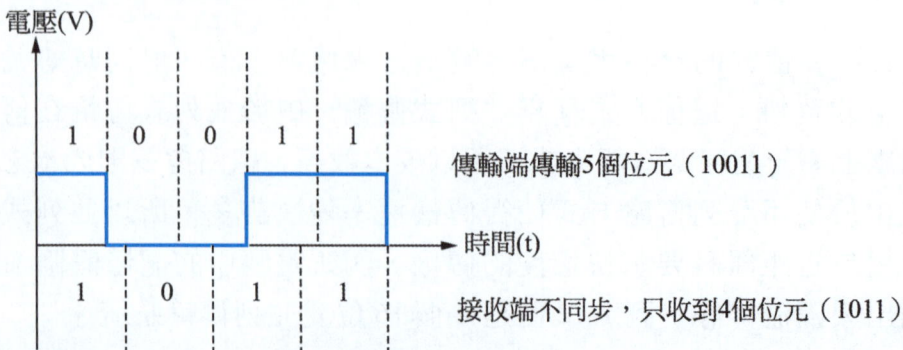

圖 1-13　資料同步

1-3-6 同步傳輸和非同步傳輸

若以資料同步觀點考慮，傳輸方式可分成非同步傳輸及同步傳輸。

(一) 非同步傳輸

非同步傳輸顧名思義，便是不考慮傳輸端和接收端資料時脈同步的問題，其設計的原理便是偵測傳輸通道狀態改變來判斷現在是否有訊號要傳輸，若有訊號傳輸此時接收端便啟動接收程序開使接收訊號，直到輸通道狀態回復為止。

我們會定義傳輸通道的閒置（idle）狀態為"1"（也可以是"0"，視設計環境而定），一旦傳輸通道停留在"1"代表目前無資料傳輸。此時我們在傳輸字元上額外增加起始位元及停止位元兩部分，並定義起始位元值為和傳輸通道的閒置狀態值相反（"1"），停止位元和傳輸通道的閒置狀態值相同（"0"）。一旦有資料傳輸，此時接收端會偵測到起始位元，發現原本閒置狀態改變（由"1"變"0"），代表目前有資料傳輸，此時接收端必須啟動接收程序開始蒐集後續傳輸過來的資料，如圖1-14所示。

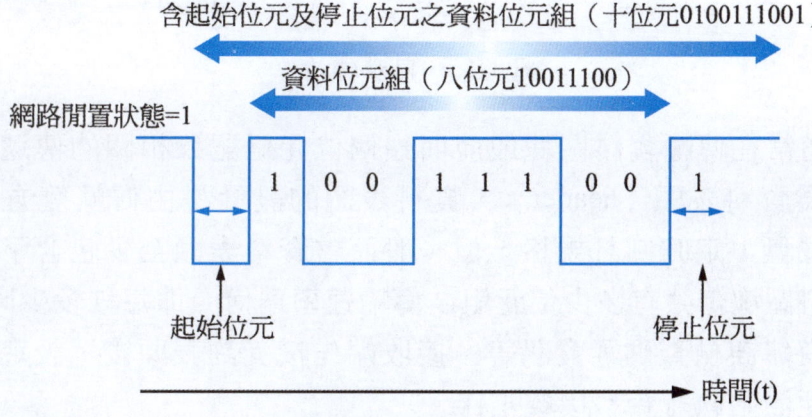

圖1-14 非同步傳輸

由於額外增加起始位元和結束位元，致使非同步傳輸增加不少額外傳輸負擔（overhead），所以非同步傳輸不適用於高速大量傳輸裝置。通常非同步傳輸方式都運用在低速傳輸裝置，如鍵盤、觸控式螢幕等。這類裝置的特性是資料不是隨時隨地都在傳輸，通常只有在資料需要傳遞時才開始傳輸。以鍵盤為例，使用者不會隨時隨地都在敲打鍵盤，一旦使用者按下鍵盤開始輸入資料時，這時方才需要啟動傳輸程序，所以使用非同步傳輸模式是相當適合。

(二) 同步傳輸

同步傳輸不像非同步傳輸架構中使用起始位元和終止位元，取而代之的是使用同步訊號或協定，用於溝通傳輸端和接收端，以確保傳輸資料的同步。同步傳輸設計方式有很多種，但基本精神就是將要傳輸的資料匯聚成一個大區塊，稱之資料區塊（data block），傳輸時我們在資料區塊前後各加入一個特殊控制字元，在前面的稱為資料啟始訊號，加在後面的稱為資料結束訊號。一旦接收端接收到資料啟始訊號，便知道傳輸線上開始有資料要傳輸，此時便啟動接收程序，開始接收尾隨在同步訊號後的資料，如圖 1-15 所示。

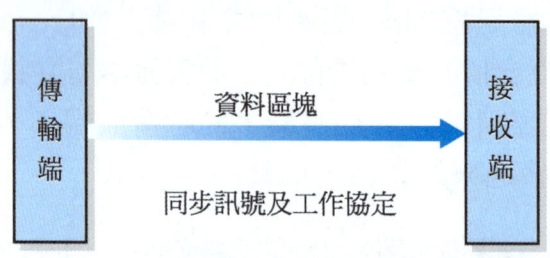

圖 1-15　同步傳輸

通常在傳輸資料區塊最前面幾個位元組記錄相關的傳遞資訊，此稱為資料表頭（header），資料表頭的設計是由傳輸雙方協議即可，並無一定的制訂規格，但一般而言資料表頭至少包含了該傳輸之資料區塊總共有多少位元組？傳輸速率為何（即每秒多少byte）？是否有錯誤檢查碼等資訊等。接收端先接受到表頭後，設定相關參數，便開始執行資料接收工作。

在傳輸資料量大時，同步傳輸速率會比非同步快，主要原因是同步傳輸以區塊為準，減少非同步傳輸中每個傳輸位元組的起始位元和停止位元的緣故。所以同步傳輸適用於大量資料傳輸，例如計算機與記憶體間的資料匯流排（Data bus）或計算機與週邊設備間的I/O 匯流排(I/O bus)等。

1-4 結論

　　訊號可說是網路運作最底層也是最基本元素，訊號傳輸的原理也就是網路工作基本原理。訊號種類可簡單分成類比和數位訊號兩種，類比訊號是由連續性資料所構成的訊號，而數位訊號指的是離散資料所構成的訊號。目前所有的電腦都是使用數位訊號作為訊息傳輸，但若要和使用類比訊號的裝置溝通，就必須透過數位／類比轉換器（簡稱DAC）。

　　訊號傳輸在資料傳輸方式可分串列式和並列式，串列式傳輸方式是一個位元一個位元逐一傳輸，並列式是同時傳輸N個位元，N大小視實作線路而定。所以串列式傳輸比並列式傳輸來得慢，但成本較低，適用於低速裝置傳輸。反觀並列式傳輸比串列式傳輸快上許多，故多用於傳輸速率要求高的環境，如計算機所用的匯流排。

　　訊號傳輸若以資料同步觀點考慮，傳輸方式可分成非同步傳輸及同步傳輸。非同步傳輸通常都設計在串列式傳輸方式，主要原理在一旦決定開始傳輸時在傳輸字元上額外增加起始位元及停止位元以作辨識，利用這種辨識方式並不適合大量資料傳輸，所以非同步傳輸一般都應用在慢速或資料交換量少的裝置。反觀同步傳輸方式採用共同協定傳輸模式，只要傳輸兩端事先溝通好用哪一種形式通訊協定即可，一般同步傳輸多用於大量資料傳輸。

　　最後，在資訊瞬息萬變的新二十一世紀，掌握最新即時資訊是贏家必勝的條件，特別在電腦網路工業興起及迅速發展後，大量資訊均使用網路作為傳達的管道，且使用網路的比率，不論是公司或個人都有愈來愈高的趨勢，所以認識網路、學習網路、使用網路已成為現代人必須也必備之技能，不再是少數學術專家或電腦玩家之專利了。

重點摘要

1. 電腦網路就是不同電腦彼此間資訊交流的橋樑，也是實現資訊互通、設備共享的基本配置。

2. 電腦網路是由一些通訊節點和傳輸媒介所組合成的網絡架構，所謂的通訊節點就是個人電腦或任何可以上網的終端設備，而傳輸媒介就是可提供訊號傳遞的介質，如電纜線、光纖或無線電波等。

3. 訊號的廣義解釋就是訊息傳遞的機制，其物理形式是沒有限定的，可以是聲波、電磁波或光，只要能達成溝通傳送及接收兩端即可。

4. 在訊息傳遞的過程裡一定有一個傳輸端和一個接收端，傳輸端負責傳輸訊號給接收端，而接收端接收到訊號後再依據訊號傳輸內容作適當的動作反應。

5. 訊號依訊息儲存的方式可分成類比訊號和數位訊號兩種。

6. 類比訊號指的是由連續性資料所構成的訊號，所謂連續性資料就是資料值不斷地隨時間變化，即使要做很大的轉變（如由極小值轉變到極大值），也是連續循序轉變而不是瞬間切換，此為類比訊號的特性。

7. 數位訊號指的是離散資料所構成的訊號，所謂離散資料就是指資料值只有兩種結果，不是有便是無，凡是由此兩種訊息所組成的訊號，就是數位訊號。

8. 對於一個數位訊號系統，凡輸出電壓高準位代表1，低準位代表0，此稱為正邏輯系統。反之，高準位代表0，低準位代表1，此稱為負邏輯系統。

9. 數位與類比兩種訊號是可以相互轉換的，將類比訊號轉換成數位訊號稱為 A/D 轉換器，或簡稱為 ADC，反過來將數位訊號轉換成類比訊號稱為 D/A 轉換器，或稱為 DAC。

10. 訊號若以時間特性來說，可以分為週期訊號和非週期訊號兩種。所謂週期訊號指的是每隔一段時間就會重複出現相同特性的訊號，反之，非週期訊號便不具有這種特性，在任何時間訊號輸出值都為不可預測。

11. 訊號傳輸形式，可分成有線和無線兩種。有線傳輸便是使用有形的傳輸媒介作為傳輸工具，如電纜線或光纖等，而無線傳輸便是使用無形的電磁波的作為傳輸媒介。

第 1 章 概 論

12. 訊號傳輸速度的定義便是指傳輸端於單位時間內能負荷最大資料傳輸量到接收端，也就是我們常說的頻寬。傳輸速率愈快代表資料通訊時間愈短，但相對成本也比較昂貴。在數位通訊我們常以每秒傳輸多少位元為傳輸速率的單位，也就是 bps（位元/秒），bps 愈高，代表傳輸速度愈快。

13. 訊號傳輸品質指的是資料傳輸過程是否容易受雜訊干擾而造成資料被破壞或遺失，一旦傳輸資料被遭到破壞或遺失則必須重新傳輸，這自然影響到傳輸速率。在數位通訊我們常以傳輸錯誤率來量化傳輸品質，傳輸錯誤率的定義是平均每傳輸多少個位元會發生一次錯誤，例如平均每傳輸 10^8 位元會錯一個位元，則傳輸錯誤率為 $1/10^8$，也就是 10^{-8}。

14. 訊號傳輸若以傳輸方向性而言，傳輸方式可分為單工和雙工。在任何時刻，只能往一個預先設定的方向傳輸資料的傳輸方式，稱作單工傳輸。反之在任何時刻，可以往任意方向傳輸資料的傳輸方式，稱作雙工傳輸。雙工傳輸依照傳輸方式不同又可分成半雙工傳輸和全雙工傳輸。若同一時間只允許單方向傳輸的方式稱為半雙工傳輸，反之同一時間不限制那個方向均可傳輸的方式稱為全雙工傳輸。

15. 將要傳輸的資料排列成串，然後一個緊接著一個逐一傳輸，這種方式稱為串列式傳輸。反之，將要傳輸的資料用多個傳輸通道來傳輸，一次可同時傳輸數個以上的資料，這種方式稱為並列式傳輸。由於並列式傳輸在傳輸線要求上需一組線路方能完成，所以成本較串列式傳輸來得高。

16. 訊號傳輸若以資料同步觀點考慮，可分成非同步傳輸及同步傳輸。非同步傳輸通常都運用在串列式傳輸，主要原理是一旦傳輸端決定開始傳輸資料，便在傳輸字元前後額外增加起始位元及停止位元以作辨識，接收端一收到起始位元訊號便知道此時有資料傳送過來，便開始接收資料。由於利用這種辨識方式需要花費額外位元來儲存起始位元及停止位元，並不適合大量資料傳輸，所以非同步傳輸一般都應用在慢速或資料交換量少的裝置。反觀同步傳輸方式採用共同協定傳輸模式，只要傳輸兩端事先溝通好用哪一種形式通訊協定即可，故一般同步傳輸多用於大量資料傳輸。

一、是非題

( ) 1. 若家中個人電腦想要和其他同學互通資訊，透過電腦網路是很好的選擇。

( ) 2. 無線電傳輸也是電腦網路的一種。

( ) 3. 在網路上的每部電腦，都必須有一個獨一無二的位址，該位址在同一個網路內不可以重複使用。

( ) 4. 無線電傳輸品質比有線傳輸來的穩定。

( ) 5. 室內電話或大哥大屬於半雙工傳輸模式。

( ) 6. 在並列式傳輸中不必考慮資料同步的問題。

( ) 7. 串列式傳輸在傳輸線需求上只需要一組線路便可完成，所以成本較低，但速度較慢。

( ) 8. 並列式傳輸常用於近距離且要求快速度的傳輸。

( ) 9. ADC指的是數位轉類比轉換器。

( ) 10. 傳輸速率的單位為bps，bps愈低，代表傳輸速率愈快。

( ) 11. 無線傳輸便是使用無形的電磁波的作為傳輸媒介。

( ) 12. 非同步傳輸通常用於高速傳輸裝置。

( ) 13. 非同步傳輸必須包含起始位元和結束位元。

( ) 14. 傳輸錯誤率愈低的系統，傳輸品質愈值得信賴。

( ) 15. 不論採用串列式或並列式，資料傳輸都必須注意傳輸端和接收端資料同步的問題。

二、選擇題

( ) 1. 在任何時刻，只能往一個預先設定的方向傳輸資料的傳輸方式，稱為　(A)單工傳輸　(B)全雙工傳輸　(C)半雙工傳輸。

( ) 2. 下列何者為傳輸數位訊號最理想的媒介？
(A)光纖　(B)雙絞線　(C)同軸電纜。

( ) 3. 下列何者是數位訊號的特質？　(A)使用連續資料方式記錄資訊　(B)適合儲存和轉送　(C)不容易抵抗雜訊。

( ) 4.一般都應用在慢速或資料交換量少的裝置的資料傳輸方式是
(A)非同步傳輸　(B)同步傳輸　(C)並列資料傳輸。

( ) 5.使用起始位元和終止位元的傳輸方式是
(A)非同步傳輸　(B)同步傳輸　(C)並列資料傳輸。

( ) 6.對於一個並列傳輸的系統，傳輸頻寬為 8 位元，假設每位元之傳輸速率為 10Kbps，則 400K 資料理論上應該在多少時間內傳完？　(A) 40 秒　(B) 20 秒　(C)10 秒　(D) 5 秒。

( ) 7.週期訊號 $5\cos(100t+20)+80$，其週期為？
(A) 5　(B) 100　(C) 20　(D) 80。

( ) 8.同上，該週期訊號之振幅為？ (A)5　(B)100　(C)20　(D)80。

( ) 9.訊號傳輸品質而言，下列敘述何者是正確的？
(A)有線傳輸可靠度較無線傳輸來得高　(B)有線傳輸範圍比無線傳輸來得廣　(C)架設有線傳輸成本比無線傳輸來得高。

三、問答題

1. 使用電腦網路有哪些好處？

2. 訊號種類有哪兩種，試比較其優缺點。

3. 訊號傳輸形式有哪些？

4. 請說明何謂單工和雙工？並寫出它們特性

5. 試比較非同步傳輸和同步傳輸之特性。

Chapter 2
第 2 章
訊號調變與編碼

學習目標

1. 瞭解訊號調變。
2. 瞭解基頻傳輸技術及寬頻傳輸技術。
3. 瞭解各種訊號傳輸媒介（如雙絞線、同軸電纜線和光纖）其相關特性和優缺點。
4. 瞭解各種類比訊號和數位訊號的資料編碼方式。
5. 瞭解無線訊號傳輸原理。

Computer Network

第一章我們瞭解到訊號格式可分成類比和數位兩種，也明白數位訊號為何明顯優於類比訊號，但早期許多通訊系統設計，如我們最常用的電話、電視或收音機廣播等，最早是使用類比訊號傳輸，雖然這些系統都已開始數位化，但要全面性改革也非一朝一夕可以完成，所以在這些系統還沒完全數位化之前，類比系統還是會持續存在一段時間。但因為電腦設備在一開始發明時便是採用數位規格，所以我們若想使用電腦和這些服務整合，例如想利用電腦處理電話服務、傳真或在電腦上收看電視、替視訊訊號剪接或製造特效等，都必須將類比訊號轉換成數位資料送至電腦處理，故透過數位⇔類比轉換（ADC或DAC）來完成這些特定工作。

有鑑於此，不同設備彼此間訊號溝通等相關課題變得很重要，例如如何將訊號傳輸出去？訊號傳輸媒介有哪些？傳輸出去的訊號如何維持其品質不會因傳輸距離增加而衰減？如何在傳輸過程中抵抗雜訊？這些議題將是本章討論的重點。

2-1 調　變

電子訊號由於先天上有容易衰減和易受雜訊干擾的限制，並不適合長距離傳輸，若要做長距離傳輸必須適當加強訊號本身強度，以確保傳輸品質和正確性。那我們該如何作呢？若是有線傳輸，通常在接近傳輸距離上限加裝一個訊號放大器（Repeater，或稱中繼器），作為訊號強化之用，這在第四章會有更詳細說明。但若是無線傳輸，則會使用無線通訊中調變（modulation）技術。

為何要訊號調變呢？因為訊號一旦採用無線傳輸的方式來傳播，則在發送端和接收端都必須有發送天線或接收天線的存在。但不論是發送和接收，天線長度必須至少等於接收之電波波長的四分之一的條件。以電波頻率表示，則滿足四分之一波長條件的天線長度等於下述公式：

$$天線長度 = (7.5 \times 10^7)/f$$

其中 f 以 Hz 為單位，天線長度以公尺為單位。

不論是發送和接收，一旦天線長度若小於該值，通訊品質將大打折扣。所以由上面公式可以看出，電波頻率 f 愈高，則所需天線長度愈短，但一般訊號通常屬於低頻（以聲音訊號而言，正常頻率約在 10～10k Hz），若直接拿原始低頻訊號做傳輸，則天線長度勢必過長而難以製作及使用。所以同時這也說明了為何無線傳輸的訊號都必須以高頻訊號為主的原因。

為了避免上述問題，我們必須把屬於低頻的原始訊號加載到一個高頻載波（carrier）上，這種方式稱為調變。由於載波本身是一種高頻率電磁波格式，比較適合發射和接收且做長距離傳輸，故原始訊號一經過調變，即可強化本身傳輸能力。

調變過的訊號稱為調變波，接收端一接到調變波必須經過轉換才能還原成原來訊號，這個轉換程序稱為解調（demodulate）。

圖 2-1 便是一個典型的無線通訊調變-解調系統方塊圖。

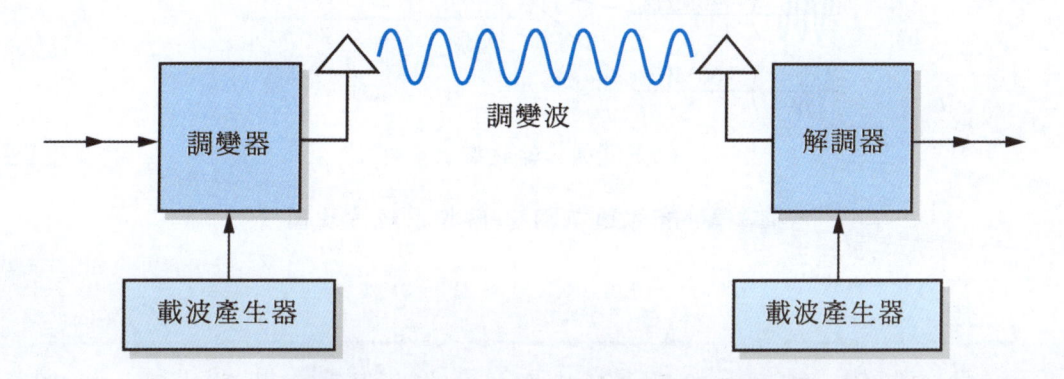

圖 2-1　無線通訊調變-解調系統方塊圖

事實上調變不光只應用在無線傳輸上，對於有線傳輸也一樣有效。其原理就是將不同的原始訊號調變至不同頻率的載波，然後合成一個混合訊號做傳輸，接收端再加上濾波器（filter）再做解調。由於濾波器功能會把非屬於接收頻率範圍（一般專業術語稱為頻寬(註)，英文為band）內的訊號給過濾掉，如此一來便可還原成原來訊號的調變波，再做解調便可還原成原來訊號。這樣作法的好處是同一條傳輸線上，也可以同時傳輸和接收不同的訊號，只要這些原始訊號隸屬不同的頻帶上面即可。典型的使用例子像電話線或有線電視的電纜線等，都是使用多重頻率調變方式來傳遞訊號。這種傳輸技術稱為寬頻傳輸技術（broadband）。相對地，若直接傳輸訊號原生形式而不做任何頻寬切割，也就是使用單一頻率方式來傳遞訊號，這種技術稱為基頻傳輸技術（baseband），例如單純數位訊號傳輸，如圖 2-2 所示。

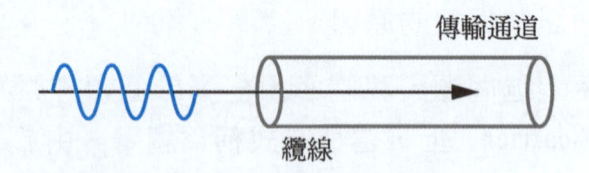

（a）基頻傳輸技術示意圖

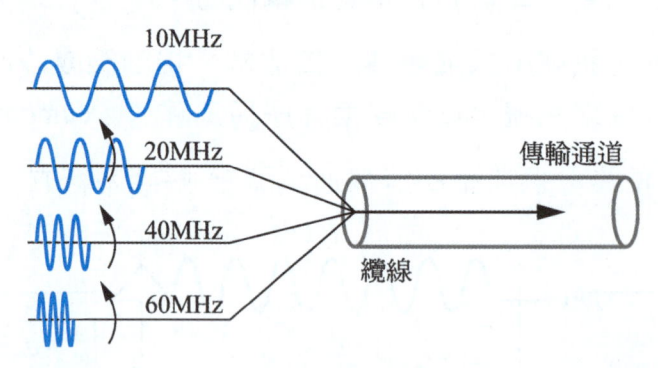

（b）寬頻傳輸技術示意圖

圖 2-2 有線通訊調變-解調系統方塊圖

頻 寬(註)

頻寬一詞原本應用在類比通訊，指的是訊號變動範圍，通常由最高頻率減去最低頻率而得，單位為赫茲（Hertz, Hz）。以人類聲音為例，其聲音訊號變動範圍為 200Hz～3000Hz，所以頻寬為 3000 － 200 ＝ 2800 或 2.8kHz。同常頻寬愈大，愈能傳輸更多資訊，故品質也會提高。

隨著數位通訊時代來臨，由於數位訊號無頻率可言，故上述定義的頻寬必須變更，修改成為通訊媒介最大傳輸速率，也就是每秒能傳輸多少位元，單位為 bps(bit per second)。同樣地，頻寬愈大，效率愈高。

多工傳輸(註)

所謂多工傳輸，便是可允許同一時間內在相同線路上傳輸處理不同訊號，至於同時間內能處理多少訊號，則依傳輸速率而定，一般而言，多工技術種類約分為二種：

(1) 頻率多工（Frequency-Division-Multiplexing）：簡稱FDM，以不同的頻率區帶劃分數個傳輸訊息的頻道，也就是將一條通路頻道分成若干小頻道，每一個小頻道提供一個傳輸通道使用，即單一線上可同時傳輸多個類比信號，例如廣播、電視。

(2) 分時多工（Time-Division-Multiplexing）：簡稱TDM，利用時段（Time Slot）的觀念，適用於通訊系統頻寬高過單一使用者數據傳輸速度時。TDM用同一條通訊線路輪流傳輸數個數位信號，讓每個信號各得一小段傳訊時間，彼此以多工協調方式傳送資料。當數個慢速設備須與一個遠程設備通訊時，使用此法可讓用戶分用同一條通訊線路，而提高經濟效益。

FDM 與 TDM 兩者最大的差異，FDM是採用類比傳輸，故應用在寬頻傳輸。TDM 則採用同步信號的數位信號資料傳輸，故應用在基頻傳輸，特別適用在大量資料傳輸。

由於調變牽涉的內容相當廣，且超出本書範圍，不再詳述。

2-2 訊號傳輸媒介

訊號傳輸媒介（medium或稱傳輸介質），主要適用來傳遞訊號，常見包括雙絞線（twisted pair）、同軸電纜線（coaxial cable）和光纖（fiber-optic）等，說明如下。

2-2-1 雙絞線

顧名思義，雙絞線包含有二條絞在一起互相絕緣的導線，導線本身的材料可能為銅線或以銅包裹的鋼線，而外面再覆蓋一層絕緣體，如圖 2-3(a)所示。許多組雙絞線可組成一條電纜（cable），如圖

2-3(b) 所示。導線要絞在一起的主要目的是減少每對雙絞線之間電磁和射頻干擾，而且對絞次數愈多，則抵抗干擾效果愈好。

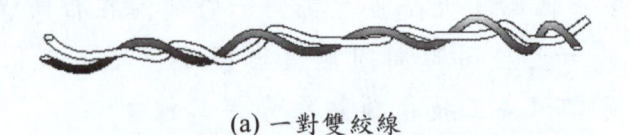

(a) 一對雙絞線

(b) 雙絞線電纜

圖 2-3　雙絞線

(一) 雙絞線規格

雙絞線可依絞線和絕緣體有無金屬層之遮蔽，分成遮蔽式雙絞線（Shielded Twisted Pair, 簡稱 STP）和無遮蔽式雙絞線，（Unshielded Twisted Pair, 簡稱 UTP）兩種。

(1) 遮蔽式雙絞線：在遮蔽式雙絞線中導線和絕緣體間加有銅網或金屬層之遮蔽，這樣設計主要目的是抑制外來電磁干擾，優點是傳輸品質佳，但缺點會造成纜線變粗，且價錢變得昂貴。

(2) 無遮蔽式雙絞線：在無遮蔽式雙絞線中，導線和絕緣體間並沒有銅網或金屬層之遮蔽，因此不具有防制干擾作用，傳輸品質較差，但因構造簡單，生產成本故降低許多，所以使用上比遮蔽式雙絞線來得歡迎。由於一般應用使用無遮蔽式雙絞線便已足夠，故無遮蔽式雙絞線成為最常使用之通訊線材。

一般網路使用之雙絞線多為四對絞線模式，相同類似的還有電話線。電話線也是雙絞線一種，不過只有一對或兩對絞線。

雙絞線因使用線材不同而有不同傳輸效能，目前共分成六個等級(Category)，如表 2-1 之說明。目前使用最多的是第五等級（Category 5）。

表 2-1　絞線線材等級分類

等　級	最高傳輸速率
Category 1	2Mbps
Category 2	4Mbps
Category 3	16Mbps
Category 4	20Mbps
Category 5	100Mbps
Category 6	2.4Gbps

(二) 雙絞線傳輸優缺點

使用雙絞線最大優點是價格便宜，佈線容易，不過缺點就是雜訊抵抗能力差，具有較高的資料傳輸錯誤率（大約每傳輸10^5個位元會錯一個位元），故不適合作長距離傳輸。使用雙絞線傳輸資料的速率大約為 1.5 Mbps。目前的技術可以在短距離內（100公尺）將傳輸速率提高到 100 Mbps，我們將在第五章有更詳盡說明。

2-2-2 同軸電纜

同軸電纜包含內外二層導體，其中央組成為銅芯線，周圍覆蓋絕緣物質，以防止電磁及射頻干擾。外圍包覆導電良好的銅線網，最外圍是保護外皮，視環境需要可加以鎧裝，如圖 2-4 所示。

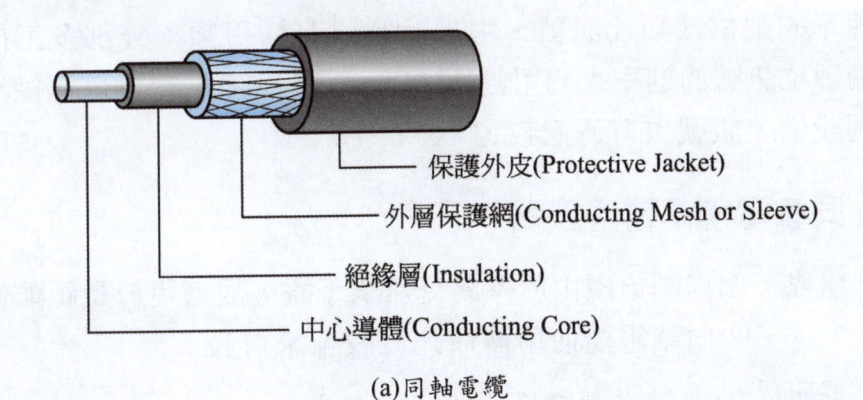

保護外皮(Protective Jacket)
外層保護網(Conducting Mesh or Sleeve)
絕緣層(Insulation)
中心導體(Conducting Core)

(a)同軸電纜

(b) 同軸電纜剖面圖

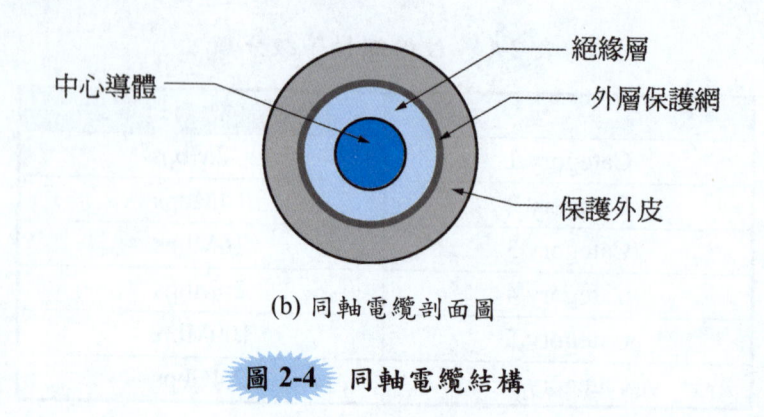

圖 2-4　同軸電纜結構

(二) 同軸電纜規格

網路使用的同軸電纜常見主要有二種規格：50 歐姆電纜和 75 歐姆電纜。

50 歐姆電纜大都使用用來傳輸基頻數位訊號。資料傳輸的速率大約為 10 Mbps，在這種速率之下資料大約可傳輸數公里遠，每一段電纜約可接上 100 部電腦。

75 歐姆電纜也就是大家熟悉的有線電視電纜（Community Antenna Tele-vision，簡稱 CATV）所採用的電纜，通常使用寬頻傳輸技術，其頻寬約為 300～400 MHz。在有線電視的環境下，每一個頻道使用 6MHz 頻寬，如果用來傳輸資料則每一個頻道最多可有 20 Mbps 的傳輸速率，相當快速。75 歐姆電纜也可以只使用單頻傳輸技術來傳輸高速率的數位或類比訊號，由於此時沒有採用頻率分割多工技術，傳輸數位訊號的速率大約可達 50 Mbps。75 歐姆電纜可以連接較多的電腦設備，訊號也可傳遞較遠。

(三) 同軸電纜傳輸優缺點

優點：(1)同軸電纜由於不易受雜訊干擾，故適用於長距離傳輸。
　　　(2)同軸電纜使用壽命比雙絞線來得長。

缺點：(1)同軸電纜價格比雙絞線昂貴。
　　　(2)同軸電纜較雙絞線重，架設上較不容易。

2-2-3 光纖纜線

光纖由高純度玻璃纖維製成光纖芯（Fiber-optics core）所組成，此玻璃纖維非常細小（約 50～100 微米），彈性很好，可以導引光波，且純度愈高傳輸速率也愈好。

(一) 光纖組成

光纖的基本組成分成三部分，包括核心、外圍材料及保護外皮，如圖 2-5 所示。

(1) 核心（Core）：位於光纖最內層部分，也就是傳輸光波訊號的玻璃纖維，其外徑約 50～100μm。

(2) 外圍材料（Cladding）：位於中層，又稱被覆層，外徑約為 125～140μm 是一種折射率低的物質。光訊號在核心部分傳導時，便是透過被覆層與核心的接觸面進行反射。

(3) 保護外皮(Protective Sheath)：位於最外層，採用不透光物質製作，主要作用是隔絕外界干擾源，保護脆弱的核心。

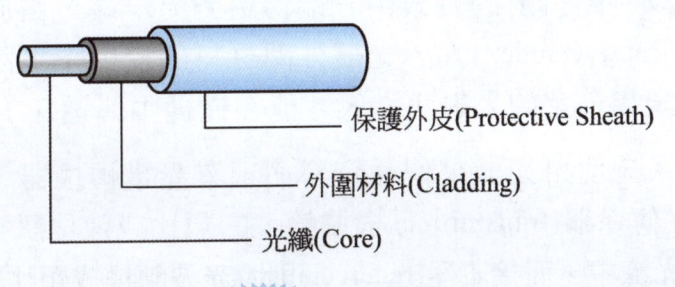

圖 2-5 光纖結構

一條光纖纜線通常包含許多條光纖，如圖 2-6(a) 所示。為了使光纖纜線具有更佳的彎曲度以符合實際舖設的需要，纜線中央會特別加入具有強彎曲度的材料，其剖面圖如圖 2-6(b) 所示。

(a) 光纖纜線

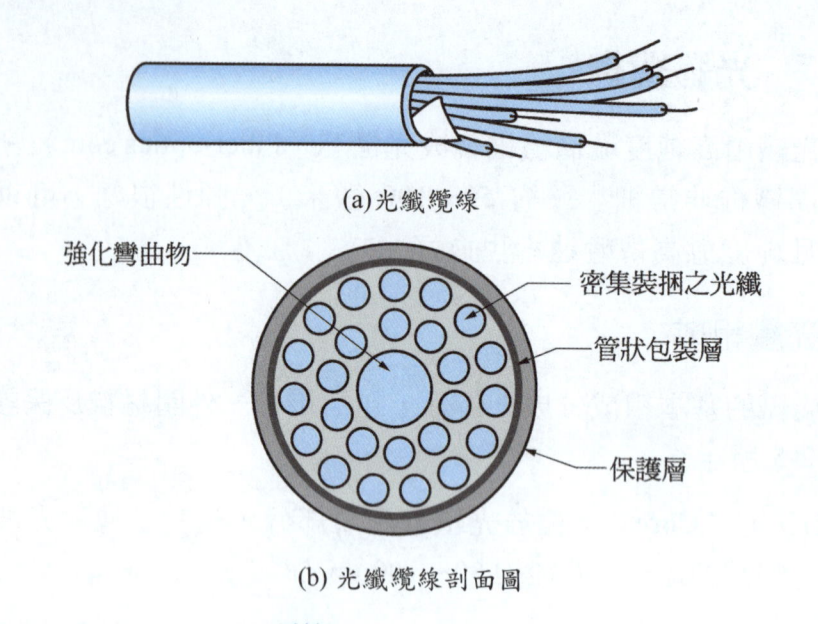

(b) 光纖纜線剖面圖

圖 2-6　光纖纜線結構

　　由於光纖所傳遞的是光的訊號而不再是電的訊號，因此光纖傳輸資料必須使用光源，常用的光源有二種：(1)發光二極體 (Light Emitting Diode，簡稱 LED)，(2)雷射二極體 (Laser diode)。光訊號在光纖內是以不斷折射的方式由一端傳遞到另一端，由於光纖本身的折射率(refractive index)大於光纖外圍材料的反射率，因此射入光纖的光線必須以一定的入射角進入才能在光纖中傳遞。

　　電子系統使用光纖來傳輸資料必須有光電轉換器，其結構如圖 2-7 所示。傳送器(transmitter)根據輸入的類比或數位訊號產生適當的光波傳入光纖中，而接收器(receiver)則將光波轉換成類比或數位訊號。

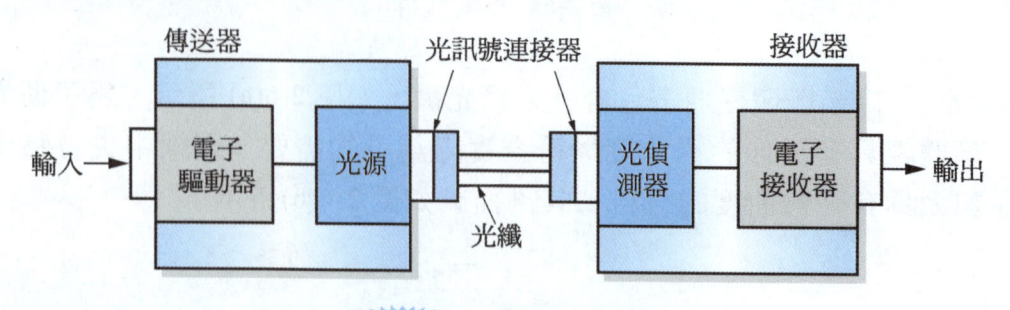

圖 2-7　光纖傳輸系統

(一) 光纖類型

目前常見的光纖類型依照核心模式，可分成兩種：

(1) 單模式光纖：核心直徑較細，約 5～10 微米，適合長距離傳輸，價格昂貴，但傳輸效能佳。

(2) 多模式光纖：核心直徑較寬，約 50～100 微米，適合短距離傳輸，價格較低，但傳輸效能比單模式差。

(二) 光纖傳輸優缺點

優點：(1) 光纖傳遞的是光波，因此沒有電磁波干擾的問題。

(2) 光纖的頻寬可達到數 Gbps，可大量而且高速率的傳輸資料。

(3) 光纖傳遞在長距離的傳輸中其衰減也較少，通常資料可傳輸 6～8 公里而不需要訊號加強器。

(4) 由於光纖採用光訊號傳輸，不用擔心光訊號散射被人盜用，且截斷光纖線再連接十分不容易，技術也相當複雜，故保密性比使用電訊號的電纜線來得好。

缺點：(1) 由於光纖製造成本高，使用成本也相對提高，致使吸引力下降，故至今普及率仍相對偏低。

(2) 光纖連接頭因技術複雜，架設不易，不適用在佈線密集的網路架構。

2-2-4 傳輸媒介的選擇

由於各種傳輸媒介各有其優點及缺點，因此在使用的選擇上有許多因素要考慮：

(1) 網路架構及舖設環境：這包括考慮網路架構，鋪設範圍和最大長度，訊號干擾的嚴重性等因素。

(2) 資料傳輸量：不同領域的應用會有不同的資料量，因此應該選擇具有足夠傳輸容量的媒介。

(3) 可靠度的需求：不同領域的應用也會有不同可靠度的要求，如軍事上重要文件資料或銀行商業資料都希望資料在傳輸的過程中發生錯誤的機率越小越好。針對不同的可靠度要求可選擇適當的傳輸媒介。

由上述討論可知，無遮蔽式雙絞線由於頻寬小，傳輸錯誤率高，故僅適用於短距離範圍集中之佈線，而光纖因其訊號傳輸品質最佳，抵抗雜訊能力最好，故適用距離範圍較大之骨幹線路架設，同軸電纜正好介於這兩者之間。

2-3 訊號編碼和解碼

由於數位資料屬於低頻訊號，也因為低頻訊號並不適合作資料傳輸，故數位資料做傳輸前都必須做編碼（encoding）工作，以配合調變波做資料傳輸的設計。訊號編碼的方法有很多種，但其最終目的便是能抵抗雜訊干擾，確保傳輸品質。我們可就以類比訊號調變方式和以數位訊號調變方式來傳輸數位資料，分別討論如下二節。

2-3-1 類比訊號編碼

類比訊號的編碼方式，主要是根據基準載波訊號的振幅（amplitude）、頻率（frequency）或相位（phase）加以適當變化，以表示其相對之數位資料。

(一) ASK 方式

對調整載波訊號的振幅大小來做資料編碼方式，稱為ASK（Amplitude-Shift Keying，中文是振幅變動法），使用ASK來做資料調變稱為調幅（Amplitude Modulation），典型應用如AM廣播。ASK的原理是當傳遞資料為數位0時，載波訊號的振幅時為0，當傳遞資料為數位1時，載波訊號的振幅時為正常值，以不同振幅值來識別數位資料0和1的差異。目前AM廣播使用便是ASK調變方式，我們可用下圖2-8來說明ASK工作原理。

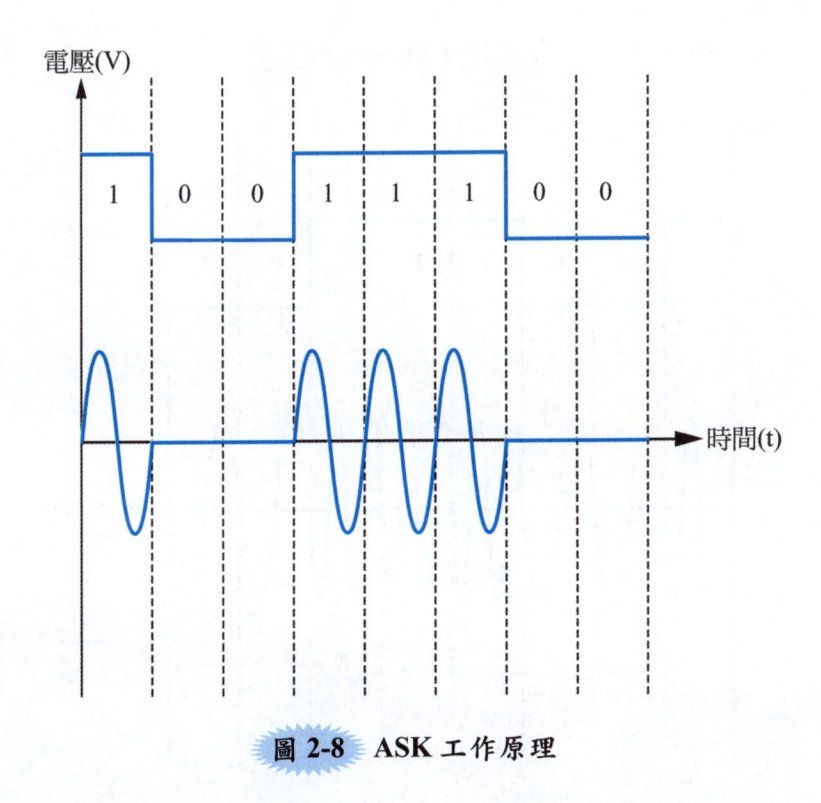

圖 2-8　ASK 工作原理

(二) FSK 方式

對調整載波訊號的頻率值來做資料編碼方式，稱為FSK（Frequency-Shift Keying，中文是頻率變動法）。使用 FSK 來做資料調變稱為調頻（Frequency Modulation），典型應用如 FM 廣播。FSK 的原理是當傳遞資料為數位 0 時，載波訊號的頻率設定為某一固定值，當傳遞資料為數位 1 時，載波訊號的頻率設定為另一固定值，以不同頻率值來識別數位資料 0 和 1 的差異。

我們可用下圖 2-9 來說明 FSK 工作原理。

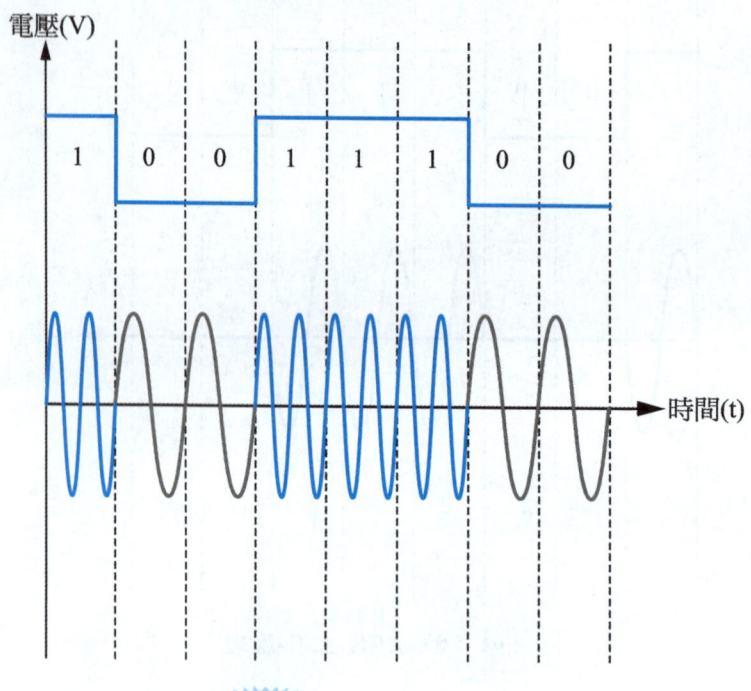

圖 2-9 FSK 工作原理

(三) PSK 方式

對調整載波訊號的相位大小來做資料編碼方式，稱為 PSK（Phase-Shift Keying，中文為相位變動法）。PSK 的原理是當傳遞資料為數位 0 時，目前傳輸位元其載波訊號的相位和前一個傳輸位元相位相差 0 度，當傳遞資料為數位 1 時，則目前傳輸位元其載波訊號的相位和前一個傳輸位元相位相差 180 度。

我們可用下圖 2-10 來說明 PSK 工作原理。

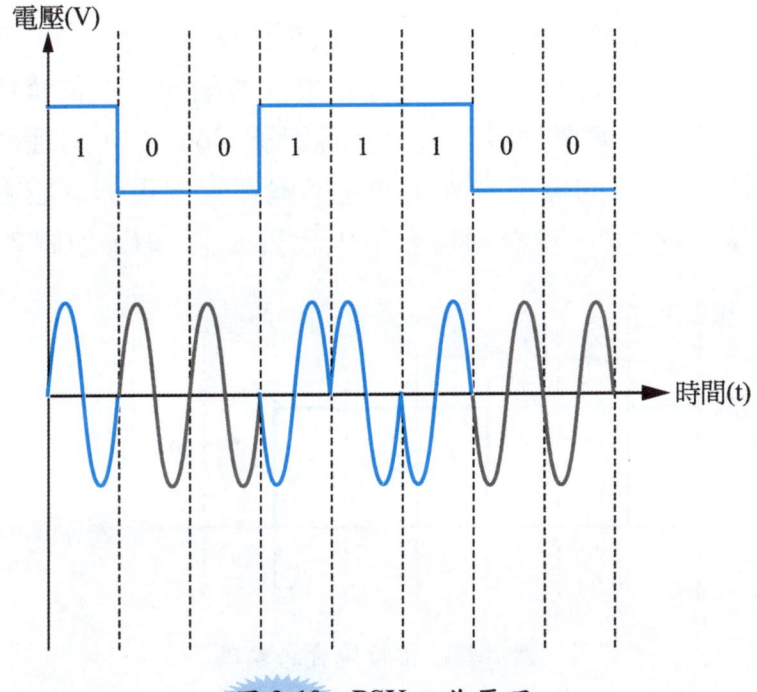

圖 2-10　PSK 工作原理

　　由於載波訊號的振福容易受天氣環境和線路狀況好壞發生影響，加上訊號本身衰減特性使得振福亦有較大的波動，所以 ASK 編碼方式是三者中最容易潛在產生問題的編碼方式，故 ASK 甚少應用於通訊編碼。但 ASK 因為硬體實作簡單，故對低成本傳輸而言仍有一定吸引力。

　　相對比較起來，FSK 因著重在頻率變化，對於振福波動並不敏感，所以 FSK 對環境雜訊抵抗能力遠比 ASK 要來得好。例如收音機廣播中使用 FM 的電台其訊號品質大都比使用 AM 的電台要來得好。

　　但和 PSK 比較起來，由於 PSK 強調在相位的變化，其雜訊抵抗能力和使用效率，又比 FSK 來得好。但硬體線路設計，卻又比 ASK 和 FSK 來得複雜。

2-3-2 數位訊號編碼

數位訊號由於是基頻訊號，所以訊號準位只有 0、1 兩單位，故數位訊號資料編碼 (encoding) 就是定義欲傳輸的二進位資料在傳輸線上該如何表示，簡單地說，就是何種訊號代表 "1"，何種訊號又代表 "0"。例如最簡單的編碼方式，便是傳輸線上出現一個脈衝(pulse) 代表一個位元的 "1"，沒有出現脈衝則代表一個 "0"，如圖 2-11 所示。

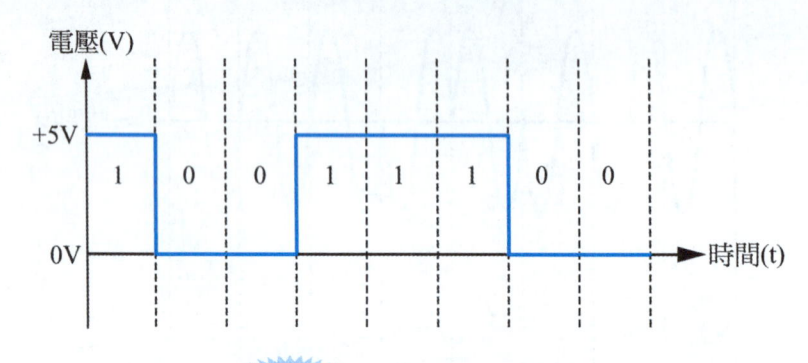

圖 2-11 傳輸線資料編碼

雖然數位訊號比起類比訊號比較不怕干擾，但由於區域網路傳輸訊號要求傳輸速率快且資料傳輸時間長等特性，對於訊號準確度要求更高。若單純使用 0、1 脈衝方式，可能會有資料傳輸接收因不同步產生問題，為此原生訊號需要經過訊號編碼，目的便是解決這些問題。最常用地訊號編碼主要有四種方式，分別是 NRZ（Non-Return to Zero，或稱不歸零）、NRZI（Non-Return to Zero-Inverted，或稱不歸零反轉）、曼徹斯特（Manchester）和微分式曼徹斯特（Differential Manchester）四種編碼方式。

(一) NRZ 編碼

NRZ 的方式是以正電壓（一般為＋5V 或＋3.3V）代表資料值 1，以負電壓（一般為－5V 或－3.3V）代表資料值 0。在該方式下，由於不會有零電壓的情況發生，故稱為不歸零編碼方式。

如圖 2-12 所示來說明 NRZ 編碼方式之工作原理。（傳輸資料為 10011100）

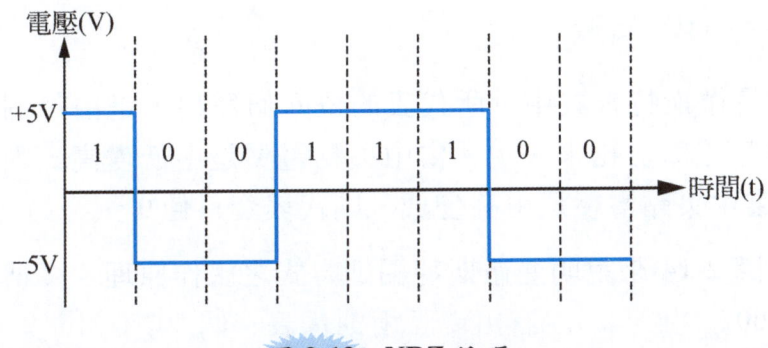

图 2-12　NRZ 編碼

(二) NRZI 編碼

　　NRZI 的方式是以變換電位狀態代表資料值為 1，維持原電位狀態代表資料值 0。在該方式下，由於不會有零電壓的情況發生，但資料值為 1 傳輸電位要反轉，故稱為不歸零反轉編碼方式。

　　如圖 2-13 所示來說明 NRZI 編碼方式之工作原理。（傳輸資料為 10011100）

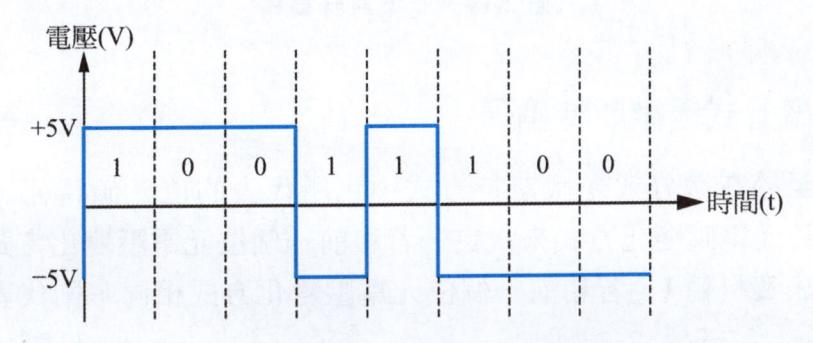

（a）假設前一個位元是低電位

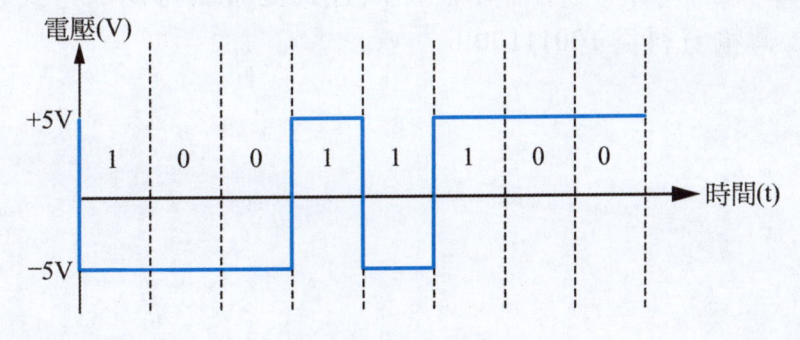

（b）假設前一個位元是高電位

圖 2-13　NRZI 編碼

(三) 曼徹斯特編碼

在曼徹斯特方式中,所代表的位元值為何,是由每個位元期間之中央點電壓變化來決定。當中央點電壓是由低變高,則代表資料值1,當中央點電壓是由高變低,則代表資料值0。

下圖 2-14 來說明曼徹斯特編碼方式之工作原理。(傳輸資料為 10011100)

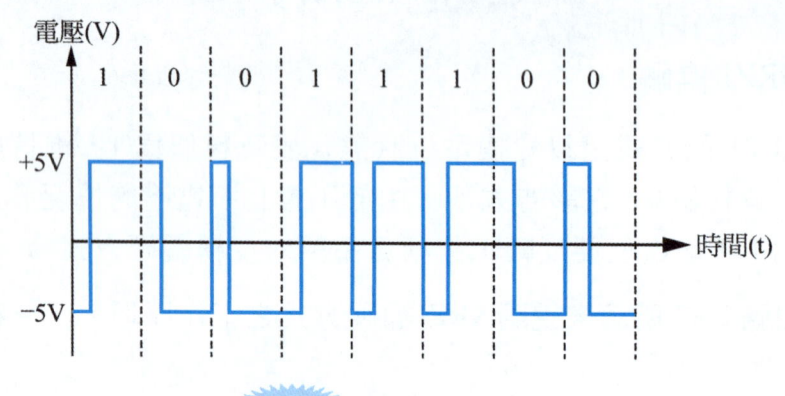

圖 2-14　曼徹斯特編碼

(四) 微分式曼徹斯特編碼

至於在微分式曼徹斯特方式中,所代表的位元值為何,是觀察上一位元電壓變化方式來決定,若和前一個位元電壓變化方式相反,則代表資料值1,若和前一個位元電壓變化方式相同,則代表資料值0。

如圖 2-15(a)、(b)所示來說明微分式曼徹斯特編碼方式之工作原理。(傳輸資料為 10011100)

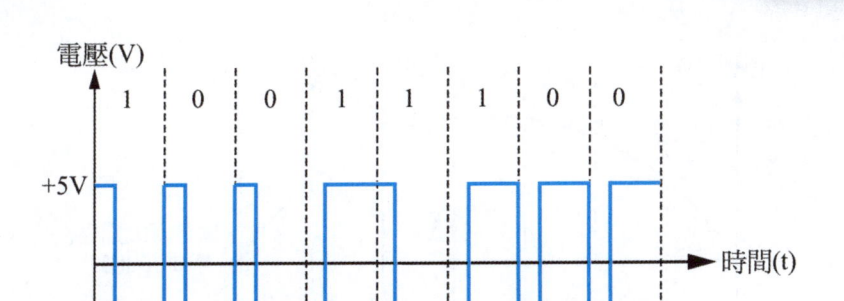

（a）假設前一個位元變化是由低電位升到高電位

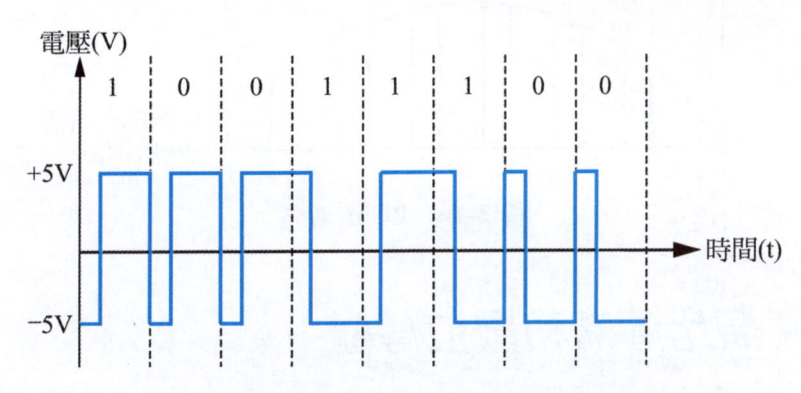

（b）假設前一個位元變化是由高電位降到低電位

圖 2-15 微分式曼徹斯特編碼

此外，還有一組將類比訊號轉換為數位訊號的一種技巧，稱為脈碼調變（Pulse Code Modulation簡稱 PCM），其原理是把一個連續性類比訊號中改由脈衝的振幅為訊號編碼的方法，如圖 2-16 所示，因訊號是不連續的，比較不會受到雜訊的干擾。例如在數位音樂合成器(MIDI)中，利用 PCM 技術可以將類比的聲音樣本轉換為數位聲音的格式。

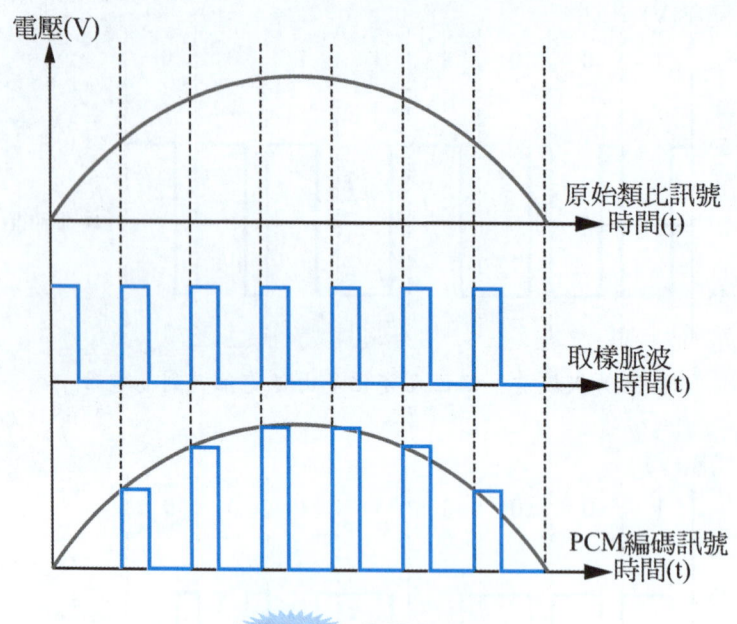

圖 2-16　PCM 編碼

2-4 類比傳輸和數位傳輸

　　訊號傳輸方式可分成以類比訊號傳輸方式和以數位訊號傳輸方式兩種，有關類比訊號和數位訊號的優缺點比較在第一章已簡要闡述，由數位訊號優於類比訊號的結論來看，同樣地數位訊號傳輸也是明顯優於類比訊號傳輸的，但某些應用對於不同訊號傳輸亦有不同的考量，詳述如下。

2-4-1 類比傳輸

　　類比傳輸（analog transmission）就是以類比訊號調變方式來傳輸資料。由於類比訊號最早期用於電報、電話等電子通訊，然後再演變成收音機廣播和電視系統，在使用了將近六十年的歷史，類比傳輸系統目前已廣泛且深入的遍布在我們生活。

　　類比傳輸的特性在於對它所接收波形是即傳即送，不像數位訊號要先經過編碼工作後再進行傳輸，由於是原音傳輸，即使在傳輸不良情況下，還可以靠著人耳或人眼去感覺傳輸訊號是怎麼回事。例如以電視訊號傳輸來說，即使傳輸效果很差（例如有鬼影），但我們仍可以隱約看出目前傳輸影像大概是什麼樣子。倘若換成數位傳輸，一旦資料傳輸有問題後續解碼也跟著有問題，那就可能什麼都看不到了。

類比傳輸最大的缺點在於雜訊抵抗能力很差，在一連串的傳遞過程中，所有大小雜訊造成的破壞都會累積到原來訊號身上，使得傳輸能力大打折扣。且類比傳輸容易產生訊號衰減的問題，故在很多應用系統上並不理想，所以類比傳輸已逐漸式微。

2-4-2 數位傳輸

數位傳輸由於是利用數位訊號傳輸資料，所以非常適合用在個人電腦或相關週邊上面，加上數位傳輸可以用很多數位資料處理技術來增加除錯或抵抗雜訊能力，如增加除錯碼做檢驗工作，這樣對長距離的資料傳輸而言，數位傳輸的錯誤率會比類比傳輸低很多。

然而數位傳輸也有其缺點，特別在聲音或影像等多媒體訊號傳輸（一般統稱為多媒體訊號），由於類比訊號傳輸是一接收到來源訊號即傳即送，中間無須任何轉換過程，但一旦改成數位傳輸前這些來源訊號必須經過取樣和編碼等步驟，程序上更為複雜。由於多媒體訊號所蘊藏的資料量相當龐大，於是便需要相當大的傳輸頻寬，所以這類訊號使用類比傳輸反倒比較理想。所幸的是數位資料具有良好的可壓縮性質，透過資訊壓縮演算法可有效降低傳輸資料量而減少頻寬需求。目前常見影像壓縮標準有 JPEG(註) 圖檔壓縮格式、視訊和聲音壓縮法有 MPEG(註) 系列壓縮標準，都已廣泛應用在未來數位廣播。

JPEG(註)

這是一種圖檔壓縮格式，使用者可以在製作這種圖檔時，選擇最佳的比例以及圖像品質，一般而言大多使用這種格式在網路上傳輸相片或者圖片，不僅節省時間，相片表現效果也較好。

> **MPEG**(註)
>
> 　　MPEG是影像標準制定委員會，專門為數位影像及數位聲音壓縮制定標準，因此MPEG也成為影像、聲音壓縮標準的代稱。Mpeg影像壓縮標準有MPEG I、MPEG II 及 MPEG 4。聲音壓縮標準有3階層（layers），每階層採用不同的壓縮方法，階層越高，壓縮技術就越複雜。MPEG第一階層標準壓縮效率為1：4，第二階層為1：6～1：8，第三階層為1：10～1：12。

2-5　無線傳輸

　　無線傳輸技術在1960年代就已提出，剛開始主要用於軍事用途，但隨著傳輸技術發展愈來愈成熟，應用層面愈來愈寬廣，目前最常使用無線傳輸服務包括傳呼器、行動電話和無線上網等，特別是行動電話的開辦，短短幾年內便已風行整個市場，也改變了人們的生活方式。

　　無線傳輸所採用的傳輸技術可分成兩大類，一是以光學訊號傳輸，另一是以無線電波傳輸。

2-5-1　光學訊號傳輸

　　使用光學訊號為主的有兩種，一是紅外線（infrared, IR），二是雷射（laser）。但不管是紅外線或雷射，都是以光作為傳輸媒介，所以都受限制於光的特性，敘述如下：

(1) 光無法穿透大多數障礙物，即使穿透也有折射和散射的現象。
(2) 光的行進路徑必須為直線，不過這可以透過折射和散射方式來解決。

　　瞭解光學訊號的特性後，再來討論紅外線和雷射之特性。

（一）紅外線

　　紅外線傳輸標準在1993年由紅外線標準協會(Infra-red Data Association，簡稱 IrDA）制訂，主要目的是建立互通性低、低成本、低耗能之無線傳輸解決方案，至 1999 年會員已超過 160 家，其中包括微軟、國際商業機器公司、Compaq、Dell 等資訊大廠，國內如建邦科技、華邦電子、宏碁、羅技等廠商。該協會並且制訂了一套標準，常用的傳輸速率約在 9.6kbps～4Mbps，一般的行動電話、PDA、筆記型電腦，或是無法使用高頻無線傳輸的精密儀器，都適用 IrDA 的紅外線傳輸。

不過紅外線有其先天不足之限制，包括：

(1) 傳輸距離太短：紅外線傳輸是屬於點對點的傳輸，但傳輸距離只有 1.5 公尺左右，這距離和一般區域網路範圍比較起來實在太短，故紅外線不適用在區域網路，僅適合在短距離資料對傳。

(2) 易受阻礙物影響：紅外線傳輸另一個問題是容易受阻礙物影響，就算兩個紅外線傳輸埠距離很近但中間隔著少許障礙物時，傳輸還是有問題，但一般現實情況障礙物處處都在，故紅外線不適用做為區域網路傳輸媒體。

(二) 雷射

雷射和紅外線同屬光波傳輸，不過雷射是將光集成為一道光束後再射向目的端，由於能量集中，沿途不會有散射現象。所以在需要安全的連線環境下，利用雷射是一個很好的選擇。

2-5-2 無線電波訊號傳輸

無線電波是一種極高頻率的頻譜，只要傳輸端和接收端固定在某個頻率範圍，便可利用天線等接收裝置接收，如圖 2-17 所示。

無線電波傳輸其實很早就被開發使用，主要原因是無線電波穿透力強，而且是全方位傳輸，不像紅外線受制於特定方向及易受障礙物影響特性，所以常見的應用包括電視廣播、無線電台及行動電話等，都已深入我們一般日常生活。故無線電波傳輸可說是目前無線傳輸最完整、應用最廣的解決方案。

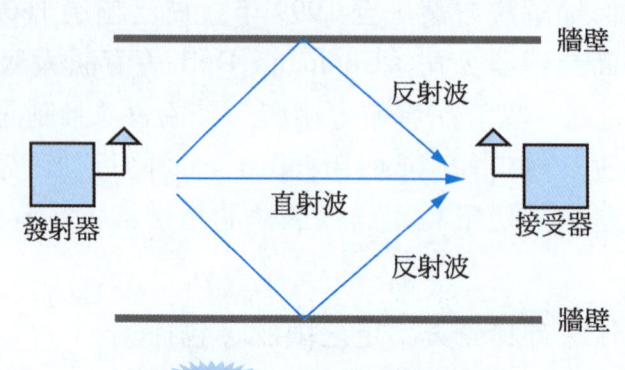

圖 2-17　無線電波傳輸

雖然無線電波傳輸應用很廣，但也不是毫無缺點，常見的缺點包括：

(1) 接收端訊息強度和傳輸距離平方成反比，所以距離愈長，傳輸效果愈差。
(2) 相鄰頻道易受干擾。
(3) 價格昂貴。

無庸置疑地，無線通訊的便利性和機動性絕對是未來通訊市場明日之星，所以目前的資訊產品如手機、筆記型電腦或 PDA，都開始內建無線通訊模組，提供無線上網服務，標榜無障礙立即通訊功能；有關無線傳輸技術細節，我們將在第五章有更詳盡的說明。

2-6　結　論

電子訊號由於先天上有容易衰減和易受雜訊干擾的限制，並不適合做長距離傳輸，若要做長距離傳輸必須適當加強訊號本身強度，強化其傳輸能力。若是有線傳輸，通常在接近傳輸距離上限加裝一個訊號放大器，作為訊號傳輸中繼加強之用。若是無線傳輸，則會採用訊號調變方式，意即將傳輸原始訊號加載一個高頻載波，由於載波本身是一種高頻率電磁波格式，適合發射和接收且做長距離傳輸，以確保訊號穩定不隨意遭破壞。

第 2 章　訊號調變與編碼

訊號傳輸媒介主要適用來傳遞訊號，常見介質包括雙絞線、同軸電纜線和光纖。其中雙絞線可分成遮蔽式雙絞線(簡稱 STP) 及無遮蔽式雙絞線(簡稱 UTP)兩種，同軸電纜線可分成基頻同軸電纜線（50 歐姆）和寬頻同軸電纜線（75 歐姆）兩種，光纖可分成單模式光纖及多模式光纖兩種。無遮蔽式雙絞線由於頻寬小，傳輸錯誤率高，故僅適用於短距離範圍集中之佈線，而光纖因其訊號傳輸品質最佳，抵抗雜訊能力最好，故適用距離範圍較大之骨幹線路架設，同軸電纜正好介於這兩者之間。

類比訊號的資料編碼方式，主要有三種方式，根據基準載波訊號的振幅大小來做資料編碼方式，稱為ASK（Amplitude-Shift Keying，振幅變動法）。調整載波訊號的頻率值來做資料編碼方式，稱為FSK（Frequency-Shift Keying，頻率變動法）。調整載波訊號的相位大小來做資料編碼方式，稱為PSK（Phase-Shift Keying，相位變動法）。

數位訊號資料編碼主要是定義欲傳輸的二進位資料在傳輸線上該如何表示，簡單地說，就是何種訊號代表 "1"，何種訊號又代表 "0"。常見數位資料編碼有NRZ、NRZI、曼徹斯特和微分式曼徹斯特等四種編碼方式。此外我們也可透過脈碼調變（簡稱 PCM）技術將類比訊號轉換為數位訊號，因轉換成數位訊號後是不連續的，比較不會受到雜訊的干擾。

無線傳輸所採用的傳輸技術可分成兩大類，一是以光學訊號傳輸，包括紅外線及雷射光。另外一是以無線電波傳輸，是目前應用最廣泛的無線通訊媒介。

重點摘要

1. 電子訊號由於先天上有容易衰減和易受雜訊干擾的限制,並不適合長距離傳輸,若要做長距離傳輸必須適當加強訊號本身強度,以確保傳輸品質和正確性。若是有線傳輸,通常在接近傳輸距離上限加裝一個訊號放大器,作為訊號強化之用;但若是無線傳輸,則會使用無線通訊中調變技術。

2. 調變的技術便是把低頻的原始訊號加載到一個高頻載波上,由於載波本身是一種高頻率電磁波格式,比較適合發射和接收且做長距離傳輸。調變過的訊號稱為調變波,接收端一接到調變波必須經過轉換才能還原成原來訊號,這個轉換程序稱為解調。

3. 調變的技術也可應用在有線傳輸,其原理就是將不同的原始訊號調變至不同頻率的載波,然後合成一個混合訊號做傳輸,而此時接收端利用不同頻寬範圍的濾波器再做解調,如此一來便可還原成原來訊號的調變波,再做解調便可還原成原來訊號。這樣作法的好處是同一條傳輸線上,也可以同時傳輸和接收不同的訊號,這種傳輸技術稱為寬頻傳輸技術(broadband)。

4. 直接傳輸訊號原生形式而不做任何頻寬切割,也就是使用單一頻率方式來傳遞訊號,這種技術稱為基頻傳輸技術(baseband),例如數位訊號傳輸。

5. 訊號傳輸媒介主要是用來傳遞訊號,常見包括雙絞線(Twisted pair)、同軸電纜線(Coaxial cable)和光纖(Fiber-optic)等。

6. 雙絞線可依絞線和絕緣體有無金屬層之遮蔽,分成遮蔽式雙絞線(Shielded Twisted Pair, 簡稱 STP)和無遮蔽式雙絞線(Unshielded Twisted Pair, 簡稱 UTP)兩種。使用雙絞線最大優點是價格便宜,佈線容易,不過缺點就是離訊抵抗能力差,具有較高的資料傳輸錯誤率(大約每傳送10^5個位元會錯一個位元),故不適合作長距離傳送。

7. 網路使用的同軸電纜常見主要有二種規格:50 歐姆電纜和 75 歐姆電纜。50 歐姆電纜大都使用用來傳輸基頻數位訊號。資料傳輸的速率大約為 10 Mbps。而 75 歐姆電纜也就是大家熟悉的有線電視電纜所採用的電纜,通常使用寬頻傳輸技術,其頻寬約為 300~400 MHz。

8. 類比訊號的資料編碼方式主要有三種：根據基準載波訊號的振幅大小來做資料編碼方式，稱為 ASK（Amplitude-Shift Keying，振幅變動法）。調整載波訊號的頻率值來做資料編碼方式，稱為 FSK（Frequency-Shift Keying，頻率變動法）。調整載波訊號的相位大小來做資料編碼方式，稱為 PSK（Phase-Shift Keying，相位變動法）。

9. 數位訊號資料編碼主要是定義欲傳輸的二進位資料在傳輸線上該如何表示，簡單地說，就是何種訊號代表 "1"，何種訊號又代表 "0"。常見數位資料編碼有 NRZ、NRZI、曼徹斯特和微分式曼徹斯特等四種編碼方式。此外我們也可透過脈碼調變（簡稱 PCM）技術將類比訊號轉換為數位訊號，因轉換成數位訊號後是不連續的，比較不會受到雜訊的干擾。

10. 無線傳輸所採用的傳輸技術可分成兩大類，以光學訊號傳輸，以無線電波傳輸。

11. 使用光學訊號為主的有兩種，⑴紅外線（Infrared, IR），⑵雷射（Laser）。但不管是紅外線或雷射，都是以光作為傳輸媒介，所以都受限制於光的特性，包括：

⑴無法穿透大多數障礙物，即使穿透也有折射和散射的現象。

⑵光的行進路徑必須為直線，不過這可以透過折射和散射方式來解決。

12. 無線電波是一種極高頻率的頻譜，只要傳輸端和接收端固定在某個頻率範圍，便可利用天線等接收裝置接收。常見的缺點包括：

⑴接收端訊息強度和傳輸距離平方成反比，所以距離愈長，傳輸效果愈差。

⑵相鄰頻道易受干擾。

⑶價格昂貴。

習題

一、是非題

(　　) 1. 調變技術僅適用於無線通訊。

(　　) 2. 無線電傳輸也是電腦網路的一種。

(　　) 3. 訊號一旦採用無線傳輸的方式來傳播，則在發送端和接收端都必須有發送天線或接收天線的存在。

(　　) 4. 無線傳輸其電波頻率愈高，則所需天線長度愈短。

(　　) 5. 使用雙絞線最大優點是價格便宜，不過缺點就是雜訊抵抗能力差，具有較高的資料傳輸錯誤率。

(　　) 6. 雙絞線對絞次數愈多，則抵抗干擾效果愈好。

(　　) 7. FDM 與 TDM 兩者最大的差異，FDM 則採用同步信號的數位信號資料傳輸而 TDM 採用類比串列傳輸。

(　　) 8. 訊號編碼的方法有很多種，但其最終目的便是能抵抗雜訊干擾，確保傳輸品質。

(　　) 9. 網路使用的同軸電纜常見主要有二種規格：50 歐姆電纜和 100 歐姆電纜。

(　　) 10. 光纖傳輸資料必須有光源，常用的光源有二種：(1)發光二極體，(2)雷射二極體。

(　　) 11. 光訊號在光纖內是以不斷反射的方式由一端傳遞到另一端。

(　　) 12. 使用 ASK 來做資料調變稱為調頻，典型應用如 FM 廣播。

(　　) 13. PCM 技術主要應用是將類比的聲音樣本轉換為數位聲音的格式。

(　　) 14. 早期電報、電話等電子通訊傳輸方式屬類比與數位混合。

(　　) 15. 類比訊號傳輸是一接收到來源訊號即傳即送，中間無須任何轉換過程。

(　　) 16. 數位訊號傳輸的優點是一旦資料位元傳輸錯誤，均能有效還原回來。

二、選擇題

(　) 1. 直接傳輸訊號原生形式而不做任何頻寬切割，也就是使用單一頻率方式來傳遞訊號，這種技術稱為
(A)頻率分時切割多工傳輸　(B)時間分時切割多工傳輸
(C)基頻傳輸技術　　　　　(D)寬頻傳輸技術。

(　) 2. 假設某訊號其頻率變動範圍為 100Hz～3000Hz，頻寬為
(A) 100　(B) 3000　(C) 2800　(D)2900 Hz。

(　) 3. 下列何者佈線範圍最廣？
(A)光纖　(B)雙絞線　(C)基頻同軸電纜　(D)寬頻同軸電纜。

(　) 4. 接收端一接到調變波必須經過轉換才能還原成原來訊號，這個轉換程序稱為
(A)切換　(B)解碼　(C)解密　(D)解調。

(　) 5. 對調整載波訊號的頻率值來做資料編碼方式，稱為
(A) ASK　(B) FSK　(C) PSK　(D) PCM。

(　) 6. 對調整載波訊號的振幅大小來做資料編碼方式，稱為
(A) ASK　(B) FSK　(C) PSK　(D) PCM。

(　) 7. 對調整載波訊號的相位大小來做資料編碼方式，稱為
(A) ASK　(B) FSK　(C) PSK　(D) PCM。

(　) 8. 雜訊抵抗能力最差的資料編碼方式為
(A) ASK　(B) FSK　(C) PSK　(D) PCM。

(　) 9. 硬體線路設計最複雜的資料編碼方式為
(A) ASK　(B) FSK　(C) PSK　(D) PCM。

(　) 10. 視訊和聲音壓縮法主要標準為
(A) SMART　(B) JPEG　(C) PCM　(D) MPEG。

(　) 11. 有關類比傳輸和數位傳輸之比較，下列何者是錯誤？
(A)類比傳輸雜訊抵抗能力較數位傳輸差
(B)若傳輸影音訊號，採用類比傳輸速率比數位傳輸慢
(C) 類比傳輸是即傳即送，不像數位傳輸須經過編碼。

(　) 12. 使用光學訊號傳輸的無線傳輸，不包括
(A)紅外線　(B)雷射　(C)電磁波。

三、問答題

1. 何謂調變？使用調變的目的為何？

2. 何謂基頻傳輸？何謂寬頻傳輸？

3. 有線訊號傳輸媒介有哪些？試比較其優缺點。

4. 無線訊號傳輸媒介有哪些？試比較其優缺點。

5. 試比較 ASK、FSK 及 PSK 之優缺點。

6. 數位訊號編碼有哪些？試說明其工作原理。

7. 訊號傳輸方式可分成類比傳輸和數位傳輸，試比較其優缺點。

Chapter 3
第 3 章 電腦通訊介面與數據機

學習目標

1. 瞭解謂通訊介面。
2. 瞭解目前常見的通訊介面標準,包括 RS-232 和其相關標準、USB 和 PCMCIA 等。
3. 瞭解數據機及數據機工作原理。
4. 瞭解數據機各項規格和特性。

在前面兩章我們已經介紹訊號基本觀念和通訊基本原理，接下來我們將繼續探討訊號如何和電腦連接，以及電腦最常使用的連接介面和設備。

3-1 通訊介面簡介

如同我們所知，電腦內部資料處理是使用數位格式，所以任何和電腦相連接的週邊設備，在傳遞資料前都必須轉換成電腦所認知的數位格式，這負責做格式轉換的模組，稱為介面（interface）。介面的形式有很多種，例如有將電子類比訊號轉成數位資料格式的介面，也有將光學訊號轉成數位資料格式的介面，無論如何，介面是電腦和外界設備裝置溝通的橋樑，如圖3-1所示。

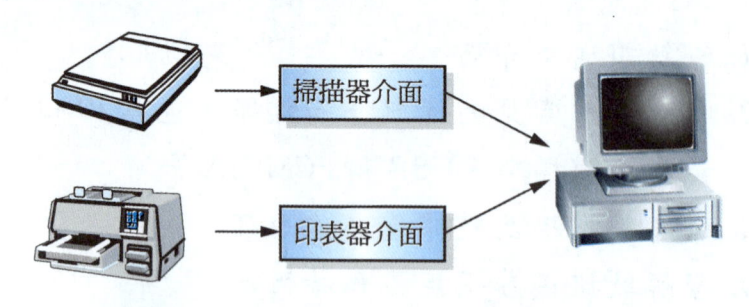

圖 3-1 電腦和週邊設備透過適當介面連接

同樣地，任何一個通訊網路所傳遞的資料也必須透過一個介面和電腦溝通，此溝通的介面統稱通訊介面。通訊介面主要設計的用意便是交換不同形式資訊設備的資料，如電腦和各種工廠儀器或電腦和行動電話彼此間資料交換。如果資料傳收雙方都採用相同公訂的通訊介面，即使是不同性質或規格的電腦設備，彼此也能溝通資料。

通訊介面是如何運作呢？簡單地說就是透過傳輸設備雙方所遵照的介面規格，也就是我們稱為的傳輸協定（protocol）進行資料傳遞，達到雙方資料溝通的目的。而此規格在資料傳輸時須明確定義電氣特性、資料編碼或解碼方式、傳輸速率及錯誤處理方式等重要資訊。

目前通訊介面的標準有很多，但以目前使用最為普遍，支援最為廣泛的，就非 RS-232 系列莫屬了，接下來我們將在 3-2 節詳盡介紹 RS-232 及相關通訊介面標準。

3-2 RS-232 通訊介面

3-2-1 歷史背景

RS-232 標準規格制訂於 1969 年，是由美國電子工業協會（簡稱 EIA）所公布，RS 是 Recommended Standard（推薦標準）的縮寫，232 是這種特定標準的規範號碼，目前 RS-232 標準最新版本代號是 C，所以也有人更詳細地寫成 RS-232C 來表示 RS-232 介面，或直接稱之為 EIA-232。

當初定義 RS-232 這個標準的目的，是為了解決數據終端設備（Digital Terminal Equipment，簡稱 DTE，例如大型電腦終端機、文字處理機和多工器等）和數據通訊設備（Digital Communication Equipment，簡稱 DCE，例如將數位信號轉換成類比信號的調變解調器）訊號傳輸介面問題，事實上它不僅用在個人電腦，工業電腦也都支援此規格，如圖 3-2 所示。

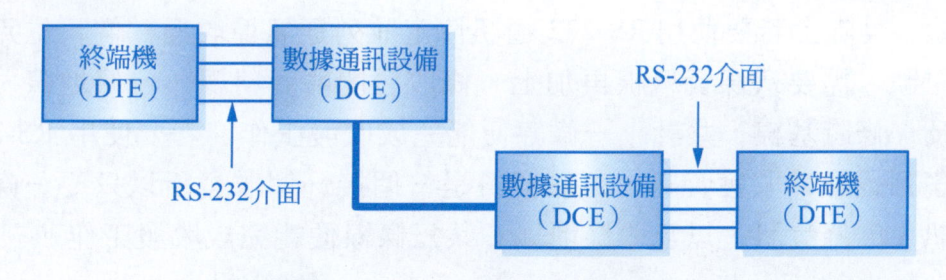

圖 3-2　簡單 RS-232C 介面通訊模型

RS-232 可說是目前主電腦和週邊裝置最常用的溝通介面，傳輸的距離可以達到 15 公尺，最大傳輸速率為 20Kbps，其規格最大的優點就是實作簡單，成本低廉。由於 RS-232 最少只要三條線（BA、BB、AB，見下節說明）就能完成資料得傳輸，故適用多種接頭設計，所以傳輸方式之複雜度可因應用途不同而自由選擇。

由於支援 RS-232 介面之裝置相當多，故累積相當豐富之應用軟體和技術支援。目前最常看到的應用包括個人電腦通訊埠(註)接頭，工業儀器測試介面等。

> **通訊埠**(註)
>
> 　　通訊埠便是指一般個人電腦上和外接裝置溝通主要介面，包括並列通訊埠（parallel port）與序列通訊埠（serial port）兩種，兩者間的差異就如同字面的意思，並列通訊埠是平行的收發訊息，而序列通訊埠則是一個接一個的收發訊息。一般最常見利用並列通訊埠來傳輸資料的為印表機，因此並列通訊埠常被稱為列印埠 LPT（parallel printer port）。而利用序列通訊埠傳輸資料的設備較多，包括滑鼠、數據機等裝置。（序列通訊埠也就是我們個人電腦常稱的 COM（communication port）。

3-2-2 傳輸規格

　　RS-232 在規格中定義了 25 隻接腳，其中包括資料傳輸接腳、控制訊號接腳、交握（handshaking）訊號接腳及相關測試接腳等，另外還有三隻接腳未定義，有關各接腳之意義如表 3-1 所示。

　　實際上若要使用 RS-232 通訊協定並列通訊埠收發一個八位元的訊號，需要八條資料線再加上一條收發開關資料線、一條地線、以及一條時基線，共計十一條線便能完成收發工作。若要使用 RS-232 序列通訊埠收發資料，由於資料是一個接一個收發所以只要一條收訊、一條發訊、以及一條地線，共三條線便能完成收發工作。

　　標準 RS-232 接頭規格共分為 9 pin 與 25 pin 兩種（pin 是接腳的意思，如 9 pin 代表此接頭有 9 根接線），也就是一般熟知的 DB9 接頭和 DB25 接頭，如圖 3-3 所示。

　　注意的是 RS-232 使用負邏輯系統，其中 +15V～+3V 是邏輯 0，−15V～−3V 是邏輯 1。

第 3 章　電腦通訊介面與數據機

表 3-1　RS-232 接腳編號及功能

接腳	電路	說明	接腳	電路	說明
1	AA	保護接地	14	SBA	副發送資料
2	BA	發送資料	15	DB	DCE 發送信號時序
3	BB	接收資料	16	SBB	副接收資料
4	CA	要求發送	17	DD	接受信號時序
5	CB	清除發送	18	—	未指配
6	CC	調復機妥	19	SCA	副要求發送
7	AB	信號接地	20	CD	數據終端機備妥
8	CF	資料載波檢出	21	CG	信號性能檢出
9/10	—	保留 DCE 測試	22	CE	鈴音指示
11	—	未指配	23	CH , CI	資料傳輸速率選擇
12	SCF	副資料載波檢出	24	DA	DTE 發送信號時序
13	SCB	副清除發送	25	—	未指配

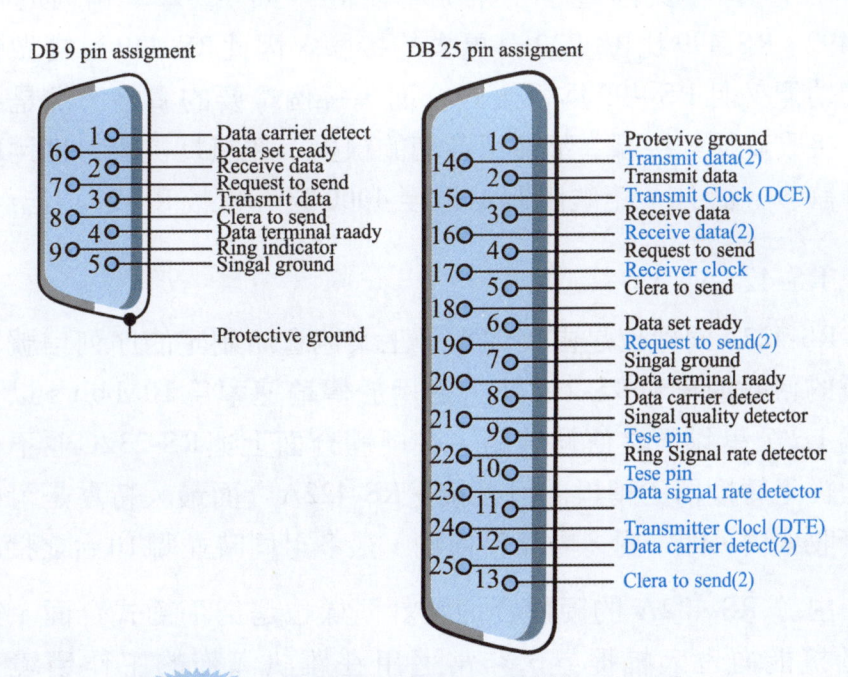

DB 9 pin assigment

1 — Data carrier detect
2 — Data set ready
3 — Receive data
4 — Request to send
5 — Transmit data
6 — Clera to send
7 — Data terminal raady
8 — Ring indicator
9 — Singal ground
— Protective ground

DB 25 pin assigment

1 — Protevive ground
2 — Transmit data(2)
3 — Transmit data
4 — Transmit Clock (DCE)
5 — Receive data
6 — Receive data(2)
7 — Request to send
8 — Receiver clock
9 — Clera to send
10 — Data set ready
11 — Request to send(2)
12 — Singal ground
13 — Data terminal raady
14 — Data carrier detect
15 — Singal quality detector
16 — Tese pin
17 — Ring Signal rate detector
18 — Tese pin
19 — Data signal rate detector
20 — Transmitter Clocl (DTE)
21 — Data carrier detect(2)
22 — Clera to send(2)

圖 3-3　並列通訊埠接頭（DB25 和 DB9）

RS-232C 主要優點：

(1)基本構造簡單,價格便宜。

(2)相容產品眾多。

主要缺點：

(1)傳輸距離較短（15公尺以下）。

(2)傳輸速率較慢（20Kbps 以下）。

(3)耐雜訊特性較差。

3-2-3 其他 RS-232 改善介面

　　RS-232 介面推出後，雖受到市場普遍採用，但由於傳輸距離實在太短、耐雜訊特性不佳等因素，對於某些特定使用環境如工廠儀器控制等，RS-232 實無法勝任。為了改善這些先天缺點，技術研發人員不斷嘗試了各種不同的方法，也發展出其他改善介面。這些介面規格包括 RS-499、RS-422A、RS-423A 及 RS-485 等。

(一) RS-499

　　在 1975 年美國電子工業協會制訂了與 RS-232 相同的規格之RS-499，RS-499 比 RS-232 具更多的接腳，因此RS-449可實做較多可用的功能。且 RS-499 為平衡式介面，每個重要的電路（像是發送資料、接收資料等接腳）都使用各個的線對，雜訊抵抗能力也比RS-232提升許多。此外，距離限制可增至 4000 呎，也較 RS-232 佳。

(二) RS-422A

　　RS-422A同樣也是由美國電子工業協會所制定的序列信號介面，支援的傳輸速率較RS-232快，適用於傳輸速率為 10M bit/s 以下，距離為 1.2 公里以下之傳輸線路。在硬體介面上與 RS-232C 並不相容，必須經過轉換器的轉換才可互接。RS-422A介面最大特點是可構成並聯接收架構，即一對多點資料傳輸，最多可同時並聯 10 台之接收器。

　　由於 RS-422A 的硬體介面設計同樣也是為平衡式介面，對於雜訊抵抗能力也大幅提昇，非常適用在雜訊滿佈的工作環境，所以RS-422A 的硬體，現今也已被廣泛的應用在工業上使用。

(三) RS-423A

RS-423A類似RS-422，但只支援點對點（point-to-point）通訊，且為非平衡式之電氣特性。

(四) RS-485

RS-485同樣類似RS-422，只是規格上略做加強，即在每條線上能有較多的節點。

3-3 數據機(Modem)

數據機的英文名稱為 Modem，也就是取 modulator（調變器）及 demodulator（解調變器）兩字合成後的縮寫。廣義來說數據機就是可以執行訊號調變和解調的模組，不論是應用在無線傳輸或是有線傳輸。然而在現今應用上，數據機一般指的就是個人電腦或資訊家電用來撥接上網的設備，若無特別強調，本書所指的數據機，皆以此定義為主。

數據機最基本的功能就是把電話通訊信號（類比訊號）轉換成數位訊號後再連接電腦，也就是執行調變器功能，或反過來將電腦的數位訊號轉換為類比訊號後傳輸至電話線路，傳輸到遠方，也就是執行解調變器功能（如圖 3-4 所示為數據機通訊模型圖示說明）。由於電話線路是目前使用最普遍且涵蓋範圍最廣泛的網路，所以任何電腦都可透過數據機透過電話網路和其他同樣裝有數據機的電腦進行溝通，所以數據機可以說是一個通訊介面實作的設備。

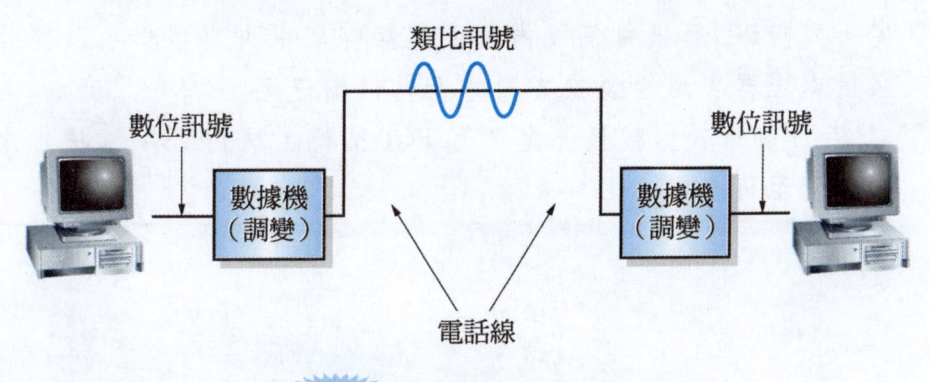

圖 3-4　數據機通訊模型

Computer Network
電腦網路

　　由於電話線路可傳輸的訊號除了資料外，尚有語音、傳真、電傳視訊等服務，所以目前的數據機不再只有單純的資料傳輸及交換，演變至今，數據機都具備有傳真及語音等附加功能，透過適當的軟體配合使用，許多數據機便搖身一變成為完整的電話答錄機或電話秘書總機，而且價格愈來愈便宜，所以數據機也逐漸成為個人電腦不可或缺的基本配備。

3-3-1 數據機種類

　　由於數據機是實作通訊介面的裝置，所以必須配合一個傳輸協定連接至我們電腦。目前市面上大部分數據機都是採用 RS-232 通訊方式透過序列埠（COM port）連接至我們電腦，但隨著更多傳輸介面和協定被開發，更多介面型式的數據機也逐漸推上抬面，包括筆記型電腦常用的 PCMCIA 介面（註）和 USB 介面（註），提供使用者更多選擇。

ISA 和 PCI（註）

　　ISA 是 Industry Standard Architecture 縮寫，也就是工業標準構造的意思，是一種用在個人電腦上屬於 16 位元之匯流排規格，傳輸速率為每秒 16.66 百萬位元組。但因為 ISA 是屬於較早期的規格，速度和效率已無法符合更快速的週邊零件，為此英特爾公司於 1992 年制定新個人電腦 32 位元之匯流排規格，就是 PCI（Peripheral Component Interconnect，週邊零件連接介面）。其每秒傳輸速率可達 33×8 = 264 百萬位元組，比 ISA 整整高了近十六倍速度，同時 PCI 可讓每個設備都能直接存取中央處理器，以提昇電腦微處理器與週邊裝置之間的資料傳輸速率。

　　目前新款主機板一定都有 PCI 插槽，反倒 ISA 插槽愈來愈少，甚至沒有。

Computer Network
第 3 章　電腦通訊介面與數據機

USB 介面（註）

　　USB 的英文全稱是 Universal Serial Bus 直接翻成中文是『通用性串列匯流排』，它是經由 IBM、Intel、Microsoft、NEC、Compaq、DEC、Northern Telecom 等數個大公司共同制訂出來的規格。功能簡單的說，就是簡化外部週邊設備與主機之間的連線，利用一條傳輸線上並列串接各類週邊設備，解決現在主機後面一大堆線亂繞的困境。而且還能夠在不用重新開機或安裝的狀態下，隨時安插各式的週邊設備，此特性稱為熱插拔。

　　目前可用 USB 規格連線的週邊相當多，包括鍵盤、軟式磁碟機、光碟機、搖桿、數據機、印表機、磁帶機、掃瞄器、電話等設備。但是一般個人電腦若要連接 USB 裝置則必須具備新的 USB 規格接頭（目前的主機板大部份都已經內建 USB 介面），同時作業系統也必須支援。

PCMCIA 介面（註）

　　PCMCIA 是 Personal Computer Memory Card International Association 縮寫，意思是個人電腦記憶卡國際協會，這個協會在 1989 年，由美國和日本的一些資訊公司共同成立，主要工作是制定電腦記憶卡標準規格。

　　PCMCIA 卡廣泛用於連接電腦與電腦週邊設備，特別是筆記型電腦或 PDA 裝置，因受限於主機空間不大，外接週邊設備時不能佔據太大空間，所以輕薄短小的 PCMCIA 卡就成了最佳的介面。

　　PCMCIA 卡皆為長形，其插槽以厚度來分可分為三類：
(1) 厚度約 3.3mm，大多為用來替電腦增加 ROM 或者 RAM。
(2) 厚度約為 5.5mm，主要為數據機卡。
(3) 厚度約為 10.5mm，主要為行動硬碟。

　　較薄的 PCMCIA 卡可以相容於較厚的 PCMCIA 卡插槽，反之則不行。

　　由於 PCMCIA 卡同 USB 也屬於熱插拔，使用上極為方便。因此善用 PCMCIA 卡功能將可以真正達到移動辦公室的境界。

數據機也因其連接方式的不同而分為內接式數據機與外接式數據機兩種。就功能而言兩者並無差異，唯一差別是外接式數據機本身為一個獨立機體，有自己的電源和外顯按鈕控制，它與電腦的連接必須透過傳輸線才可運作。反觀內接式數據機並不具機殼形體，而是以晶片焊在主機板上，或以介面卡安插在主機板的匯流排上。外接式數據機的好處是更換維護方便，且可在不同電腦間互用，但單價較高。反觀內接式數據機的好處是一體成型，節省外接式數據機所佔據的空間，但未來擴充或升級較外接式數據機困難。

由於現在電腦中央處理器速度愈來愈快，原本需要專屬訊號處理晶片來協助 CPU 處理訊號，如今可利用強大 CPU 運算功能及速度用軟體模擬來取代，此稱為軟體模擬數據機，使用軟體模擬數據機因為沒有實作硬體，完全使用軟體模擬，如此一來便大幅降低硬體成本，所以有些內接式數據機也改用軟體模擬方式進行訊號處理，如圖 3-5 所示。

（a）外接式數據機

（b）內接式數據機　　　　　　　　（c）PCMCIA 介面數據機

圖 3-5　數據機形式

3-3-2 數據機規格

在選購數據機前,有許多數據機規格是我們必須瞭解,其中包括數據機速率、支援的通訊協定、使用介面種類等,列舉如下。

(一) 數據機速率

數據機速率指的便是指數據機和數據機彼此之間對傳可達到最高速度,常見數據機速率有 1200、2400、9600、12400,28800、33600 及 57600bps 等規格,傳輸速率自然愈快愈好,但由於傳輸速率受限於電話線路本身頻寬和品質限制,最高速度應介於 22800bps～33600bps 之間,若加上即時線上資料壓縮,才有可能達到 57600bps,但這都是理想值,事實上隨著線路品質良莠不齊,執行效率都會比理論值來得慢。

(二) 數據機通訊協定

各種廠牌的數據機若要能互相溝通,就必須遵照相同的通訊協定。而數據機各項通訊標準是由國際電訊聯盟(International Telecommunication Union,簡稱 ITU)所屬之 CCITT (註) 所制定。隨著數據機發展之悠久歷史和通訊技術不斷進步,目前已累積相當多的規格。常見的標準包括 MNP 系列及 V.xx(xx 為數字)系列等。

> **CCITT (註)**
>
> CCITT(Consultative Committee of International Telegraph and Telephone)是國際電話暨電報諮詢委員之縮寫,是國際電訊聯盟(International Telecommunication Union,ITU)旗下的一個成員,於 1865 年成立,是制定數位交換機、數位系統、通訊網路和電腦終端機等標準的單位。目前 CCITT 這個組織已隸屬於聯合國,名稱也改為 ITU-TSS 或 ITU-T (International Telecommunication Union Telecommunication Standardization Sector)。

通訊協定主要訂定的重點，包括連線速度、錯誤修正、資料壓縮及流量控制，分述如下：

1. 連線速度

　　一旦通訊雙方的數據機完成連接後，由於兩邊數據機支援最大連線速度可能不同，所以第一個溝通項目便是雙方要以多少速度互相傳輸。例如傳輸端數據機最高可支援到28800bps，而接收端數據機最高只支援到9600bps時，兩邊通訊時就必須遷就傳輸速率較慢的那端-也就是接收端以 9600 bps 傳輸。

　　不過在電話線路品質不穩定時，使得最高連線速度不見得能達成情況下，此時通訊協定也必須轉慢連線速度，試圖讓傳輸品質更趨穩定，表3-2 列出CCITT各項傳輸協定名稱及相關特性。

表 3-2　CCITT 各項傳輸協定名稱及相關特性

傳輸協定名稱	傳輸最高速度	傳輸形式	備　註
CCCIT V.21	300 bps	全雙工	
CCCIT V.22	1200 bps	半雙工	
CCCIT V.22bis	1200、2400bps	全雙工	
CCCIT V.29	1200、2400、4800、9600bps	半雙工	可使用 FAX
CCCIT V.32	4800、9600bps	全雙工	自動調整傳輸速率
CCCIT V.32bis (註)	4800、7200、9600、12200、14400 bps	全雙工	同 V.32
CCCIT V.34	28800 bps	全雙工	同 V.32
CCCIT V.42bis	34400 bps	全雙工	含壓縮功能
CCCIT V.90 (註)	56600 bps	全雙工	含壓縮功能
CCCIT V.92 (註)	56600 bps	全雙工	含壓縮功能

V.32bis (註)

V.32bis 的速率並非固定在 14400bps，如果線路品質不良，V.32bis 會自動降低調整速率到 12000bps→9600 bpss→7200bps→4800bps。

V.32bis 由於使用相同的頻寬接收和傳輸資料，所以必須使用到迴音消除（echo cancelation）的技術。何謂迴音(echo)？簡單地說就是訊號透過全雙工模式傳遞的目的端後，在同一個時間由於線路阻抗的不匹配，這個信號可能會回傳到發送端，如果在此時目的端也同時送信號過來，我們就無法清楚的了解目的端所送的信號為何。這回傳的信號就是迴音，所以我們必須把迴音信號消除到我們可清楚的辨識遠端傳的信號為止。

V.90 傳輸協定 (註)

56K 數據機剛問世時，有兩種傳輸標準，分別是由 Rockwell 及 Lucent 共同提出的 K56 flex 標準，和 3COM/USR 所提出的 X2 標準。後來 ITU 融合了 K56 flex 及 X2 技術兩者的特點，訂定了 56K 數據機標準 V.90。ITU 的 V.90 標準傳輸的速率幾乎可以達到 56K。除了數據機必須是 V.90 規格的數據機外，使用者所申請的撥接服務 ISP (註) 也必須提供 V.90 的 56K 撥接線路，才能發揮最大的傳輸速率。

ISP (註)

ISP 是 Internet Service Provider 的縮寫，中文翻譯便是網際網路服務提供者，所指的是讓一般用戶連線到網際網路上的公司，提供用戶各種與網際網路有關的服務，大多包含了 Internet 撥接帳號、專線帳號、E-mail 帳號、虛擬主機、網域名稱申請、網頁設計與維護等（相關詳細內容可參考第八章），用戶必須撥接到 ISP 的主機才能進入網際網路。

台灣地區的撥接網路，除了教育機構與政府機關之外，一般民眾必須向中華電信（Hinet）或資策會（Seednet），以及民間 ISP 公司申請，而各家的連線速率、服務品質還有費率，都有所差異。

V.92 傳輸協定（註）

　　V.92 傳輸協定是 ITU 在 2000 年 7 月發佈，可說是 V.90 後繼規格，除了上傳速率提高到 48Kbps 之外，還多了一項重要的功能，那就是數據機暫停功能（Modem-on-Hold），一般的數據機遇到電話來電時，會被迫切斷連線，但是 V.92 可以讓數據機保持連線，使用者接聽完電話之後，不必重新撥接，繼續連線。

　　V.92 還有另外兩項功能，就是快速撥接（Quick Connect）以及 PCM(PCM upstream) 上傳功能。

2. 錯誤修正（Error Correction）

　　一般數據機在傳輸資料過程中，很少不會不發生錯誤，錯誤的原因很多，包括傳輸線路不穩定、傳輸裝置或設備發生故障或傳輸緩衝區（buffer）發生溢滿（overflow）情況。傳輸協定必須盡可能偵測錯誤情況是否發生並加以處理，常見的處理方式便是接收端要求傳輸端重傳。如果錯誤情況還是沒有改善，此時通訊協定必須減慢連線速度（例如從 33600bps 降到 28800bps 或更低），看看是否能讓傳輸錯誤降低。

　　常見的錯誤修正傳輸協定包括 MNP（註）系列之 MNP1、MNP2、MNP 3、MNP 4 及 CCITT V.42（註）。

MNP（註）

　　MNP（Microcom Network Protocol）是一套由 Microcom 公司提出來的一套通訊協定，後來也廣為其他許多家的數據機製造廠商所採用。在 MNP 協定整個傳輸過程中，所有資料都包成一個封包，稱之為 LTF（Link Transfer Frames），每個資料體包也含了一個 16 位元的 CRC 字元，用來測試資料傳遞時是否有問題。若是數據機在收到資料後發現有問題，它就會送出信號請對方將有問題的封包重新再送一次。

　　這套協定中，本身包含了許多不同的等級（class），class 1 到 4 是用來設定資料錯誤更正協定（error correction），class 5 則是用來設定傳輸過程中資料壓縮協定。

> **CCITT V.42**（註）
>
> V.42 為作用於 4800~28800bps 傳輸速率之通訊協定錯誤更正協定功能，但先決條件是雙方的數據機都必須具備此種協定時，V.42 的功能才有效。這個功能是確保資料不被電話線的雜訊所干擾。

3. 資料壓縮

　　資料壓縮顧名思義便是把傳輸資料透過壓縮演算法把要傳輸的資料量降得更低，如此一來便可增加傳輸產能，提昇傳輸效率。例如原本一個 288K 的資料，若不壓縮情況下使用 28800bps 傳輸速率要 10 秒鐘（288/28.8 = 10），若能將其壓縮十倍，傳輸資料變成只有 288/10 = 28.8K，只有原來十分之一，所以實際傳輸只需 28.8/28.8 = 1 秒，傳輸效率也增加十倍，所以透過資料壓縮提昇效能是相當明顯。

　　不過資料壓縮也不是沒有缺點，最大的問題是壓縮過的資料要偵測傳輸錯誤會變得更加困難，而且錯誤累積會更嚴重，所以大部分壓縮通訊協定都包含相對應錯誤處理方式。

　　常見的資料壓縮傳輸協定包括 MNP 系列之 MNP5 及 CCITT V.42bis（註）。

> **CCITT V.42bis**（註）
>
> V.42bis 為一種比 MNP5 的資料壓縮更具有效率的資料壓縮協定，其壓縮效率最高可達 1：4，所以若是使用的數據機實際上的線上最高傳輸速率達 28800bps，那透過所支援的 V.42 bis 時，就可以達到 28800×4 = 115200bps，但這僅止於數據機本身與電腦間的傳輸，而不是數據機與數據機間的實際線上速率。

4. 流量控制

現在新款數據機大部附有錯誤修正功能（如 MNP4、V.42）和資料壓縮功能（如 MNP5、V.42bis）。若使用這類通訊協定來提昇資料傳輸的效率同時，一般使用者都會將 DTE 速度設定高於 DCE 速率，一般建議值是把 DTE 速度值最高設為 DCE 的 4 倍。以 14400bps 數據機為例，DCE 速率最高為 14400bps，DTE 速率則可設定為 57600bps。

但經過這樣設定後可能發生問題，當電腦丟資料給數據機的速率（DTE 速率）比數據機傳輸資料出去的速率（DCE 速率）還要快時，數據機的緩衝器會被填滿，此時便可能會發生資料流失問題。流量控制（flow control）便是為了防止上述情況發生所做的處理機制。一般數據機的流量控制可分為軟體控制（使用 XON/XOFF 傳輸字元來決定開始／停止資料傳輸）和硬體訊號（使用 RTS/CTS 控制訊號）流量控制兩種，端看通訊軟體如何設定。

（三）數據機之通訊介面

數據機通訊介面目前有許多種選擇，包括透過 PCI 或 ISA 匯流排直接連接至系統匯流排、或使用序列埠（COM port）介面、USB 介面和 PCMCIA 介面等。相信隨著更多傳輸介面和協定被開發，更多介面型式的數據機也逐漸推上抬面，提供使用者更多選擇。

接下來我們將針對不同介面，逐一討論其特色和缺點。

1. ISA/PCI 匯流排介面數據機

這就是一般所謂的內接式數據機。可分 ISA 與 PCI 註二兩種規格，由於其外觀如同一般介面卡（如顯示卡、音效卡等），所以安裝方式與一般介面卡相同，直接安插於電腦內部的主機板擴充槽內即可使用，所以它還有另一個名稱，叫做內接式數據卡（internal modem card）。

內接式數據機優點如下：

(1)因為安裝於主機內部，與主機板共用電源，如此不但節省桌面使用空間，也不需外接變壓器可省下一個電源插座。同時也可省下一個通訊連接埠供其他外接週邊裝置使用。

(2)因做成介面卡形式,比做成單機個體更節省成本,故價格比外接式數據機更便宜。

其缺點如下:

(1)其安裝程序較為複雜,必須打開主機外殼才能進行,維修檢測較不方便。

(2)採用介面卡的設計方式,會佔用掉主機內部的一個 ISA 或 PCI 擴充插槽。換句話說,也就會少掉一個安裝其他介面卡的擴充空間。

(3)內接式數據卡多半無燈號顯示,較難去判別數據機的通訊及使用狀況。

2. RS-232 介面數據機

就是一般最常見的外接式數據機,以目前製作方向來看,外接式數據機多為 9 pin 機種,25 pin 已不復見。

其使用優點如下:

(1)機身上附有AT指令燈號(註)顯示,方便使用者判別數據機目前使用狀態。

(2)多半內建音源插孔,可直接插入麥克風或耳機,使用其語音傳輸或電話答錄等功能。

(3)部份外接式數據機會在外殼上設計控制按鈕,用來操作其特殊功能(如答錄機、錄製問候語、聽取留言等等)。

其使用缺點如下:

(1)由於外接式數據機連接於主機的通訊埠上(通常是COM1 埠或COM2 埠),所以當有其他外接週邊設備(如程式除錯通訊轉接埠、印表機、讀卡機等)也使用相同通訊埠時,便少去一個通訊埠選擇。

(2)由於外接式數據機有一定體積,故必須為其在電腦桌面上清出一塊空間安置。此外外接式數據機需另接電源,所以電源其變壓器也將佔用掉一個電源插座,且接線上也比較麻煩。

關於外接式數據機面板指示燈說明（註）

(1) **CS**（**Clear To Send**）：此燈亮表示數據機已經準備好，要開始接收遠端數據機所傳遞來的資料。

(2) **AA**（**Auto Answer**）：自動應答指示燈，此燈表示數據機具有自動回應的功能，當燈亮時，數據機可以自動回應外界撥入的電話。

(3) **CD**（**Carry Detect**）：此燈亮時，表示數據機已經和遠方的數據機連上線了，因此，當有一方處於離線狀態時，這個指示燈會熄滅。

(4) **OH**（**Off-Hook**）：取用指示燈，當這個指示燈亮時，表示數據機準備開始進行撥接連線的工作，此時，這隻用以撥接的電話線處於佔線的狀態。

(5) **RD**（**Receive Data**）：接收資料指示燈，代表遠端的數據機正在傳輸資料給你的數據機，或者數據機正在傳輸資料給遠方的電腦。

(6) **SD**（**Send Data**）：傳輸資料指示燈，代表電腦正在傳輸資料給數據機，或者數據機正將資料傳往給遠方的數據機。

(7) **TR**（**Terminal Ready**）：當數據機與電腦的串列埠相連結，並且進行撥接連線之後，數據機上的 TR 燈就會亮起。

(8) **MR**（**Modem Ready**）：只要開啟數據機後，MR 指示燈就會亮起，它代表數據機已經準備就緒，隨時都可以執行工作。

(9) **HS**（**High Speed**）：高速指示燈，當數據機上的 HS 燈亮起時，表示數據機正以極高的傳輸速率與遠方的電腦進行資料傳輸。

3. USB 介面數據機

　　USB 介面數據機就是使用標準 USB 介面，由於 USB 介面屬於通用介面，所以 USB 介面數據機可以支援所有支援 USB 介面的工作平台，因此不會有未來相容性問題。

其使用優點如下：

(1)隨插即用（Plug and Play，PnP）：只要將數據機插上 USB 介面，系統就會偵測到硬體的存在，並自動執行安裝工作，使用者只要按照指示依序安裝驅動程式與調整設定值即可。
(2)熱插拔（Hot Swap）：可在開機啓動狀態下直接進行數據機安裝或拔除，系統也能透過這個功能，隨時偵數據機是否還與主機連接。

其使用缺點如下：

(1)USB介面裝置雖然在安裝與設定上都非常方便，但早期主機板或作業系統並不支援。
(2)部份USB介面數據機無燈號顯示，較難去判別數據機的通訊及使用狀況。USB介面數據機目前製造廠商不多，故選擇較少，單價也較高。

4. PCMCIA介面數據機

　　PCMCIA介面是專為筆記型電腦所規範的資料傳輸規格，由於筆記型電腦空間配置非常有限，一般沒有內建數據機的筆記型電腦若是想撥接上網，必須透過符合PCMCIA規格的數據卡上網。

其使用優點如下：

(1)隨插即用（Plug and Play，PnP）：只要將數據機插上，系統就會偵測到硬體的存在，並自動執行安裝工作，使用者只要按照指示依序安裝驅動程式與調整設定值即可。這部分和USB一樣。
(2)熱插拔（Hot Swap）：可在開機啓動狀態下直接進行數據機安裝或拔除，系統也能透過這個功能，隨時偵數據機是否還存在主機上。這部分和 USB 一樣。

其使用缺點如下：

(1)使用 PCMCIA 介面裝置相對其他設備仍算昂貴。
(2) PCMCIA 介面數據機功能較陽春。

3-3-3 數據機選用方法

數據機選用最重要的條件，就是看規格是否符合安裝需求。如果我們的電腦沒有支援序列埠，則我們就不應該購買序列埠規格的數據機，同樣的若我們的電腦沒有支援 USB，則我們就不應該購買 USB 規格的數據機。

規格確定無誤後，接下來應該看的是支援的通訊協定是否符合需求，由於數據機最早由 1200 bps 逐漸進步到目前 57600 bps，衍生不少通訊協定，所以每個時間所推出的數據機其所支援的通訊協定可能就不一樣，原則上愈後面推出的數據機均能向前相容，但是否符合我們的需求，還是要視規格而定。

再來，我們也要檢查我們的電腦所執行作業系統是否支援該數據機。一般數據機都會包含針對某作業系統所開發的驅動程式，如果要安裝的電腦所使用的作業系統不在支援之列，那可能無法驅動買來的數據機，所以採購時一定要注意。此外如果執行的作業系統是 WINDOWS 95 以前的作業系統，因為那時 USB 和 PCMCIA 尚未正式推出，所以也無法支援此介面之數據機，除非另外安裝作業系統更新程式。

最後，每個數據機工作電壓不盡相同，且變壓器的規格也不同，所以在使用時必須特別注意，最好是照實使用每台數據機所附的變壓器，以免因電壓問題無法正確使用。

3-3-4 數據機未來發展趨勢

由於網際網路盛行，引發在新興市場如家庭、SOHO族和行動通訊使用者的強烈需求，促使數據機成為目前最炙手可熱的通訊產品，且未來個人電腦也勢必和電信通訊整合，也就是 3C 目標（所謂 3C 指的是 computer、consumer 及 communication）。由於個人電腦大廠意識到使用者對數據通訊需求增加的趨勢，紛紛將數據機列為個人電腦的基本配備。由此可見，未來數據機市場的發展空間極具潛力。

若以數據機規格來看，可預期地內接式數據機成長動力會相當驚人，主要原因是一旦數據機成為個人電腦基本配備。個人電腦製造商在大量生產時，為求降低成本，使用內接式數據機較符合需求，同時測試維護也比較一致，相容性問題也可大幅減少，所以目前許多主機板製造商為配合客戶需求已把數據機功能內建在主機板上。此外，由於筆記型電腦、掌上型電腦或個人數位助理（PDA）等產品銷售持續成長，也同樣帶動 PCMCIA 內接式數據機大量需求，雖然數量上仍無法和桌上型電腦等量齊觀，但後需發展力道仍是不可輕忽。所以未來數據機形式朝向內接式且輕薄短小發展，已是大勢所趨。

至於傳統外接式類比式數據機，由於其傳輸速率已經接近電話線路所能傳輸速率之極限，因此數據機製造商不再爭相競逐推出更為高速的產品，而將焦點轉向增加數據機的功能，包括：增加電話答錄機功能、來話轉接（call forwarding）、來話號碼（caller ID）顯示、語音郵件等功能，以增加產品之附加價值。此外，許多數據機製造商以 SOHO 族群與消費性市場為目標，設計出整合多種功能的產品，例如電話總機系統、語音傳真系統等。

最後，由於新一代寬頻網路不斷推陳出新，相對在這類網路下專屬數據機發展也愈來愈積極。目前包括ISDN、ADSL、Cable modem 及無線通訊數據機等，都是未來數據機發展新主力。有關寬頻網路及相關數據機規格，將於第九章做更進一步討論。

3-4 結論

由於電腦內部資料處理是使用數位格式，所以任何和電腦相連接的週邊設備，在傳遞資料前都必須轉換成電腦所認知的數位格式，這負責做格式轉換的模組，稱為介面。故任何一個通訊網路所傳遞的資料也必須透過一個介面和電腦溝通，此溝通的介面統稱通訊介面。如果資料傳收雙方都採用相同公定的通訊介面，即使是不同性質或規格的電腦設備，彼此也能溝通資料。

目前通訊介面的標準有很多，常見的包括 RS-232、USB 和 PCMCIA。其中論歷史、普及程度及相關軟硬體支援程度，以RS-232最為普遍，然而隨著新興資訊產品如筆記型電腦或 PDA 等，皆使用 USB 或 PCMCIA。

RS-232 標準規格是由美國電子工業協會（簡稱 EIA）所公布，傳輸的距離可以達到 15 公尺，最大傳輸速率為 20Kbps，其規格最大的優點就是實作簡單，成本低廉。缺點則包括傳輸距離較短（最長僅有 15 公尺）、傳輸速率也比較慢（20Kbps 以下）及耐雜訊特性較差。為補足 RS-232 缺失，美國電子工業協會也陸續推出 RS-499、RS-422A、RS-423A 及 RS-485 等標準。

數據機的英文名稱為 Modem，也就是取 Modulator（調變器）及 DEModulator（解調變器）兩字合成後的縮寫。廣義來說數據機就是可以執行訊號調變和解調的模組，不論是應用在無線傳輸或是有線傳輸，狹義指的是一般個人電腦或資訊家電用來撥接上網的設備。

數據機最基本的功能就是把電話通訊信號（類比訊號）轉換成數位訊號後再連接電腦，也就是執行調變器功能，或反過來將電腦的數位訊號轉換為類比訊號後傳輸至電話線路，傳輸到遠方，也就是執行解調變器功能。

數據機依其連接方式的不同可分為內接式數據機與外接式數據機兩種，依其通訊介面可分成PCI或ISA匯流排介面、RS-232 序列埠（COM Port）介面、USB 介面和 PCMCIA 介面等。

由於全民上網時代，透過數據機撥接上網的比例愈來愈高，且技術也愈來愈進步，包括無線、寬頻上網等，所以未來數據機發展勢必愈來愈多元蓬勃，功能也愈先進。

重點摘要

1. 由於電腦內部資料處理是使用數位格式,所以任何和電腦相連接的週邊設備,在傳遞資料前都必須轉換成電腦所認知的數位格式,這負責做格式轉換的模組,稱為介面。
2. 任何一個通訊網路所傳遞的資料必須透過一個介面和電腦溝通,此溝通的介面統稱通訊介面。
3. 目前通訊介面的標準有很多,常見的包括 RS-232、USB 和 PCMCIA。其中論歷史、普及程度及相關軟硬體支援程度,以 RS-232 最為普遍。
4. RS-232 標準規格是由美國電子工業協會(簡稱 EIA)所公布,傳輸的距離可以達到 15 公尺,最大傳輸速率為 20Kbps,其規格最大的優點就是實作簡單,成本低廉。
5. 標準 RS-232 接頭規格共分為 9 pin 與 25 pin 兩種(pin 是接腳的意思,如 9 pin 代表此接頭有 9 根接線),也就是一般熟知的 DB9 接頭和 DB25 接頭。
6. RS-232 的缺點包括:
   (1)傳輸距離短(最長僅有 15 公尺)。
   (2)傳輸速率慢(20Kbps 以下)。
   (3)耐雜訊特性較差。為補足 RS-232 缺失,美國電子工業協會也陸續推出 RS-499、RS-422A、RS-423A 及 RS-485 等標準。
7. 數據機的英文名稱為 Modem,也就是取 Modulator(調變器)及 DEModulator(解調變器)兩字合成後的縮寫。
8. 數據機最基本的功能就是把電話通訊信號(類比訊號)轉換成數位訊號後再連接電腦,也就是執行調變器功能,或反過來將電腦的數位訊號轉換為類比訊號後傳送至電話線路,傳送到遠方,也就是執行解調變器功能。
9. 數據機因其連接方式的不同可分成內接式數據機與外接式數據機兩種。就功能而言兩者並無差異,唯一差別是外接式數據機本身為一個獨立機體,有自己的電源和外顯按鈕控制。反觀內接式數據機並不具機殼形體,而是以晶片焊在主機板上,或以介面卡安插在主機板的匯流排上。

10. 數據機速率指的便是指數據機和數據機彼此之間對傳可達到最高速度，常見數據機速率有1200、2400、9600、12400、28800、33600及57600bps等規格，但由於傳輸速率受限於電話線路本身頻寬和品質限制，最高速率只能介於22800bps～33600bps之間，除非加上即時線上資料壓縮，才有可能達到57600bps的理想值。

11. 數據機通訊介面目前有許多種選擇，包括透過PCI或ISA匯流排直接連接至系統匯流排、或使用序列埠介面、USB介面和PCMCIA介面等。

習題

一、是非題

(　　) 1. RS-232 標準規格制訂於 1969 年，是由美國電子工業協會（簡稱 EIA）所公布。

(　　) 2. 任何一個通訊網路所傳遞的資料也必須透過一個介面和電腦溝通，此溝通的介面統稱通訊介面。

(　　) 3. 目前使用最為普遍，支援最為廣泛的通訊介面是 RS-243。

(　　) 4. 數據機的英文名稱為 Modem，也就是取 Modulator（調變器）及 DEModulator（解調變器）兩字合成後的縮寫。

(　　) 5. 一般電腦的印表機都是利用串列通訊埠連接，故串列通訊埠常被稱為列印埠。

(　　) 6. 56K 數據機剛問世時，有兩種標準，分別是由 Rockwell 及 Lucent 共同提出的 K56 flex 標準，和 3COM/USR 所提出的 X2 標準，後來才由 ITU 整合成 V.90 標準。

(　　) 7. RS-422A 支援的傳輸速率較 RS-232 快，但在硬體介面上與 RS-232C 並不相容，必須經過轉換器的轉換才可互接。

(　　) 8. RS-422A 的硬體介面設計為平衡型驅動/接收介面，對於雜訊抵抗能力較 RS-232 佳。

(　　) 9. V.90 是 CCITT 於 1998 年 2 月所通過的 28800bps 數據機的標準。

(　　) 10. 若使用資料壓縮功能這類通訊協定來提昇資料傳輸的效率同時，不必理會。

(　　) 11. MNP5 及 CCITT V.42bis 是常見的資料壓縮傳輸協定。

(　　) 12. 外接式數據機通常附贈較多功能，故比內接式數據機來得昂貴。

(　　) 13. USB 介面數據機可以隨插隨用，PCMCIA 介面數據機則不行。

(　　) 14. 一般在做數據機規劃，都是把 DTE 速率值設定小於 DCE 的速率，以達到流量管制的目的。

二、選擇題

( )1. 下列何者不是 RS-232C 的優點？
(A)成本低廉　(B)傳輸方式之複雜度可因應用途而自由選擇
(C)雜訊抵抗能力強　(D)支援設備相當多，使用廣泛。

( )2. 任何和電腦相連接的週邊設備，在傳遞資料前都必須轉換成電腦所認知的數位格式，這負責做格式轉換的模組，稱為
(A)介面　(B)解碼器　(C)多工器　(D)交換器。

( )3. 下列何者是 RS-232 通訊協定的缺點？
(A)使用連續資料方式記錄　(B)適合儲存和轉送
(C)不容易抵抗雜訊。

( )4. 下列何者是只支援點對點通訊，且為非平衡式之電氣特性之通訊協定　(A)RS-422　(B)RS-423　(C)RS-485。

( )5. 目前最快的數據機通訊協定是？
(A)V.92　(B)V.90　(C)V.32　(D)V.34。

( )6. V.90 通訊協定最高可支援多少 bps？
(A)28000　(B)36000　(C)52000　(D)64000

( )7. 下列何者是屬於數據機通訊協定中的壓縮協定？
(A)MNP 5　(B)MNP 4　(C)V.42　(D)V.34。

( )8. 下列何者是屬於數據機通訊協定中的錯誤修正協定？
(A)V.92　(B)V.90　(C)V.32　(D)V.34。

( )9. 下列那個通訊協定中不含資料壓縮功能？
(A)V.92　(B)V.90　(C)V.42bis　(D)V.32。

( )10. CCCIT V.32bis 不支援下列那個傳輸速率通訊？
(A)3600　(B)7200　(C)9600　(D)12200　bps。

( )11. 若要為 PDA 選擇數據機模組，哪種介面最為適合？
(A)PCMCIA　(B)RS-232　(C)ISA　(D)PCI。

三、問答題

1. 請簡述 RS-232 通訊協定的優缺點。

2. 試比較外接式數據機與內接式數據機之優缺點。

3. 常見數據機連接介面有哪些？

4. 為何數據機需要做流量管制？

Computer Network
電腦網路

筆記欄

Chapter 4

第4章 區域網路

學習目標

1. 瞭解區域網路、大都會網路及廣域網路。
2. 瞭解區域網路的使用好處及相關特性。
3. 瞭解網路上如何傳達訊息。
4. 瞭解網路拓樸及目前常見的拓樸方式。
5. 瞭解網路分層觀念及其應用。
6. 瞭解 OSI 分層模型。
7. 瞭解 IEEE 802 標準。

Computer Network

Computer Network
電腦網路

4-1 簡 介

電腦網路可依其所涵蓋的地理範圍大約分為三類，分別是區域網路（Local Area Networks, 簡稱 LAN）、大都會網路（Metropolitan Area Networks, 簡稱 MAN）及廣域網路（Wide Area Networks, 簡稱 WAN）。

區域網路通常指的是涵蓋範圍在 5 公里之內的網路，如家庭社區、學校、工廠甚至商業大樓等，常見的區域網路規格包括Ethernet、Token-Bus 及 Token-Ring 等，我們將在第五章對各種區域網路規格做更詳細討論，如圖 4-1 所示。

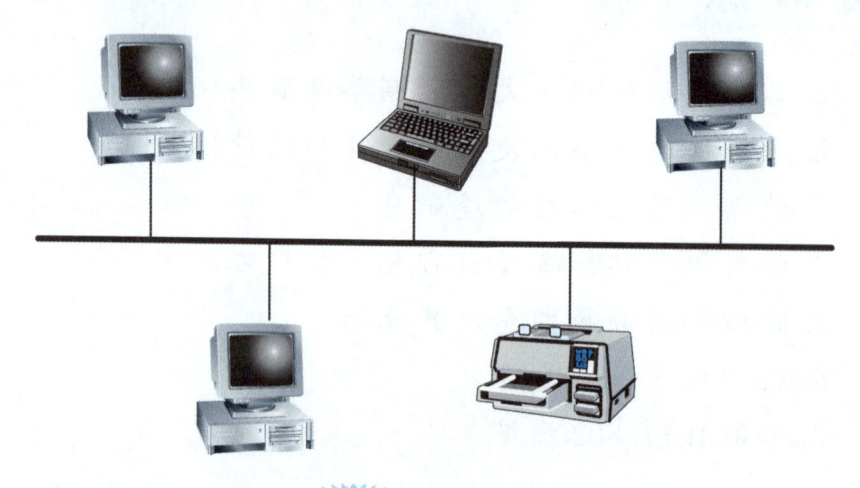

圖 4-1　區域網路

大都會網路通常指涵蓋範圍在 50 公里內之高速資訊網路，一般來說都是以整合都市相關行政區域為主作為網路架設基準，使得資料可以快速跨越行政單位進行處理，提高整體行政效率。大都會網路大都使用光纖做為傳輸媒介，速度相當快速。由於架設成本十分昂貴，一般都是列入都市發展建設計畫中編列預算進行管理維護。

廣域網路則泛指涵蓋範圍在 50 公里以上的網路，且沒有行政區域限制，可以是不同城市、全國性，甚至跨國性、世界性的網路。常見廣域網路包括有線電視業者佈建的網路及網際網路等。由於這種網路因為涵蓋範圍較大，管理技術和規範更加複雜，因此通常是

Computer Network
第 4 章　區域網路

由國家電信單位（如國內交通部電信總局，現已改成中華電信）所統籌控管。

區域網路由於架設範圍集中，所以連線速度快，相對也比較好管理，加上目前支援區域網路不論是軟體或硬體也都到相對合理的價位，故目前所有的機關學校或企業團體都紛紛架設區域網路，以提升工作效率及競爭能力。而相關區域網路相關技術，如網路架設、管理及維護等，也是目前職場徵才上極為熱門行業之一，各類網路類型比較如表 4-1 所示。

表 4-1　網路類型比較

網路類型	適用範圍	資料傳輸	架設成本	管理人員
區域網路	5 公里內同一棟建築	快	快	公司或學校資訊單位
大都會網路	5～50 公里	普通	高	市政府或地方政府
廣域網路	50 公里以上	慢	高	國家電信單位

有關網路分類

有關上述網路分類法其實因人而異，有些人把區域網路設定在更小範圍內（如 2 公里內），也有人在網路規模分類上略過大都會網路，直接歸類為廣域網路。

4-2 使用區域網路的好處

為何要使用區域網路？雖然之前我們不斷強調使用區域網路有助於提升工作效率及競爭能力，但不可諱言的，架設及維護區域網路也是一筆所費不貲的開銷，而一般使用者要學習使用區域網路也必須花費一番功夫才能駕輕就熟，這些都是初期推動時最大的障礙。若真正要讓領導者覺得花費建設網路成本是值得的，或使用者願意辛苦學習網路使用是有代價的，就必須先瞭解使用區域網路的好處和意義在哪裡。

使用區域網路的好處及目的主要有二：資源共享及訊息傳遞。

(一) 資源共享

一旦使用者電腦連接至網路，使用者便可以透過網路服務功能去存取連接在網路上之各種資源，包括硬體（如印表機、磁碟機或繪圖機設備等）、軟體（如各種資料庫服務程式或網路遊戲等）及資料（例如學校最新的布告欄等，公司最近的舉辦活動），就像使用連接在自己電腦上的資源一樣。一般而言，必須透過網路存取的資源稱為遠端（remote）資源，相對地，連接在自己電腦上的資源，稱為本地（local）資源。遠端資源是連線上網路後才能使用，一旦失去連線遠端資源就無法使用了，相反地，本地資源就沒有這種困擾。但不論是遠端資源或本地資源，對使用者來說都是透明的，並沒有任何使用上的差別。有關遠端資源使用，將在第六章網路作業系統時有更進一步的討論。

資源共享的好處是：

1. 設備毋須重複購買

想像一下沒有網路的環境，我們以學校電腦教室為例，若教室安裝了五十台個人電腦，如果每台電腦都要提供印表機功能，最直覺的方法便是為每台電腦配置一台印表機，但這樣採購方式實在太昂貴了，特別是印表機使用率又不高時，這種方式不僅浪費空間而且浪費公帑。所以折衷的方式就是購買一定數量印表機（如五台，如此一來每十個學生可分配一台），誰有需要時誰就借去安裝使用。但這種方式仍有缺失，第一：印表機搬來搬去欠缺效率，且容易損壞。第二：若同時有很多人需要列印時，很難做出公平有效的安排。

上述的情況可以透過區域網路資源分享實作來解決，例如我們將這些印表機連接並設定成網路印表機時，誰有需要便透過網路連線傳輸到網路印表機佇列等候列印，如此一來省卻了使用印表機時搬來搬去的麻煩，同時透過網路印表機佇列管理功能，可以有效管理等候列印文件的優先次序，雖然使用者在使用上速度會比單機使用時稍微慢一點，但在採購成本和管理維護上面，卻是大大的改善。

2. 軟體資料維護方便

對於使用者經常使用的軟體或資料，若在沒有網路連接的環境下，一旦有新的軟體或資料更新需求，系統維護管理人員必須一台一台挨家挨戶循序更新，如果更新電腦個數少也就算了，如果數量龐大且距離範圍又很廣時，這種資料管理維護方式就顯得效率不彰且勞民傷財了。但此時只要使用網路，我們便可將這些使用者電腦程式和資料放在網路檔案伺服器上，同時設定使用者電腦連接網路伺服器相關套件即可，如此一來即使程式或資料需要更新只要更新網路伺服器即可，毋須每台去更新資料，自然省下不少人力及時間。這種資料管理方式稱為集中式管理（在第六章有更詳盡說明），目前較常見如校園內學生選課系統、一般工廠內的進出貨管理系統都是此類型之應用。

(二) 訊息傳遞

同一時間針對連接在網路上面所有使用者，可以透過網路來傳達訊息，常見方式如網路廣播（broadcast）和線上交談（talk），如圖4-2(a)、(b)所示。

所謂網路廣播就是從網路上某台電腦發送訊息給其他連線的電腦，由於廣播對象不必事先過濾，所以使用廣播最適合時機便是當有重要事情需馬上傳達給所有使用者知道時。例如網路要進行維護，需馬上中斷，此時便可使用網路廣播功能告訴所有使用者請先離線，諸如此類。而線上交談就是事先選擇目前已連上線某台電腦進行訊息交談，和廣播不一樣的是我們必須事先指定交談的電腦，且該電腦一定要在線上，否則連線將無法建立。線上交談使用時機常用於私人溝通，例如甲同學有私事想和乙同學溝通，便可使用線上交談功能，如此一來只有他們兩人才能知道交談內容，其他人是無法看到。

網路廣播和線上交談可以說是網路訊息傳遞最直接且最常使用的功能，後來依據網路廣播和線上交談之雛形所發展更先進的訊息傳達系統，如電子郵件或視訊會議，我們將在第八章網際網路之相關服務介紹時做更詳盡的探討。

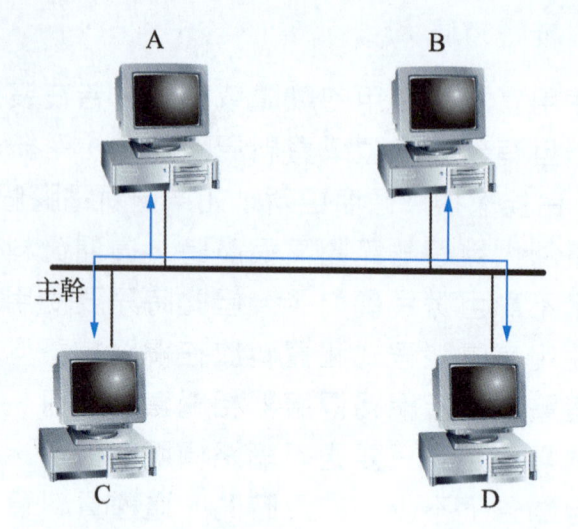

（a）A 要廣播時，會同時與 B、C、D 建立傳輸通道

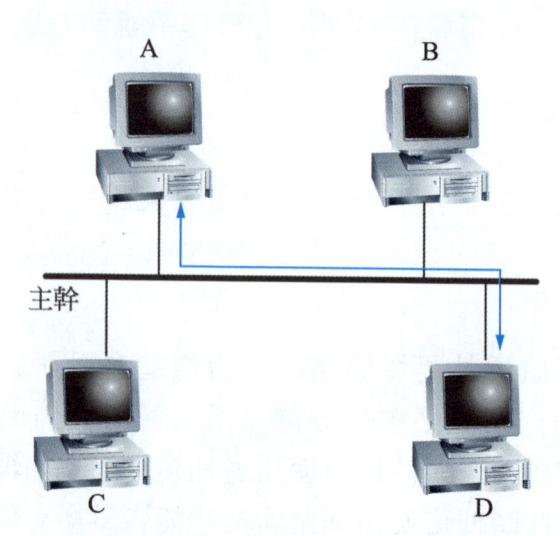

（b）A 與 D 交談，只有 A 與 D 建立傳輸通道

圖 4-2　網路廣播與線上交談

4-3　區域網路的特點

　　在 4-2 節瞭解使用區域網路的好處後，接下來讓我們來了解有關區域網路幾項特點。這些特點包括：全年無休的服務、高速傳輸和低錯誤率、私人性質和存取保護和擴充延展性高。

(一) 全年無休的服務

一般網路均是二十四小時全年無休提供服務，並無所謂上班時間和非上班時間，是故對於使用者而言便十分方便，因為這樣就不會被限於只能在某些固定時段（如上班時間）才能使用某些服務，隨時隨地只要連線成功就可以使用了。由於目前不論政府機關或者私人企業都已採用電腦化作業，很多服務如資料查詢或線上申請都已整合在網站上，使用者只需透過網路連接至該網站便可使用，其方便和效率實是增加許多。

當然對於二十四小時隨時處於使用狀態的網路設備，產品穩定度及可靠度是相當重要的，所以相關網路設備製造商都必須提供品質保證，甚至較高級的系統均採用容錯設計，意即只要設備一旦出現損壞，馬上啟動備用系統接手處理，達成系統永續運轉的目的。

(二) 高速傳輸和低錯誤率

一般區域網路點對點傳輸速率（point-to-point，即兩台電腦間的最高傳輸速率，且這兩台電腦在傳輸時沒有別的電腦或其他裝置參與）都要求在 10M bps 以上，甚至更高，以目前超高速網路設計規格，可望突破 1G bps。以這麼高的傳輸速率來看，設備的穩定度十分重要，特別是傳輸速率愈高的系統，因通訊線材本身限制，其傳輸干擾會更嚴重，傳輸干擾一旦發生，便會製造傳輸錯誤，傳輸錯誤發生頻繁，網路系統就不穩定，傳輸品質亦大幅下滑。我們可用錯誤率來評斷一個網路傳輸品質的好壞，錯誤率的定義是：平均每傳輸 N 個位元會錯一個位元，則錯誤率為 1/N。例如平均每傳輸 10^8 個位元會錯一個位元，則錯誤率為 $1/10^8$ 也就是 10^{-8}。錯誤率當然愈低愈好，事實上錯誤率愈低的系統相對其整體傳輸速率也就愈高，原因是一旦錯誤率降低系統因發現傳輸錯誤而重新傳輸資料封包的機率變小，自然便提升網路整體效率。

一般區域網路若採用傳統的同軸電纜作為線材，其平均錯誤率是介於 10^{-8} 至 10^{-11} 之間（也就是說在最壞情況下，平均每傳輸 10^8 個位元會錯一個位元），所以若考慮更高傳輸速率且更低錯誤率的網路環境，建議採用以光纖為主的導線材質，因為光纖傳輸速率更高且錯誤率更低。

(三) 私人性質和存取保護

大部分的區域網路都不是公眾性質，相反地絕大多數的區域網路都是私人所有，也就是說這些私人區域網路都是由特定人士出資架設、使用及維護。正因為是私人所有，所以這些區域網路內部可能包含許多私人機密資料或專屬資源，外人若未經授權是無法存取使用的。例如公司內部商業營運機密，政府機關重要文件檔案等，這些資料僅供內部特定員工才能存取使用，外人是嚴格管制。所以想要強行進入這些被管制的網路內讀取資料是犯法的，這種行為，稱為入侵（intrusion）。

為防止不肖人士入侵盜取機密資料，通常機密敏感度高的區域網路都會做嚴密資料保護措施，例如採用多重密碼辨識或加裝防火牆（firewall，詳第七章說明）等，以阻隔外界不當非法存取。

(四) 容易安裝和維護

由於投入區域網路不論軟體或硬體的廠商都相當地多，每家廠商均有其產品競爭優勢和賣點，所以對於使用者採購而言就增加許多考量和選擇的彈性。但不論如何，這些產品應該是容易安裝、測試、整合和維護的，設計方向上均應能讓一般網路管理者快速上手為佳。

此外，這些區域網路產品應能允許不同廠牌，不同硬體系統架構，甚至不同作業系統的電腦也能相互連結在一起，並不會有整合的問題。例如同一個網路上面應可允許不同廠牌電腦（如蘋果電腦和IBM家用電腦）也能相互連接傳輸訊息資料。

(五) 擴充延展性高

由於區域網路技術日新月異，每年均有更新、更快速的技術被發明或改進，為了保護以前的投資（架設一個網路成本是相當昂貴的），這些最新改善的技術最好能保障向前相容的能力，即使要更新也是變動範圍愈小愈好。所以在研擬區域網路規劃時最好先考慮擴充延展的問題，以因應未來局勢可能的改變。

4-4 區域網路拓樸方式

區域網路所謂的拓樸（topology）指的是網路中電腦、網路線和其他分支點之間排列和佈局的方式，在電腦能夠共享資源或執行其他通訊任務之前，首先電腦必須相互連接，而連接方式設計的好壞，對於未來網路運作皆有相當重要的影響。

所有的拓樸都是源於下列四種設計：匯流排（Bus）、星型（Star）、環狀（Ring）及網狀（Mesh）。

4-4-1 匯流排拓樸

匯流排拓樸是利用一條主電纜線（backbone，又稱主幹），將多台電腦連接起來，當其中一台電腦 A 欲傳輸資料時至另一台電腦 B 時，電腦 A 便會採取廣播方式將封包發送至網路，由於採用廣播方式，因此網路上所有連接的電腦都會偵測到該封包的傳輸訊號，不過只有目的電腦 B 才能接收此資料封包，而且在目的電腦 B 正確接收到此封包後必須負責把網路傳輸終止，也就是將傳輸訊號清除，並將網路還原成無資料封包傳輸時的初始狀態，以便隨時進行下一個資料傳輸。同時其它非目的電腦發現該封包不是屬於自己的便自行繞過（bypass）到下一個節點，此稱為訊號反彈（signal bounce），直至找到目的電腦為止。如此便構成一個完整資料封包傳輸運作機制，如圖 4-3 所示。

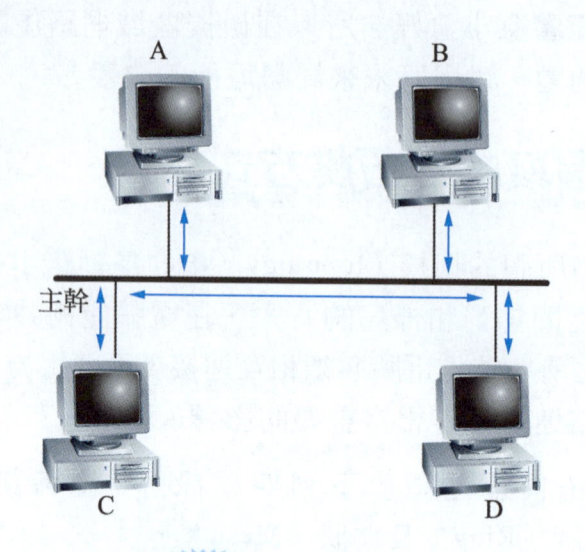

圖 4-3　匯流排拓樸

　　但如果傳輸的資料封包是無效的該怎麼辦（也就是網路上沒有任何一台電腦是目的電腦，資料封包找不到對象可以傳輸）？此時在匯流排網路兩端都會加裝終端電阻（terminator）來吸收多餘的訊號，阻止訊號繼續反彈，當訊號被吸收掉之後，網路也就還原成無資料封包傳輸時的初始狀態了。若同一時間內已經有資料封包使用網路正進行傳輸，此時又有其它電腦也想傳輸的時候，這種現象稱為碰撞，由於網路同一時間只能進行一件傳輸工作，所以新的傳輸必須等現行作業完畢後才能使用。

　　匯流排網路因為較為單純，架設成本也最低，但缺點是只要有某個節點發生問題或故障，便可能影響到其它電腦，迫使網路運作產生中斷。且要找出故障點也不容易，所以匯流排網路並不適用於電腦太多的網路，因為電腦太多資料傳輸發生碰撞的機率便會提高，進而造成整體網路效率不彰。

4-4-2　星型拓樸

　　在星型拓樸中所有電腦均連接上集線器（有關集線器詳細說明，請參照5-1-2節）上，不似匯流排拓樸方式是連接至主要纜線。集線器負責管理資料封包傳輸、頻寬分配等事宜，彷彿指揮中心一樣。且集線器可以層級式連接，主集線器可分接出好幾個集線器，分接

Computer Network
第 4 章　區域網路

出來的集線器也可再分接，構成一個類似樹架構網路傳輸環境，如圖 4-4 所示。

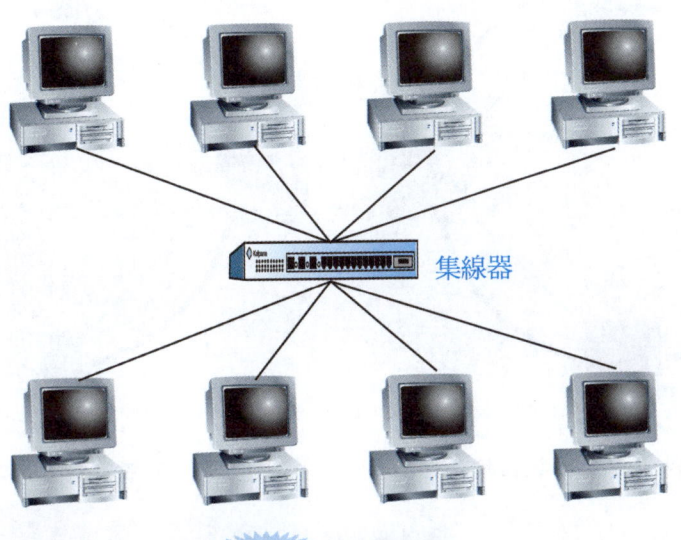

圖 4-4　星型拓樸

　　星型拓樸具有資源集中管理的優點，但缺點是一旦中心點（即集線器）壞了，整個網路就不能運作，但如果只是單一節點故障或發生問題，也只有該節點不能收發網路資料，其餘節點仍能照常工作。比較起來由於集線器故障機率相對偏低，所以星型拓樸網路的穩定性要比其他拓樸形式來的好，且透過集線器要新增或移除電腦也比較容易，故星型拓樸非常適合在電腦數量相當大的網路工作環境，這也是為什麼許多公司行號大都採用星型拓樸的原因。

4-4-3　環狀拓樸

　　環狀拓樸是將連結的電腦以環形方式連結，第一部電腦連結到下一部電腦，而最後一部電腦則會和第一部電腦連結，如此便構成一個環架構之網路傳輸環境，如圖 4-5 所示。

　　環狀拓樸的優點在於所有電腦的傳輸速率均等，當一部電腦發生問題的時候，可以選擇另一個方向傳輸，較不會影響到其它網路相連結的電腦，而且所有電腦都有相同機會傳遞資料；不過環狀網路有個和匯流排網路一樣的缺點，就是當網路當中有任何一段連結中斷，所有的工作站都會受到影響。

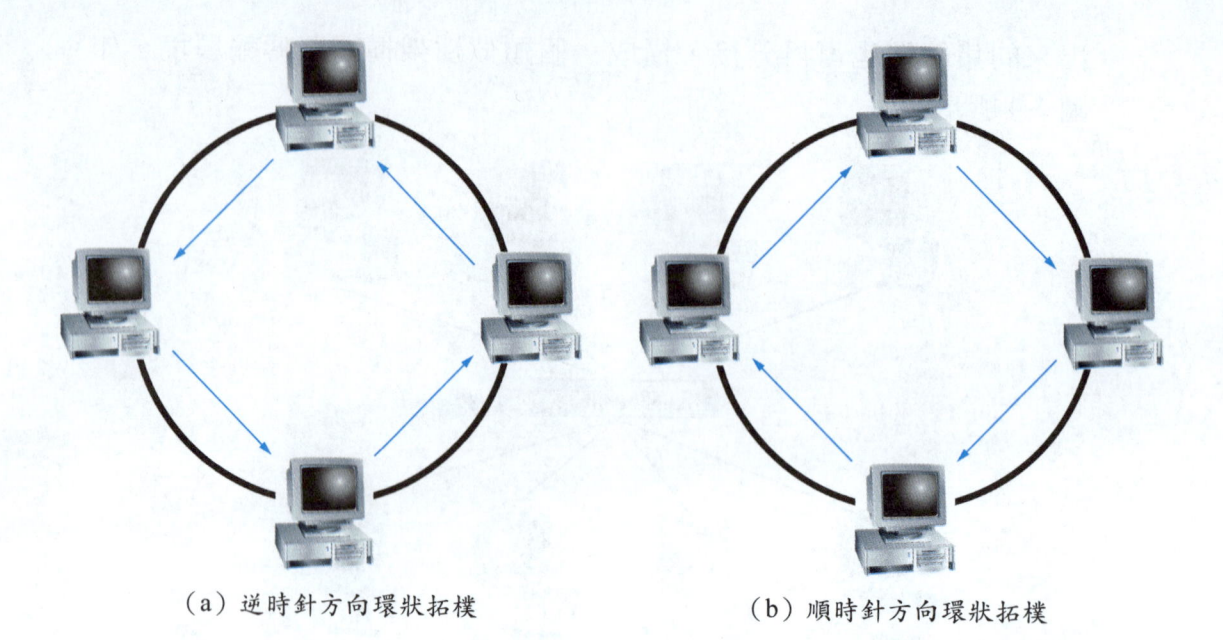

(a) 逆時針方向環狀拓樸　　　　　　(b) 順時針方向環狀拓樸

圖 4-5　環狀拓樸

4-4-4　網狀拓樸

　　網狀拓樸是一種比較複雜的網路拓樸，當初設計的原意是網路上任何一台電腦均有一條最直接路徑可以任意連結到另外一台電腦，換言之，拓樸中每台電腦都有一條和另外一台電腦相連的專線，因此當某部電腦發生問題時，對整個網路的影響相對而言就變的非常小，因為網路傳輸的路徑不只有一條，所以非常適合要求高品質的網路，如圖 4-6 所示。

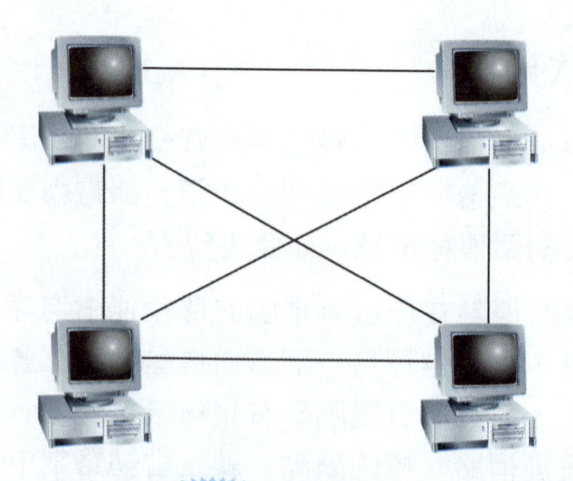

圖 4-6　網狀拓樸

不過這種網狀網路成本較高，當電腦數量增加的時候，配線架構複雜度相形增加，對公司而言，管理這些纜線以及負擔維修的成本也較大，因此目前較少網路使用網狀網路的架構。但因其具有更多的容錯性和更高的可靠性，通常網路拓樸會和其他拓樸連接在一起，形成一個混合型拓樸。

4-4-5 混合式拓樸

混合式拓樸是綜合上述各種拓樸之相關組合，例如匯流排＋星狀，環狀＋星狀等，圖4-7便是匯流排＋星狀之混合式拓樸。

實際應用上，不論混合式拓樸網路鋪設如何複雜，通常也是匯流排、星狀和環狀排列組合而已。

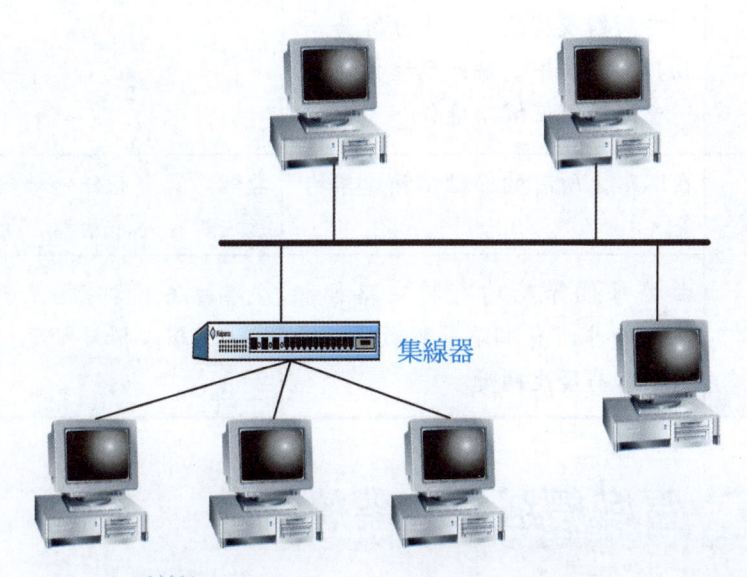

圖4-7 混合式拓樸（匯流排＋星狀）

4-4-6 拓樸的選擇

在選擇哪個拓樸最符合組織需求時，有許多因素需要考慮，以下為各種拓樸的優缺點，如表4-1所示。

表 4-1　各種拓樸的優缺點

拓樸種類	優　　　點	缺　　　點
匯流排拓樸	(1)使用主電纜線，成本經濟。 (2)系統架構簡單，容易使用。 (3)擴充容易。	(1)主電纜線若故障，所有的節點都會受到影響。 (2)一旦節點增加，執行效率會降低。 (3)一旦某節點發生問題，很難找到錯誤所在。
星型拓樸	(1)採取集中式管理，具有中央管制好處，一旦某節點發生問題，十分容易找到錯誤所在。 (2)要新增或移除節點十分容易。 (3)其中若其中一個節點壞掉並不會影響整個網路運作。	當中央節點損壞，所有的節點都會受到影響。
環型拓樸	在網路上所有的節點傳輸速率均等。	當網路當中有任何一段連結中斷，所有的節點都會受到影響。
網狀拓樸	由於每個節點均有特定路徑相連，除非所有網路節點故障，否則不容易發生問題。	成本較高，當電腦數量增加的時候，配線架構複雜度相形增加。

4-5　區域網路開放架構

4-5-1　網路分層

　　由於區域網路的運作不論從硬體或軟體來看都是一個相當複雜且龐大的機制，為了讓不同學有專精的人可以專注在他們負責領域內而不需要負擔太多其他問題，把網路結構適度地加以分層（layering）是一種很好的作法。分層的意義便是把網路傳輸的細節分解成很多步驟，每個步驟都是模組化的，而且負責完成一些特定的功能。這些步驟包括硬體線路設定、通訊協定初始化、網路驅動程式運作到應用軟體執行等，由於彼此間有從屬關係，所以每個步驟就設定代

表一個層，層級愈低表示愈和硬體相關。在分層觀念中，每一層的通訊協定必須提供適當的服務給上層之通訊協定使用，意即上層的運作是呼叫使用下層通訊協定提供之服務。

分層的好處主要有二：

(1) 層級分明，擴充容易：分層式結構將一個龐大複雜的通訊任務分為若干較小而容易各別完成的任務模組，每個模組包含不同專業領域，所以每個層級可以獨立設計、測試，最後再加以整合即可。這種模組化作業模式，即使將來改變或更換某一層的通訊協定時也不會影響到其他層通訊協定的既定工作。

分層式結構也提供了極佳之擴充性。因為當將來有較好或較快的某一層通訊協定可使用時，透過分層可以很容易的加入既有的結構中。

(2) 對等交談，分工合作：分層式結構網路協定設計的精神是同層級只和同層級溝通，也就是第一層只須負責和第一層溝通，第二層也只須負責和第二層溝通，依此類推。這樣的好處是設計明確，例如設計第一層協定的人只需管理好自己分內工作，其他層級自有專人負責，如此分工合作，完成通訊任務。

4-5-2　OSI 參考模式分層

國際標準組織委員會（International Standard Organization，簡稱 ISO）是最早推薦分層概念且最具公信力的機構，所公佈的開放系統連接模式（Open System Interconnection，簡稱 OSI）將通訊軟硬體的結構按照不同的功能分為七層，並且制定每一層該提供之服務。OSI 分層模型如圖 4-8 所示。

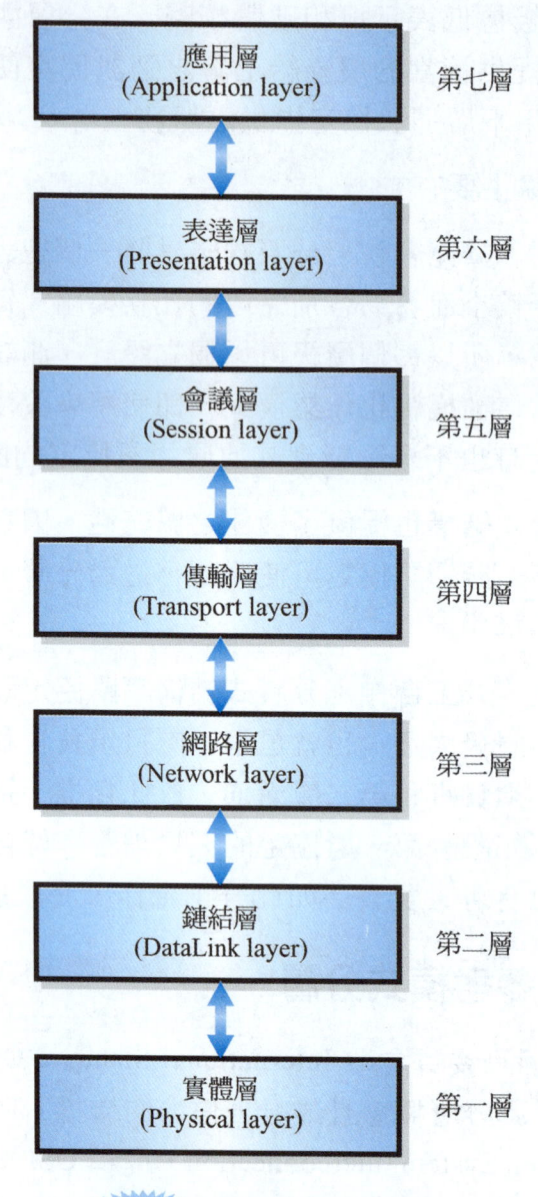

```
┌─────────────────────────┐
│   應用層                 │   第七層
│  (Application layer)    │
└─────────────────────────┘
            ↕
┌─────────────────────────┐
│   表達層                 │   第六層
│  (Presentation layer)   │
└─────────────────────────┘
            ↕
┌─────────────────────────┐
│   會議層                 │   第五層
│   (Session layer)       │
└─────────────────────────┘
            ↕
┌─────────────────────────┐
│   傳輸層                 │   第四層
│  (Transport layer)      │
└─────────────────────────┘
            ↕
┌─────────────────────────┐
│   網路層                 │   第三層
│   (Network layer)       │
└─────────────────────────┘
            ↕
┌─────────────────────────┐
│   鏈結層                 │   第二層
│  (DataLink layer)       │
└─────────────────────────┘
            ↕
┌─────────────────────────┐
│   實體層                 │   第一層
│   (Physical layer)      │
└─────────────────────────┘
```

圖 4-8 OSI 模式七層結構

(一) 實體層（Physical layer）

　　實體層主要著重於網路介面的硬體規格，如(1)網路介面的電氣特性，如實際訊號電壓準位、電流電器特性等；(2)網路連接器規格種類、接腳設定；(3)使用網路傳輸介質種類。

　　無論何種通訊方式，最終都會交由實體傳輸介質（如電纜、光纖甚至無線電波）來傳輸，所以實體層主要負責的工作便是將一連串的數位 0 與 1 位元訊號轉換成各種傳輸介質所接受的模式以便訊號交換。例如使用同軸電纜線傳輸時實體層負責將數位傳輸訊號轉換成電子脈波，而使用光纖傳輸時便負責將數位傳輸訊號轉換成光脈衝。

在實體層規範下傳輸端的只負責將資料送出，並不負責傳輸結果是否正確，若資料傳遞的中途有其他干擾訊號造成資料發生錯誤，實體層也不做任何補救措施。若有需要實體層也負責資料在傳輸線上傳輸前的資料編碼及資料接收後的解碼工作（詳第二章資料編碼）。

一般常見的實體層標準包括 RS-232C、RS-449、數據機之 V.90、V.92 等（詳第三章說明）。

(二) 鏈結層（Data Link layer）

鏈結層主要是針對網路節點與節點間相關連接細節，包括節點和節點間資料連接之建立、維持和移除。舉例來說當節點 A 要和節點 B 相互連結時，此時網路可能非常忙碌或者節點 B 有問題發生無法連線成功的情況，在實體層我們是無法確認這個問題的，這時就必須仰賴鏈結層的幫助，確認雙方是否可以開始展開溝通。

節點與節點間之資料連接可能由一個或數個實體線路所連接，但對鏈結層上層而言這些應該都是透明的。然而對於多條實體管道傳輸鏈結層該如何決定傳輸時優先順序？是公平競爭還是有優先等級？鏈結層必須去主宰這些問題。如何有效管理傳輸的方法稱為媒體存取控制方法（media access control method，簡稱 MAC），有關 MAC 將於第五章討論各種網路實做時有更詳細敘述。

由於鏈結層所要負責的工作是提供可靠的傳輸服務給上層之通訊協定使用，所以鏈結層必須保證傳輸作業正確無誤的傳輸於節點和節點之間，所以任何可能造成資料傳輸錯誤的問題都必須偵測和解決，例如資料傳輸錯誤或遺漏的問題，資料重覆接收的問題，以及資料到達目的地順序不對的問題。為解決資料傳輸錯誤或遺漏的問題，鏈結層多會採用資料偵錯編碼技術(註)，如同位元檢查或 CRC 檢查。為解決資料重覆接收的問題及資料到達目的地順序不對的問題，鏈結層多會採用同步傳輸。

資料偵錯編碼技術（註）

目前最常見的錯誤偵測編碼包括同位元（parity bit）檢查法及 CRC 週期性循環檢查法。

同位元檢查的原理是在每個資料字元傳輸前，額外加上一個位元，此即為同位元。同位元是 1 或 0，是根據傳輸資料字元所含的 1 的數目來決定。若同位元的存在使得原本傳輸資料字元＋同位元所含 1 的總數目為偶數，稱為偶同位（even-parity）偵測。反之若同位元的存在使得原本傳輸資料字元＋同位元所含 1 的總數目為奇數，稱為奇同位（odd-parity）偵測。接收端可依據偶同位或奇同位偵測，來判斷接收資料是否正確。

舉例來說，若採用偶同位偵測，欲傳輸資料字元 1100001 時，傳輸端會添加一個同位元為 1（因 1100001 有三個 1，必須再加上一個 1 成為四個才會變成偶數），使傳輸字元變成 11000011。若傳輸過程發生錯誤，使得接收端接收到的資料變成 11100011（左邊數來第三個位元發生錯誤），此時接收端便依據同位元檢查發現原本應該為偶數個 1 結果變成奇數個 1，便知道發生傳輸錯誤。

CRC 是 Cyclical Redundancy Check 的縮寫，這是一種用在資料傳輸之後驗證正確性的演算法，大部分網路通訊傳輸協定，均採用這種方式來檢查傳輸的資料、是否正確。

一般說來，CRC 可以分為十六位元的 CRC-16 與三十二位元的 CRC-32 兩種，前者使用十六位元的數字運算來產生一個 CRC 碼，一般說來使用將所收到的訊息除以二進位數字 1 0001 0000 0010 0001 或是 1 1000 0000 0000 0101，所得到的餘數（remainder）便是 CRC 碼。十六位元的 CRC 適合資料量在 4 KB 以下的傳輸，它可以檢查出 99.998% 的錯誤，而三十二位元的 CRC 則使用 1 0000 0100 1100 0001 0001 1101 1011 0111 數字作為除數，適合用於 64 KB 以下的資料傳輸，它可以檢查出 99.999999977% 的錯誤。

(三) 網路層 (Network layer)

網路層主要負責處理定址 (addressing) 及路徑選擇 (routing，又稱路由) 兩件事。

定址便是透過網路上獨一無二定址方式去尋找某個網路節點的位置，找到才能建立連接關係，找不到也必須回報錯誤。

路徑選擇是處理一旦連接關係確立，如何將資料封包由傳輸端節點傳給接收端節點，同時負責建立、維護、以及結束兩部電腦之間的連線 (connection) 問題。我們以圖 4-9 所示網狀拓樸做路徑選擇說明，倘若節點 A 要傳輸資料給節點 C，則可能路徑表如表 4-2 所示。

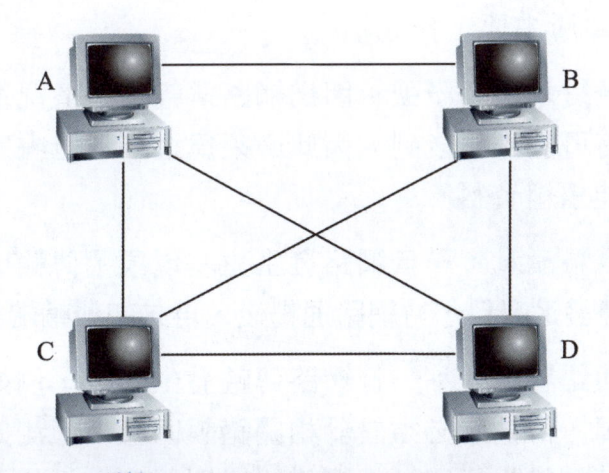

圖 4-9　網狀拓樸做路徑選擇說明

表 4-2　路由表圖例

編　　號	路　　　徑
1	A → D
2	A → B → D
3	A → C → D
4	A → B → C → D
5	A → C → B → D

路徑選擇必須從眾多路徑挑選一個最佳路徑，最佳路徑不一定是最短，他必須考慮現有線路品質、可靠度、使用率、頻寬等因素，才能選出最佳路徑。一旦最佳路徑選定後，二部電腦之間的資料便根據該路徑來傳輸。

(四) 傳輸層（Transport layer）

傳輸層負責提供二個使用者之間以約定的通訊品質來傳輸資料，其中包括如何控制資料流量維持一定要求，或遇到錯誤時該如何處理之策略等。當使用者之間的連線建立後，傳輸層便要提供適當的通訊品質，並且監督資料傳輸的過程以保證該通訊品質的維持，如果無法達到則必須通知使用者。

一般傳輸層主要工作包括：

(1) 替傳輸封包編定序號：因為網路傳輸路由情況很難掌握，某些封包有可能先傳後到，因此必須為這些封包編定序號，以便接收端能重組資料。

(2) 控制資料流量：一旦網路發生壅塞現象，傳輸層必須通知傳輸端暫停發送資料，待網路通暢後，再告知傳輸端繼續發送資料。

(3) 偵錯與錯誤處理：一旦網路傳輸發生問題，例如網路斷線或主機故障，傳輸層必須設計相關錯誤回應來偵測此類情況發生，一旦偵測錯誤便啟動相關錯誤處理程序，例如通知傳輸端暫停發送資料，並回報錯誤給上層協定。

(五) 會議層（Session layer）

會議層負責一旦雙方建立傳輸關係時，提供服務來管理各個節點彼此之間資料的傳輸規則，使傳輸更順暢更有效率。其中包括：使用全雙工還是半雙工模式？如何發起傳輸和終止傳輸？如何設定傳輸參數等問題，就好像開會一樣，發言總得有個秩序或規則，否則大家便無法聽得清楚別人在說什麼。會議層便要負責根據使用者可否同時傳輸或接收資料來控制使用者何時可以傳輸或接收資料，即達到所謂的同步交談的功能。

(六) 表達層（Presentation layer）

表達層負責將資料以有意義的形式表達給網路之使用者，其工作包含：

(1) 字元碼的轉換（如 ASCII Code 轉換成 EBCDIC Code 等）。
(2) 資料壓縮（compression）及還原（expansion）。
(3) 資料加密（encryption）及解密（decryption）。
(4) 不同型態終端機彼此之間資料格式轉換，例如不同中文內碼系統（繁體字和簡體字）的轉換等。

所以表達層主要功能是扮演應用層間的溝通者或協議者，當傳輸結點和接收節點的系統軟體、硬體設備、應用軟體均相同時，表達層無資料轉換的必要，如果設備不同時，表達層就必須找出兩者能互通的語法，達到溝通的目的。

(七) 應用層（Application layer）

應用層負責提供各種服務給應用程式（application processes），使其能夠使用系統之連結功能來達到和其他應用程式交換資料的目的。換言之，應用層提供了使用者或使用者程式與網路溝通的介面。例如檔案傳輸通訊協定（File Transfer Protocol）、交易服務軟體（Transaction server）及網路管理軟體（Network management）等等。我們常用的電子郵件收發信程式、WWW 瀏覽器程式等，都是使用應用層的應用程式。

講解完 OSI 七層架構後，那實際網路運作如何套用在 OSI 架構呢？我們以資料傳輸為例，倘若今天有兩台電腦透過網路交換資料，其中資料由傳輸端最上層產生，由上層往下層傳輸，每經過一層都會在封包前端加上一些該層專用的資訊，我們稱之為表頭（header），然後再傳至下一層。到了最底層，原本資料已經套上 7 層表頭，便開始在網路線路上傳遞。當接收端收到該封包後，會從最下層往上層傳輸，每經過一層就讀取該層專屬的表頭資訊，並做出該對應的處理動作，一直到所有表頭處理完，便還原資料原貌至最上層，完成所有傳輸，如圖 4-10 所示。

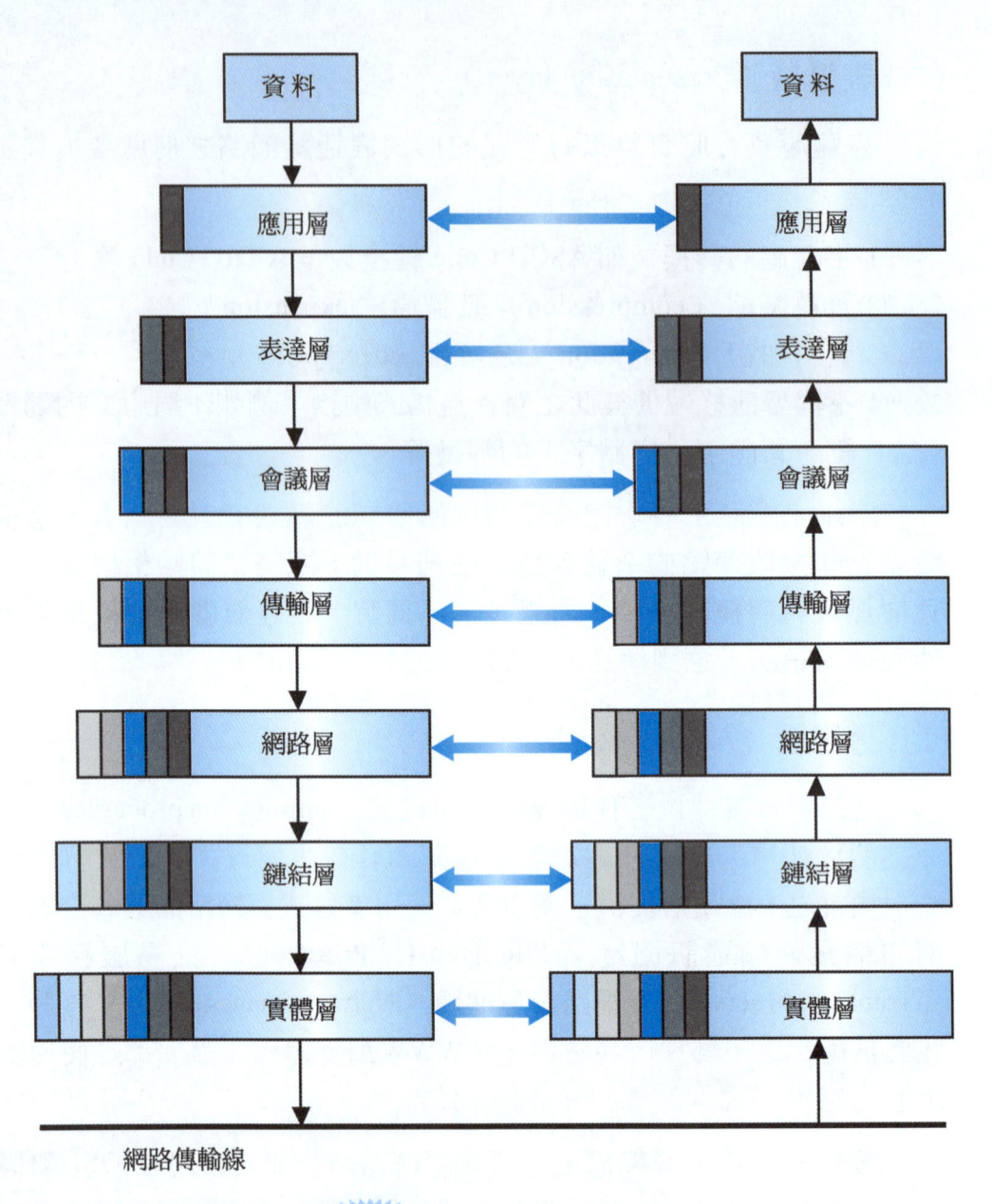

圖 4-10　OSI 七層架構運作

　　最後要注意的是，並非所有的網路設備都涵蓋這七層通訊協定，部分廠商所生產的網路產品，可能只包含七層中某特定幾項。例如 TCP 通訊協定（將於第八章討論），只包含其中四項。

　　如同先前所探討的，區域網路有相當多設計技術和變化，但若沒有一個標準規範來組織，則業界沒有一個標準可供遵循，如此一來變成各家發展各家，不論硬體或軟體廠商都會面臨因標準太多導致研發和支援的困難。

IEEE 是一個由美國電機電子工程師協會組成的一個專業認證機構，接受美國國家標準組織的贊助，主要任務在制定電機電子業相關標準，它也訂立許多區域網路的標準。IEEE 制定的區域網路標準稱為 IEEE 802 標準，主要目的是要促進通訊設備間的相容性，可供各類型網路環境使用；目前已經制定之標準如下所示：

> 802.1：高層次介面（High Level Interface）
> 802.2：邏輯鏈結控制（Logical Link Control）
> 802.3：CSMA/CD 網路
> 802.4：Token-Bus 網路
> 802.5：Token-Ring 網路
> 802.6：DQDB 大都會網路（Metropolitan Area Networks）
> 802.7：寬頻技術（Broadband Technical Advisory Group）
> 802.8：光纖技術（Fiber Optic Technical Advisory Group）
> 802.9：語音／數據整合區域網路（Integrated Voice and Data LAN Working Group）
> 802.10：區域網路安全技術（LAN Security Working Group）
> 802.11：無線式區域網路（Wireless LAN）
> 802.12：Demand-Priority 高速區域網路（100VG-AnyLAN）
> 802.14：CATV 網路

若細項討論，802.1 定義 802 所有標準和 OSI 模式的關係，802.2 則定義邏輯連結控制層相關細節，涵蓋 802.3 至 802.12 標準。從 802.3 至 802.14 主要制訂各類實體層運作，其中 802.3 CSMA/CD、802.4 Token-Bus、802.5 Token-Ring 為目前最常用的區域網路架構，802.6 DQDB（Distributed Queue Dual Bus）為大都會網路，802.7 描述的是寬頻技術，802.8 則是規範光纖網路，802.9 為具有將語音及數據整合傳輸能力之區域網路，802.10 主要規範網路保密等安全技術，802.11 為無線區域網路，802.12 Demand-Priority 為具有服務品質保証的高速區域網路。而 802.2 為這些網路共同之邏輯鏈結控制層，802.1 則制定將這些不同的網路連結起來的方法以及管理辦法。我們可用圖 4-11 來通盤瞭解 IEEE 802 相關規範及主要結構元件，有關部分更深的技術細節則留到第五章討論。

802.1	傳輸層
802.2 LLC	鏈結層
802.3 CSMA/CD　802.4 Token-Bus　802.5 Token-Rin　802.6 DQDB	實體層

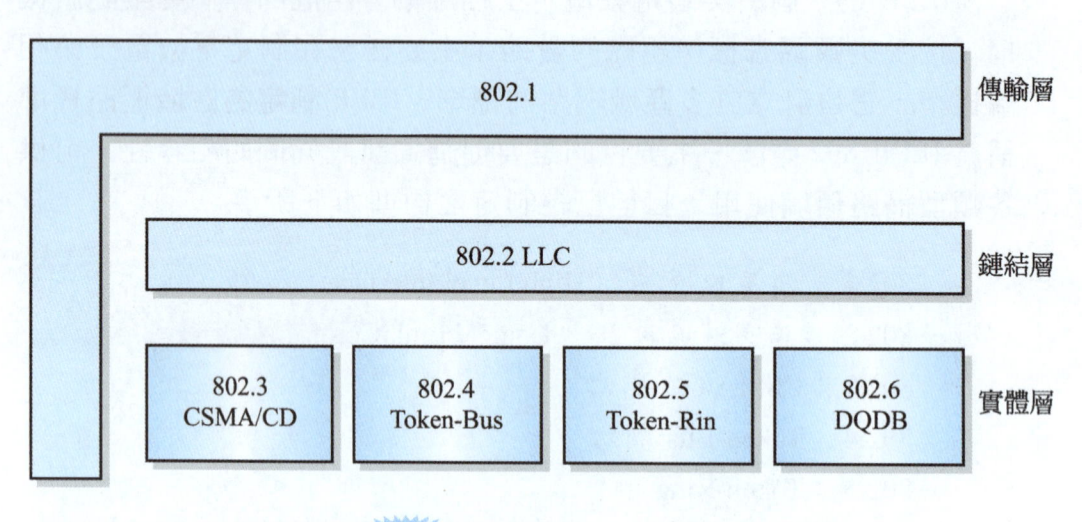

圖 4-11　IEEE 802 網路架構

4-6　結　論

　　區域網路通常指的是涵蓋範圍在 5 公里之內的網路，由於架設範圍集中，所以連線速度快，也比較好管理，加上相關軟硬體已相當便宜，幾乎目前所有的企業公司或機關學校，都已安裝區域網路供內部使用。

　　使用區域網路的好處及目的主要有二，一是資源共享，二是訊息傳遞。資源共享主要目的是所有網路使用成員共同分享昂貴週邊設備，降低使用成本。訊息傳遞主要好處是透過網路做資訊交換，不僅快速且可靠性高。

　　區域網路包含幾項特點，包括：
⑴全年無休的服務。
⑵高速傳輸和低錯誤率。
⑶私人性質和存取保護。
⑷擴充延展性高。

第 4 章 區域網路

　　區域網路的拓樸包含：匯流排、星型、環狀、網狀等四種設計。匯流排網路使用主幹電纜將所有電腦連接起來，具有廣播特性，實做單純架設成本也最低，是目前使用最廣的拓樸形式。但缺點是只要主幹發生問題或故障，即迫使網路運作產生中斷。星型拓樸具有資源與管理集中的優點，但缺點是一旦中心點（即集線器）壞了，整個網路就不能運作，但如果只是單一節點故障或發生問題，也只有該節點不能收發網路資料，其餘節點仍能照常工作。網狀結構由於每個節點均有特定路徑相連，除非所有網路節點故障，否則不容易發生問題，但成本最高，所以一般都採用混合式拓樸。

　　網路分層的意義便是把網路傳輸的細節分解成很多步驟，每個步驟都是模組化的，而且負責完成一些特定的功能，由於彼此間有從屬關係，所以每個步驟就設定代表一個層，層級愈低表示愈和硬體相關。在分層觀念中，每一層的通訊協定必須提供適當的服務給上層之通訊協定使用，意即上層的運作是呼叫使用下層通訊協定提供之服務。

　　國際標準組織委員會（ISO）是最早推薦分層概念且最具公信力的機構，所公佈的開放系統連接模式（Open System Interconnection，簡稱 OSI）將通訊軟硬體的結構按照不同的功能分為七層，由底層到最上層分別是實體層、鏈結層、網路層、傳輸層、會議層、表達層及應用層，並且制定每一層該提供之服務。

重點摘要

1. 電腦網路可依其所涵蓋的地理範圍大約分為三類，分別是區域網路 (LAN)、大都會網路 (MAN)、及廣域網路 (WAN)。

2. 區域網路通常指的是涵蓋範圍在 5 公里之內的網路，如家庭社區、學校、工廠甚至商業大樓等，常見的區域網路規格包括 Ethernet、Token-Bus 及 Token-Ring 等。

3. 廣域網路則泛指涵蓋範圍在 50 公里以上的網路，且沒有行政區域限制，可以是不同城市、全國性，甚至跨國性、世界性的網路。常見廣域網路包括有線電視業者佈建的網路及網際網路等。

4. 大都會網路通常指涵蓋範圍在 50 公里內之高速資訊網路，一般來說都是以整合都市相關行政區域為主作為網路架設基準，使得資料可以快速跨越行政單位進行處理，提高整體行政效率。

5. 使用區域網路的好處及目的主要有二，一是資源共享，二是訊息傳遞。資源共享主要目的是所有網路使用成員共同分享昂貴週邊設備，降低使用成本。訊息傳遞主要好處是透過網路做資訊交換，不僅快速且可靠性高。

6. 網路傳達訊息常見的方式包括網路廣播（Broadcast）和線上交談（Talk）。網路廣播就是從網路上某台電腦發送訊息給其他連線的電腦，由於廣播對象不必事先過濾，所以使用廣播最適合時機便是當有緊急重要事情需馬上傳達給所有使用者知道時。而線上交談屬於私人隱密，只有交談兩方知道彼此傳達的訊息是什麼，其他網路使用者無法知道。

7. 區域網路具有下述幾項特點，包括：(1)全年無休的服務，(2)高速傳輸和低錯誤率，(3)私人性質和存取保護，(4)擴充延展性高。

8. 區域網路的拓樸包含：匯流排、星型、環狀、網狀等四種設計。

9. 匯流排網路使用主幹電纜將所有電腦連接起來，具有廣播特性，實作單純架設成本也最低，是目前使用最廣的拓樸形式。但缺點是只要主幹發生問題或故障，即迫使網路運作產生中斷。星型拓樸具有資源與管理集中的優點，但缺點是一旦中心點（即集線器）壞了，整個網路就不能運作，但如果只是單一節點故障或發生問題，也只有該節點不能收發網路資料，其餘節點仍能照常工作。

10. 分層的意義便是把網路傳輸的細節分解成很多步驟，每個步驟都是模組化的，而且負責完成一些特定的功能。在分層觀念中，每一層的通訊協定必須提供適當的服務給上層之通訊協定使用，意即上層的運作是呼叫使用下層通訊協定提供之服務。

11. 國際標準組織委員會(ISO)是最早推薦分層概念且最具公信力的機構，所公佈的開放系統連接模式 (Open System Interconnection，簡稱 OSI) 將通訊軟硬體的結構按照不同的功能分為七層，由底層到最上層分別是實體層、鏈結層、網路層、傳輸層、會議層、表達層及應用層，並且制定每一層該提供之服務。

12. IEEE 制定的區域網路標準稱為 IEEE 802 標準，主要目的是要促進通訊設備間的相容性，可供各類型網路環境使用。目前已經制定之標準如下所示：

> 802.1：高層次介面 (High Level Interface)
> 802.2：邏輯鏈結控制 (Logical Link Control)
> 802.3：CSMA/CD 網路
> 802.4：Token-Bus 網路
> 802.5：Token-Ring 網路
> 802.6：DQDB 大都會網路 (Metropolitan Area Networks)
> 802.7：寬頻技術 (Broadband Technical Advisory Group)
> 802.8：光纖技術 (Fiber Optic Technical Advisory Group)
> 802.9：語音／數據整合區域網路 (Integrated Voice and Data LAN Working Group)
> 802.10：區域網路安全技術 (LAN Security Working Group)
> 802.11：無線式區域網路 (Wireless LAN)
> 802.12：Demand-Priority 高速區域網路 (100VG-AnyLAN)
> 802.14：CATV 網路

13. 實體層主要著重於網路介面的硬體規格，如：
(1) 網路介面的電氣特性，如實際訊號電壓準位、電流電器特性等。
(2) 網路連接器規格種類、接腳設定。
(3) 使用網路傳輸介質種類。

14. 鏈結層主要是針對網路節點與節點間相關連接細節，包括節點和節點間資料連接之建立、維持和移除。
15. 網路層主要負責處理定址及路徑選擇(routing)兩件事。
16. 傳輸層負責提供二個使用者之間以約定的通訊品質來傳送資料，其中包括包括如何控制資料流量維持一定要求，或遇到錯誤實該如何處理之策略等。
17. 會議層主要負責一旦雙方建立傳輸關係時，提供服務來管理各個節點彼此之間資料的傳送規則，使傳輸更順暢更有效率。
18. 表達層負責將資料以有意義的形式表達給網路之使用者。
19. 應用層負責提供各種服務給應用程式，使其能夠使用系統之連結功能來達到和其他應用程式交換資料的目的。

習題

一、是非題

(　) 1. 區域網路通常指的是涵蓋範圍在 5 公里之內的網路，如家庭社區、學校、工廠甚至商業大樓等。

(　) 2. 區域網路由於架設範圍集中，連線速度快，比較好管理。

(　) 3. 一般區域網路點對點傳輸速率都要求在至少 100M bps 以上。

(　) 4. 必須透過網路存取的資源稱為遠端（remote）資源，連接在自己電腦上的資源，稱為本地（local）資源。

(　) 5. 透過網路即使不同廠牌電腦（如蘋果電腦和 IBM 家用電腦）也能相互連接傳輸訊息資料。

(　) 6. 想要強行被管制的網路內讀取資料是可以的，只要自己注意就好。

(　) 7. 網路要進行維護，需馬上中斷時，此時利用線上交談方式一個一個告訴連線使用者是最快速的辦法。

(　) 8. 架設防火牆的目的是阻擋外界非法的入侵者與內部非正當使用者。

(　) 9. 環狀拓樸是採用廣播方式來傳輸封包。

(　) 10. 匯流排網路並不適用於電腦太多的網路，因為電腦太多資料傳輸發生碰撞的機率便會提高，進而造成整體網路效率不彰。

(　) 11. 匯流排網路加裝終端電阻的目的是增加阻抗，避免電流過大。

(　) 12. 網路分層的意義便是把網路傳輸的細節分解成很多步驟，每個步驟都是模組化的，而且負責完成一些特定的功能

(　) 13. 國際標準組織委員會（ISO）所公佈的開放系統連接模式（OSI）將通訊軟硬體的結構按照不同的功能分為八層，並且制定每一層該提供之服務。

(　) 14. OSI 所定義的傳輸層主要負責處理如何將資料封包由一部腦傳給另外一部電腦的路徑選擇問題。

(　) 15. OSI 所定義的網路層負責提供二個使用者之間以約定的通訊品質來傳輸資料。

（　）16. IEEE 制定的區域網路標準稱為 IEEE 803 標準，主要目的是要促進通訊設備間的相容性，可供各類型網路環境使用。

（　）17. IEEE 802.3 主要是制訂 Token-Bus 傳輸標準。

（　）18. 有關使用者密碼登入和確認在 OSI 架構中應是屬於應用層。

（　）19. IEEE 802.1 是制定 IEEE 802 各項網路連結起來的方法及管理辦法。

（　）20. IEEE 802.10 所制訂為無線區域網路運作標準。

二、選擇題

（　）1. 區域網路不包含下列哪項特點？
　　　　(A)全年無休的服務　　　(B)高速傳輸和低錯誤率
　　　　(C)公眾性質和開放存取　(D)擴充延展性高。

（　）2. 若一個網路平均每傳輸 100000 個位元會錯一個位元，則錯誤率為　(A) 10^{-4}　(B) 10^{-5}　(C) 10^{-6}　(D) 10^{-7}　。

（　）3. 下列何者不是使用區域網路的好處或目的？　(A)資源共享　(B)訊息傳遞　(C)互傳檔案　(D)入侵私人資料。

（　）4. 下列何者不是星型拓樸的特點？
　　　　(A)一旦中心點（即集線器）壞了，整個網路就不能運作
　　　　(B)若是單一節點故障或發生問題，也只有該節點不能收發網路資料，其餘節點仍能照常工作
　　　　(C)採集中管理方式，新增移除設備較容易
　　　　(D)容易產生訊號碰撞，造成網路效率不彰。

（　）5. 下列何者不是匯流排型拓樸的特點？
　　　　(A)使用主電纜線，成本經濟
　　　　(B)系統架構簡單，容易使用
　　　　(C)一旦某節點發生問題，很容使用
　　　　(D)一旦節點增加，執行效率會降低。

(　　) 6. 下列何者不是網狀拓樸的特點？
(A)由於每個節點均有特定路徑相連，除非所有網路節點故障，否則不容易發生問題　(B)當網路當中有任何一段連結中斷，所有的節點都會受到影響　(C)成本最高　(D)當電腦數量增加的時候，配線架構複雜度相形增加。

(　　) 7. 下列何者不是環狀拓樸的特點？
(A)在網路上所有的節點傳輸速率隨結構不同可調整
(B)當網路當中有任何一段連結中斷，所有的節點都會受到影響　(C)不會有碰撞問題　(D)適合用來做主幹網路。

(　　) 8. 下列何者不是OSI實體層所負責處理部分？
(A)網路介面的電氣特性，如實際訊號電壓準位、電流電器特性等　(B)網路連接器規格種類、接腳設定　(C)網路頻寬調配　(D)網路傳輸介質種類。

(　　) 9. 在OSI架構中，負責資料傳輸錯誤偵測是在
(A)實體層　(B)鏈結層　(C)網路層　(D)傳輸層。

(　　) 10. 在OSI架構中，負責有關封包路徑的選擇及網路的擁塞控制是在　(A)實體層　(B)鏈結層　(C)網路層　(D)傳輸層。

(　　) 11. 在OSI架構中，負責維持連線品質及可靠性是在
(A)實體層　(B)鏈結層　(C)網路層　(D)傳輸層。

(　　) 12. 在OSI架構中，負責根據使用者可否同時傳輸或接收資料來控制使用者何時可以傳輸或接收資料，即達到所謂的同步交談的功能的是
(A)會議層　(B)表達層　(C)應用層　(D)傳輸層。

三、問答題

1. 網路依其地理範圍規模大小可區分成哪幾類？

2. 使用區域網路的好處及目的為何？

3. 透過網路來傳達訊息，常見方式有哪幾種？

4. 訊號種類有哪幾種，試比較其優缺點。

5. OSI架構網路分層共分成哪七層？請詳述各層之服務為何？

Chapter 5

第 5 章 區域網路之元件及連線

學習目標

1. 瞭解各種網路元件,如網路卡、訊號加強器、集線器、集線交換器、橋接器、路由器和閘道等特性。
2. 瞭解乙太網路工作原理和特性。
3. 瞭解權杖環網路工作原理和特性。
4. 瞭解權杖匯流排網路工作原理和特性。
5. 瞭解 AppleTalk 及 ARCNet 網路工作原理和特性。
6. 瞭解 FDDI 網路工作原理和特性。
7. 瞭解快速乙太網路工作原理和特性。
8. 瞭解十億位元乙太網路工作原理和特性。
9. 瞭解 ATM 網路工作原理和特性。
10. 瞭解無線網路工作原理和特性。

Computer Network

Computer Network
電腦網路

在第四章我們已經介紹過區域網路基本觀念，包括區域網路拓樸種類和基本架構，本章將延續這些理論基礎並著重在實務上繼續探討有關區域網路的細節，包括區域網路上常見的元件（components）與其特性，還有一些網路拓樸和實體層的實做範例，如乙太網路、權杖環網路。

5-1 區域網路之元件

區域網路上常見的元件，除了電腦（包括伺服器和工作站）、傳輸媒介（也就是通訊線材，詳見第二章說明）和數據機（詳見第三章說明）外之外，還有一些加強網路傳輸的設備或連接不同網路的設備，包括網路卡（network interface card，簡稱 NIC）、訊號加強器（repeater）、集線器（hub）、橋接器（bridge）、集線交換器（switch hub）、路由器（router）和閘道器（gateway），本節將逐一介紹這些元件特性。

5-1-1 網路卡（Network Interface Card）

網路卡屬於介面卡的一種，主要功能是將電腦連接到網路上，讓電腦能夠在網路上互相溝通，傳輸資料。網路卡通常插於個人電腦的插槽上，外部接上網路線後，直接連到小型網路的集線器或交換器，如圖 5-1 所示。

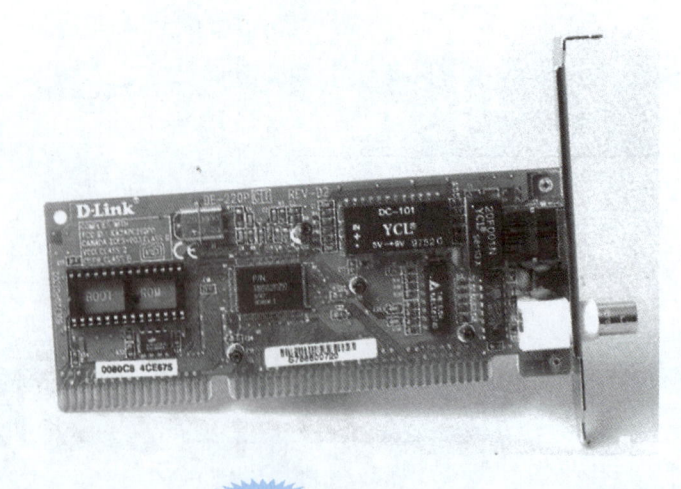

圖 5-1　網路卡

網路卡依照連線速度可分 10Mbps、100Mbps 及 1000Mbps 三種等級，依照連接介面可以分成 ISA 介面、PCI 介面、PCMCIA 介面和 USB 介面等種類，這和數據機一模一樣。若依網路線連線接頭可分成 UTP、AUI 及 RG-58 等種類（AUI 接頭因佈線施工極為麻煩，目前已被市場淘汰）。圖 5-1 為常見之 10M、二合一接頭（UTP 及 RG-58 整合在一起）、ISA 介面之網路卡。

由於網路卡和數據機一樣都是提供個人電腦連接網路的裝置，所以有些廠商索性便把數據機和網路卡整合在同一個模組，稱為數據機/網路二合一卡。

5-1-2 訊號加強器（Repeater）

訊號加強器（又稱中繼器或再生器）是用來加強電子訊號的一種裝置，由於電子訊號在遠距離的傳輸都會有某種程度的衰減，訊號加強器的功能便是將這些傳輸訊號放大後轉發出去，以避免訊號失真。但必須注意的是，加強訊號的兩端必須是相同架構的網路才行。（例如同為乙太網路或權杖環網路）

由於網路通訊範圍有其限制，若要擴增通訊範圍就會再加裝一個訊號加強器，以加強訊號強度。以乙太網路來說，限於線材規格其網路最多只能拉 200 至 500 公尺左右，但使用中繼器可再延伸一倍的距離。

由於中繼器主要作用是加強電子訊號，因此對應到 OSI 分層模型裡，中繼器是位於實體層，如圖 5-2 所示。

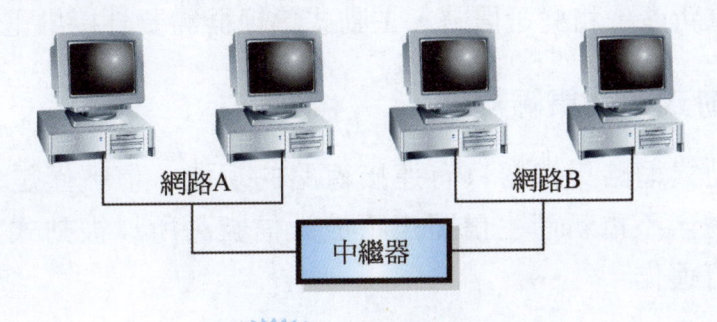

圖 5-2　中繼器連接

5-1-3 集線器（Hub）

集線器主要是應用在星狀拓樸網路中，扮演連接電腦裝置或重新建立訊號的裝置，同時也可加強傳輸訊號（這點和訊號加強器功能上是一致的）或分析傳輸訊號。由於集線器主要作用是加強或分析電子傳輸訊號，因此對應到 OSI 分層模型裡，集線器同中繼器一樣是位於實體層，如圖 5-3 所示。

圖 5-3　集線器（24 埠，100Mbps）

集線器的種類和規格相當地多，大致可分成三種：主動式集線器（active hub）、被動式集線器（passive hub）及混合式集線器（hybrid hub）。

(一) 主動式網路集線器

目前市場上大多數的集線器都是主動的，它們可以像訊號加強器一樣重新產生和發送信號，主動式集線器需要外接供電才能運作。

(二) 被動式網路集線器

被動式網路集線器只有連接線路的功能，信號僅是透過網路集線器傳遞，不重新產生信號也不放大信號，所以被動式集線器不需電力即可運作。

(三) 混合式網路集線器

又稱為智慧型集線器，可用不同的連接埠來連接不同類型電纜（如 UTP，RG58 甚至光纖），某些更高級的機種還可監測網路活動及流量，價格也較一般集線器昂貴許多。

集線器另外一個重要的分類數據，便是依照其傳輸的頻寬，所支援傳輸的頻寬愈大，價格也就愈昂貴。常見的規格包括 10Mbps 集線器、100 Mbps 集線器及 10/100 集線器（同時支援 10Mbps 和 100 Mbps）等三種。

採用集線器組成的網路系統具有佈線靈活、可靠性高、容易維護及擴充方便等優點，所以在現行區域網路架構中，集線器可說是使用最為普遍的設備，如圖 5-4 所示。

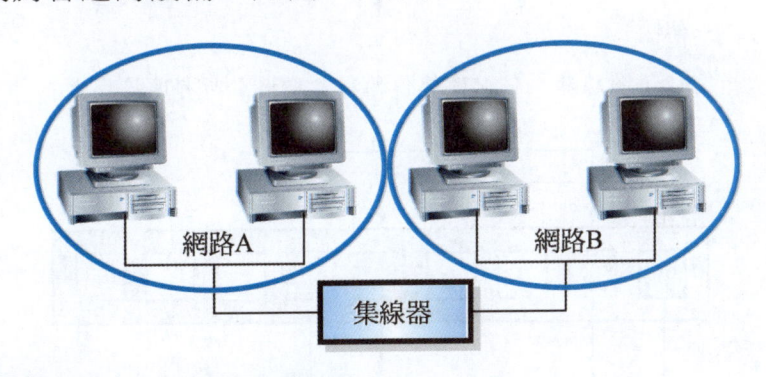

圖 5-4　集線器連接

5-1-4 集線交換器（Switch Hub）

集線交換器（Switch Hub）其作用功能和集線器是一樣的，都是將不同區域網路和區域網路連接起來，但比起集線器，集線交換器仍多了許多優點。

(一) 集線交換器比集線器更能有效利用頻寬

一般集線器在傳輸資料時，是將資料複製發送到集線器上的每一個接埠，再由每一部連接至該埠的電腦來確認是否屬於自己的資料，如果是則接收。因此會有將資料送到非目的地不相關的的接埠造成頻寬浪費。所以集線器屬於頻寬共享，一旦連接電腦愈多，大家搶用頻寬情形就愈嚴重。

　　集線交換器的作法不像集線器是用廣播的方式，增加協調網路功能，首先集線交換器會記憶哪個位址接到哪個接埠，並據以決定該將資料封包送至正確的接埠，不會送到其他不相關的接埠。同時未受影響的接埠可以繼續對其它接埠傳輸資料，而一般集線器每次僅能有一對接埠在運作。比較起來，集線交換器比集線器更能有效利用網路頻寬，如圖 5-5 所示。

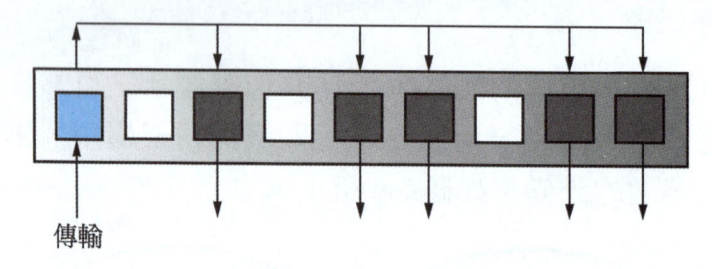

（a）集線器：任何連線傳輸都會廣播至所有連接埠上

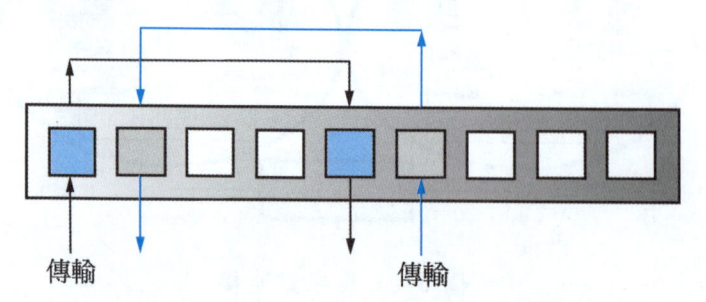

（b）集線交換器：特定兩台連線傳輸不會廣播至別的埠上

圖 5-5　集線交換器和集線器比較

(二) 集線交換器容許不同速度網路共存

　　集線交換器允許不同速度網路共存，目前常見的規格是 10Mbps 與 100Mbps 兩種速度共存。集線交換器不會因網路上有 10Mbps 節點而拖慢其他 100Mbps 節點傳輸速率，如圖 5-6 所示。

圖 5-6　集線交換器

(三) 擁有網路流量監控功能

集線交換器一般都具有各個接埠流量監控功能，配合網管軟體，更能精確控制網路運作是否正常，如圖 5-7 所示。

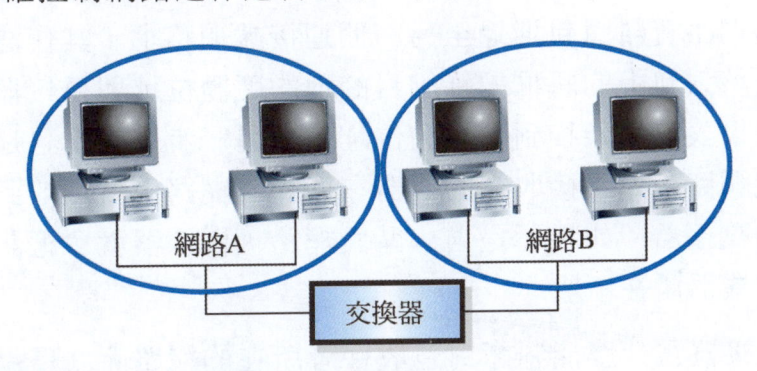

圖 5-7　集線交換器連接網路

目前由於集線交換器價格快速下滑，與集線器價差愈來愈靠近，由於集線交換器產品不論是安裝或是頻寬管理，都比集線器來得方便，加上價格不利因素消失，集線交換器取代集線器的現象，未來將指日可待。

5-1-5　橋接器（Bridge）

以訊號廣播方式作為封包傳遞的網路架構，如果網路連接範圍太大，節點數目太多，則很容易因為廣播特性造成訊號四處流竄產生碰撞，降低整體執行效能。如何解決這類問題呢？比較好的解決方案是把網路加以分區（segment），也就是把常用的節點放在同一網路，不同區段網路再用特殊網路連接裝置連接起來，如圖 5-8 所示。

123

圖 5-8　橋接器（無線網路）

　　在這首先要先介紹的特殊網路連接裝置是橋接器，橋接器主要作用是連接兩個使用相同通訊協定網路的設備，所以是連接兩個網路的「橋樑」而得名。橋接器主要功能在決定是否讓來自另一個連接端的網路資料封包通過至另一個連接端網路上，其作法是橋接器會分析該封包上的訊框記錄的目的地的硬體位址與橋接器表單做對照，如果表單中能找到符合的位址，則進一步確認封包是否來自同一區段網路。如果接收端的機器在同一段網路上就能收到資料，不需透過橋接器；如果不是同一區段網路，橋接器就會把訊框傳至目的地的機器所在區段。

　　橋接器為什麼能判斷封包收件者所在的網路呢？這是因為橋接器內建一張各網路節點位址的表單，記錄每個節點所在網路區段的位置。如果橋接器從表單中無法找到接收端機器位址，橋接器會自動假設機器可能位於網路某個地方，將封包傳輸出去。橋接器也會把機器位址與相對區段加入表單中。事實上，橋接器可藉由檢視機器回報位址的方式，更新表單，如圖 5-9 所示。

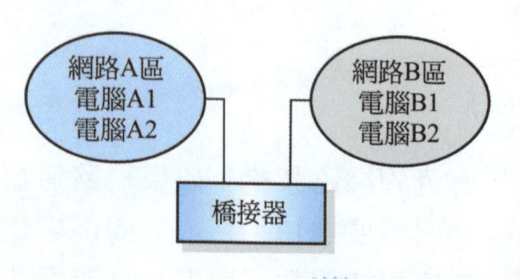

表　單	
電腦 A1	A 區
電腦 A2	A 區
電腦 B1	B 區
電腦 B2	B 區

網路A區　電腦A1　電腦A2
網路B區　電腦B1　電腦B2
橋接器

圖 5-9　橋接器連接網路

值得注意的是，橋接器不會阻隔廣播封包，這是因為廣播封包沒有收件人的地址，本來就是要讓網路所有節點知道。所以在這種情況下，橋接器無法判斷收件者是誰，便會將封包傳輸給所有網路區段了。

5-1-6 路由器（Router）

路由器又稱為路徑器，用在網路層上連接不同網路所用的硬體與軟體，路由器與橋接器的功能類似，藉著將許多較小的網路連結在一起，以便有效擴充網路。不過路由器可以連接使用不同網際網路通訊協定和傳輸方法的區域網路，如圖 5-10 所示。

圖 5-10　路由器

路由器應該具有數種傳輸路徑，每種路徑有不同的傳輸速率和傳輸時間。路由器的功能是負責接收網路上傳輸的封包，檢查訊息中包含的目標位址碼，依照被傳輸封包的大小和急緩，為它選擇最佳路徑，把封包傳輸到指定地點。如果路由器找不到封包的目的位址，或不知路徑，會將封包丟棄，並傳回錯誤訊息。有些封包則會保存它們在網路上轉送站數目，並累積這個數目。當某個封包轉送站數目超過某個上限，也會被路由器丟棄，並傳回錯誤訊息，如圖 5-11 所示。

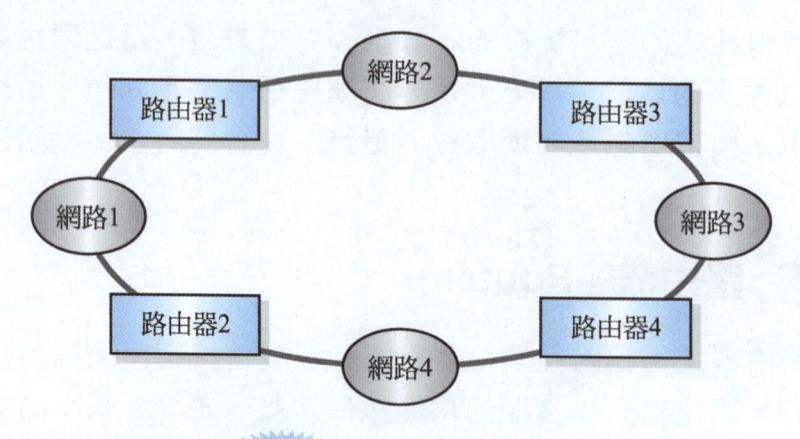

圖 5-11　路由器連接網路

　　路由器還有一項重要的功能就是阻隔廣播封包。只要是沒有指明收件者的封包，或是非路由器可接受的封包，傳輸到路由器時都會被丟棄，不會繼續傳輸至別的網路區段，故可以有效減低網路不必要的負擔。

路由器與橋接器比較

(1) **功能價格**：路由器通常比橋接器昂貴，因為路由器適合用於多重廣域連結，容錯功能也較橋接器佳。

(2) **偵錯能力**：橋接器會進行資料連結層的錯誤檢查，可以阻止壞的封包通過該連結。路由器則更進一步在資料連結層和網路層進行錯誤檢查。且路由器在一般操作時因為要分拆封包後重組，所以更有較高容錯性。

(3) **傳輸時間**：因為執行非常少流程作業，橋接器運作效率上比起路由器來得好，同時橋接器提供最短的傳輸延誤，故當兩邊網路使用橋接器連接並指定傳輸封包大小時，工作將最有效率。

(4) **傳輸容量**：當橋接器在超過 24 個可以作用節點的區域網路區段服務時，會形成一個瓶頸。在這個狀況下，路由器通常可以工作得更有效率。

5-1-7 閘道（Gateway）

閘道是網際網路（將於第八章討論）中進入其他區域網路的入口，主要用來連接兩個異質網路，如乙太網路和FDDI光纖網路。通常閘道是一台專屬伺服器電腦，執行特殊的閘道軟體，如圖5-12所示。

圖 5-12　閘 道

在網際網路上，網路是由閘道節點與主機節點組成，網路使用者的電腦與提供網頁內容的電腦屬於主機節點，控制企業網路流量的電腦，或是當地ISP的電腦也屬於閘道節點。

5-2 區域網路之連線實作

區域網路的實作指的便是目前市場上已經被開發出來且採用的區域網路規格，其中包括乙太網路（Ethernet）、權杖環網路（Token Ring）、光纖網路（FDDI）及目前最新的非同步傳輸模式（ATM）及無線（wireless）區域通訊網路。

5-2-1 乙太網路（Ethernet）

乙太網路是一種區域網路的規格，最早技術的背景源自於1960年代由美國夏威夷大學所研發出的多重載波存取/碰撞偵測CSMA/CD（Carrier Sense with Multiple Access/ Collision Detection，下面將有詳述）。到了1970年代初期，美國Xerox（全錄公司）將CSMA/CD技術運用在區域網路研究計畫，因而發明出乙太網路，當時的乙太網路可說是區域網路的先驅。

127

由於乙太網路實作簡單，技術門檻較低，致使乙太網路一公佈後便開始蔚為流行，後來美國電子電機工程師協會（IEEE）協助訂定乙太網路規格，成為IEEE 802.3 標準。到了1980 年代初期，Xerox 公司結合 DEC（Digital Equipment Corporation）、英特爾（Intel Corporation）一起投入乙太網路硬體規格制訂，並於1982 年正式發表乙太網路規格報告書，這就是有名的乙太網路2.0 版。由於這些重量級公司推波助瀾下，乙太網路很快的在業界流行起來，不少硬體廠商支援並生產相關產品，使得乙太網路成為目前最廣泛使用的區域網路。

(一) 特性說明

乙太網路基本特性說明如下：

⑴採用匯流排架構。
⑵傳送速率為 10Mbps。
⑶傳輸最長距離：2.5 公里。
⑷節點數上限：1024。
⑸為廣播式（broadcast）網路，也就是一旦資料開始流通在網路上，所有節點都可收到資料。
⑹使用的媒體存取技術為 CSMA/CD。

(二) 傳輸介質

乙太網路傳輸介質包括細同軸電纜、粗同軸電纜、雙絞線和光纖。由於使用傳輸介質不同，分別有不同連接方式和特性，分述如下：

1. 10Base5 乙太網路

10Base5 乙太網路是使用粗同軸電纜為傳輸介質，由於這是乙太網路最早出現的產品，因此又被稱為標準乙太網路。其粗同軸電纜為直經 1 公分的 RG-11 同軸電纜，以匯流排形式連接，線路兩端必須連接 50 歐姆終端電阻；每張網路卡以 AUI 線連接到收發器。

所謂 10Base5 的意思是指乙太網路傳輸速率到達 10Mbps 時，可以傳輸最大範圍為 500 公尺，超過 500 公尺就必須使用訊號加強器來放大訊號，如圖 5-13 所示。

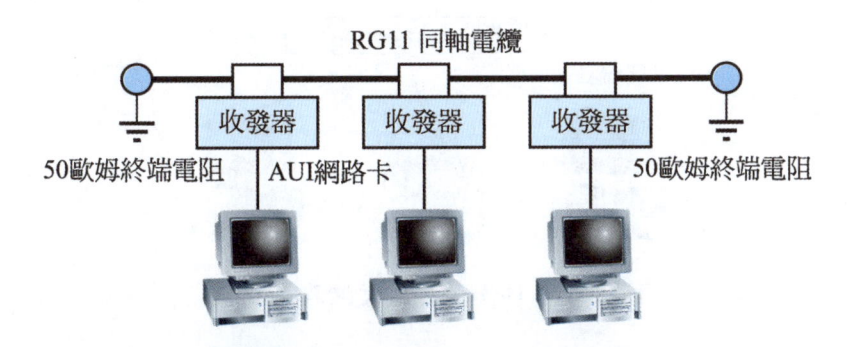

圖 5-13　10Base5 乙太網路架構圖

2. 10Base2 乙太網路

　　由於 10Base5 乙太網路使用 AUI 接頭佈線不易且成本較高，於是 3COM 公司隨後推出改良產品，也就是 10Base2 乙太網路。10Base2 乙太網路改使用細同軸電纜（RG58 或 RG-59A/U）為傳輸介質，可不用收發器介面，透過 T 型接頭直接將電纜連至電腦網路卡，但同樣地線路兩端必須連接 50 歐姆終端電阻。

　　其中 10Base2 同 10Base5 描述意義，當傳輸速率到達 10M bps 時，可以傳輸最大範圍為 200 公尺，超過 200 公尺就必須使用訊號加強器來放大訊號，如圖 5-14 所示。

圖 5-14　10Base2 乙太網路架構圖

3. 10BaseT 乙太網路

　　使用雙絞線的乙太網路稱為 10BaseT，這裡 T 指的是雙絞線（Twisted pair cabling），根據品質好壞可分成 1、2、3、4、5 等級（參考第二章），數目愈高品質愈好。基本上雙絞線連接的範圍只有 100 公尺，所以都用集線器來串接至個人電腦，如圖 5-15 所示。

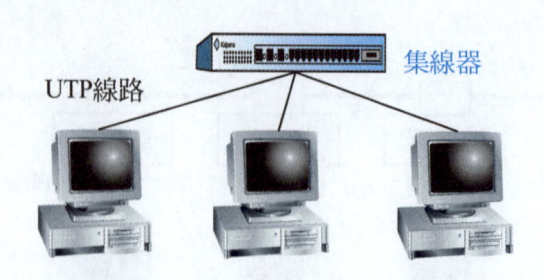

圖 5-15　10BaseT 乙太網路架構圖

4. 10BaseF 乙太網路

10BaseF便是利用光纖傳輸的乙太網路，這裡F指的是光纖（Fiber-optic），可分為三類：

(1) **10BaseFL**：10BaseFL 中的L代表link（連接）的意思，也就是說 10BaseFL 是以光纖連接網路卡等設備，每區段連接距離最長可達2公里。

(2) **10BaseFB**：10BaseFB 中的 B 代表 backbone（骨幹）的意思，也就是兩個網路連接的通道。

(3) **10BaseFP**：10BaseFB 中的 P 代表 passive（被動）的意思，這種架構是以中央一個光纖集線器分接到電腦上。

在實際架設上，10Base2 或 10Base5 使用於匯流排網路拓樸，而 10BaseT、10BaseF 使用於星形拓樸。表 5-1 為各種 10Mbps 乙太網路之規格比較表。

表 5-1　10Mbps 乙太網路規格比較表

項目	10Base5	10Base2	10BaseT	10BaseF
線材種類	同軸電纜	同軸電纜	雙絞線	光　纖
接　頭	UTP	BNC	RJ-45	ST
拓　樸	匯流排	匯流排	星　形	星　形
區段最大長度	500 公尺	185 公尺	100 公尺	2000 公尺

(三) 工作模式原理

　　乙太網路使用的媒體存取技術是 IEEE 802.3 標準的 CSMA/CD，所以我們先介紹 CSMA/CD 的工作原理。CSMA/CD 是 Carrier Sense with Multiple Access/ Collision Detection 的縮寫，中文的意思是載波偵測多重存取/碰撞偵測，對於每個英文字所代表的意義，可用下表來輔助說明。

CSMA/CD	說　　　　明
Carrier Sense	網路上的裝置，持續地監督線路狀況，一待空出即傳輸資料。
Multiple Access	空出線路狀態時，任何工作站皆可在任何時間佔用線路。
Collision Detection	若多數工作站同時選出之封包在通信線路上相撞，則各等待一段隨機時間，再傳輸資料。

　　利用CSMA/CD原理所架構的乙太網路和第四章所提的匯流排網路拓樸工作模式是一樣的，同樣地也是讓網路上每個工作站連接到同一條主幹道上，運用電子載波訊號來感應與目前是否有使用者要求傳輸。由於同一時間同一地點只准許有一個工作站可以使用網路，所以載波一旦產生碰撞（也就是偵測到目前網路已經有訊號正在傳輸），工作站則立刻停止發送資料。並等待一段隨機時間再嘗試發送，直到成功為止。但連續碰撞16次之後便宣告失敗，放棄這次傳輸，並回報上層通訊協定發生傳輸錯誤，如圖5-16及5-17所示。

A的訊號正準備好要開始傳到B。

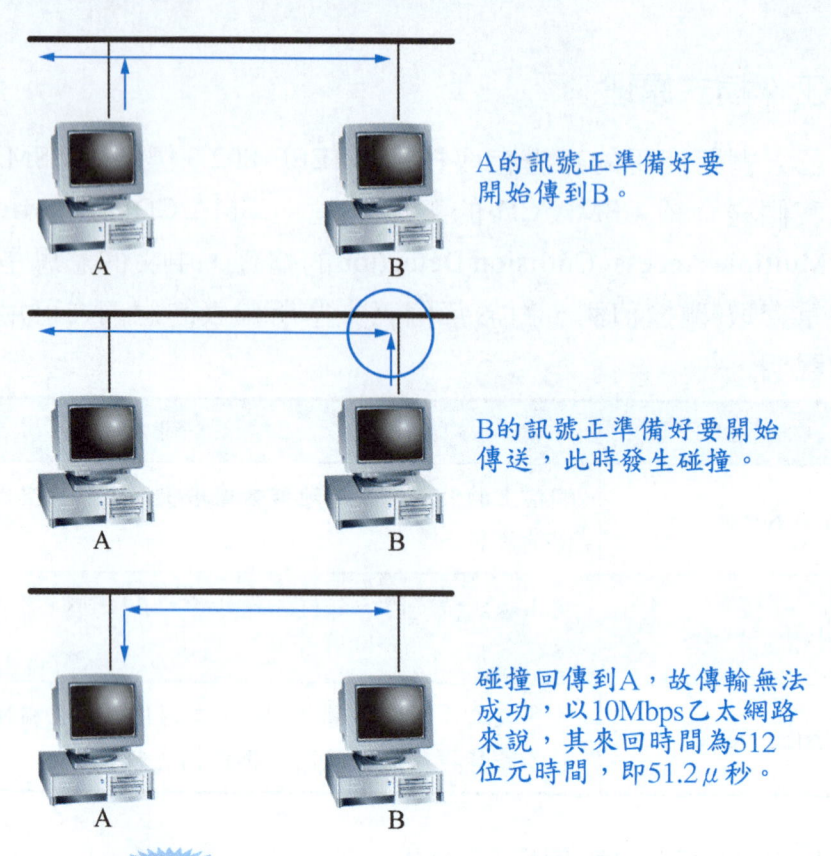

B的訊號正準備好要開始傳送，此時發生碰撞。

碰撞回傳到A，故傳輸無法成功，以10Mbps乙太網路來說，其來回時間為512位元時間，即51.2μ秒。

圖 5-16　10BaseT 乙太網路兩台電腦碰撞情況

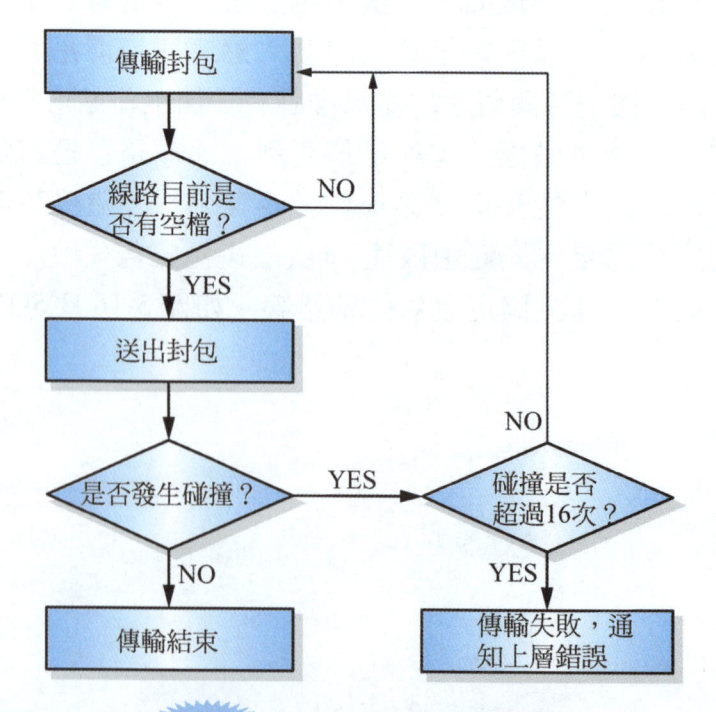

圖 5-17　CSMA/CD 傳輸流程圖

乙太網路的優點很多，包括成本低、速度不慢，架設容易，且相容產品眾多，技術已相當成熟，管理和擴充都相當容易，是目前使用最普遍的區域網路規格。但缺點是規格無法適用於現代寬頻需求，且工作站增加後，網路碰撞機率增高進而影響效率。

5-2-2 權杖環網路（Token ring）

權杖環網路是由 IBM 公司在 1980 年代所發展，主要應用在區域網路架構搭配 IBM 其他電腦主機使用。儘管權杖環網路使用率後來沒並有像乙太網路那麼成功，但由於 IBM 主機系統全球市場佔有率相當高，使得權杖環網路在區域網路規格上仍佔有重要一席地位。

權杖環網路同樣有 IEEE 標準規範，其屬於 IEEE 802.5 標準。

(一) 特性說明

權杖環網路基本特性說明如下：
⑴採用環形拓樸架構或星形和環形混合。
⑵傳輸速率為 4 Mbps 或 16Mbps。
⑶使用的通訊協定為權杖傳遞（token passing）網路。

(二) 工作模式原理

在權杖環網路所有電腦都是以點對點的方式連接，是一種依照特定順序（向下或向上，視設定情況而定）運作的網路架構，其工作原理如下說明。

在權杖環網路裡面，每一個節點都只會得到其前面的一個節點送來的訊息，同時每一個節點也只能發送訊息給下一個節點。為了避免碰撞發生，權杖環網路必須確保每次只能有一個工作站可以發送資料，該如何做到呢？關鍵的地方就在於權杖封包（token packet，或稱 token stick）的設計。網路一開始啟動時便產生一個權杖封包，權杖封包初始值是閒置的，代表目前網路沒有人要傳輸資料，此時權杖封包便由啟始節點開始向下傳輸，如果接收到權杖封包的節點沒有資料要傳輸或接收，則繼續向下傳輸，直到有某個節點需要發送資料為止，這種過程稱為權杖傳遞。

一旦有某節點要傳輸資料，等到該節點獲得權杖封包時，便可以提出資料傳輸的要求。由於權杖封包仍位於閒置狀態，便將權杖封包設為忙碌狀態，一旦權杖封包設為忙碌狀態後，其他節點收到權杖封包後便知到目前有資料正在傳輸，故不能也無法提出傳輸資料需求，只能把權杖向下傳遞。當目的端節點收到該權杖封包，知道目前封包是傳給自己，便將此封包內容拷貝下來，並設定已收到記號，再傳向下一個節點。如此走完一圈，回到來源端節點時，來源端節點知道目的端已經收到，便清除封包內資料內容，並還原權杖為閒置狀況，再將權杖封包傳給下一個節點，於是權杖傳遞又繼續執行，如此週而復始，如圖 5-18 所示。

　　有一種特殊情形是如果封包在權杖環網路是無效的該如何處理？其作法是：當一個節點獲得權杖封包並完成了傳輸資料設定（即設為忙碌）之後，它會傳給下一個節點，如果沒有節點接下來，就再傳一次，如果第二次還是沒有人要，則給整個網路發送一個懇求後繼者訊框（solicit successor frame）的常規請求，詢問是否有人想要這一個權杖，如果有節點回應這個請求，就把權杖直接傳到該節點。

　　和乙太網路比較，權杖環網路因無碰撞處理問題，故頻寬管理能力略勝一籌。

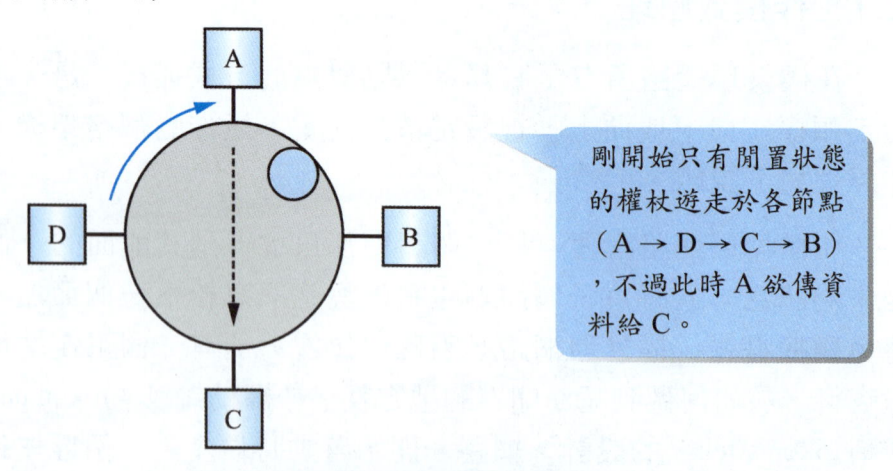

剛開始只有閒置狀態的權杖遊走於各節點（A→D→C→B），不過此時 A 欲傳資料給 C。

圖 5-18　權杖環網路運作

第 5 章 區域網路之元件及連線

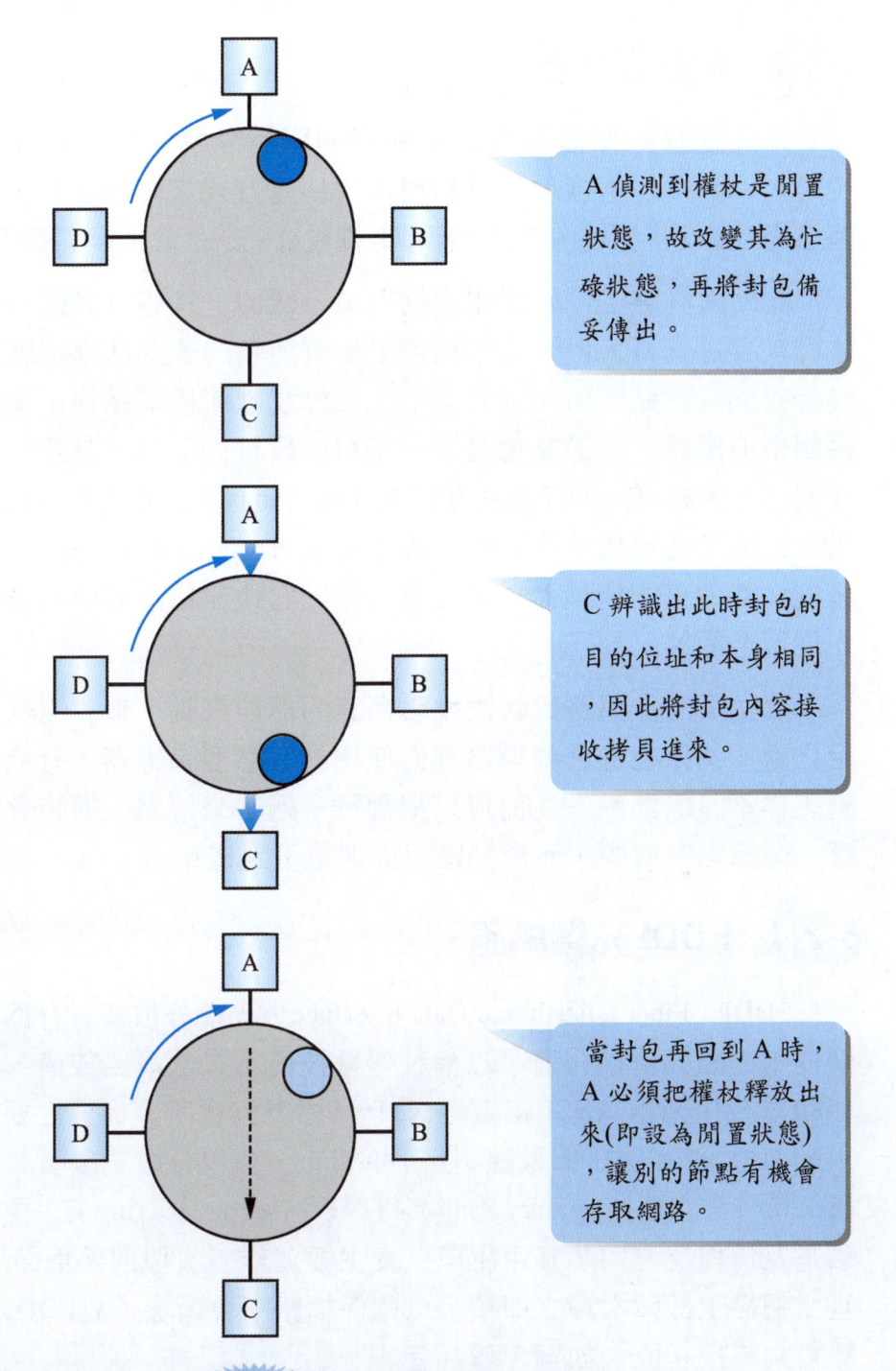

> A 偵測到權杖是閒置狀態，故改變其為忙碌狀態，再將封包備妥傳出。

> C 辨識出此時封包的目的位址和本身相同，因此將封包內容接收拷貝進來。

> 當封包再回到 A 時，A 必須把權杖釋放出來(即設為閒置狀態)，讓別的節點有機會存取網路。

圖 5-18　權杖環網路運作（續）

5-2-3 權杖匯流排

另外還有一個類似權杖環網路的網路架構，稱為權杖匯流排（Token bus），同樣地也是利用權杖傳遞方式來傳遞資料，但在物理上使用匯流排拓樸形態的，而不像權杖環網路是使用環型拓樸形態。

權杖匯流排工作原理和權杖環是一樣的，只有得到權杖的節點才可以發送資料，但一旦其獲得了接收節點的確認回應，就得把權杖交給下一節點，如此週而復始。在權杖匯流排網路裡必須有一套機制來追蹤哪一個節點會是下一個得到權杖的節點，其設計原理是在網路上面會有一個節點扮演權杖主管（master）的角色，如果權杖丟失或由某些原因不能傳輸，權杖主管會先對全網路發出請求，然後宣佈取消舊的權杖而重新發放一個。它比任何其它節點要有最優先權獲得權杖。

權杖匯流排網路比起權杖環網路的形態來說，畢竟還是有其不足之處。例如在權杖環網路裡面使用的智慧型集線器，有能力偵測到工作不良的節點，從而可以把權杖避過它來傳遞，同時會指示出哪一個節點有問題，而權杖匯流排則做不到這點。

5-2-4 FDDI 光纖網路

FDDI（Fiber Distributed Data Interface，光纖分散資料介面）是一個使用光纖為傳輸介質，以權杖傳輸技術為主之網路架構，最早在1980年代中期由 ANSI 組織之 X3T9.5 標準協會所發佈，主要使用在主幹傳輸上。FDDI 傳輸速率為 100Mbps，採用分離式雙環狀網路架構，可分成主環（primary Ring）和次環（secondary ring），主環和次環是互為相反方向，其中主環負責主要運作，次環則做為備用，一旦主環發生故障次環立即接手以確保網路不會斷線，故 FDDI 具有斷線自動轉接功能，如圖 5-19 所示。

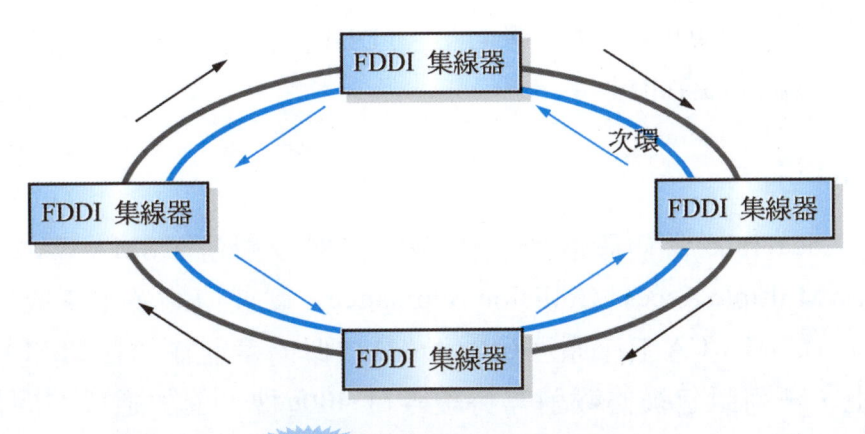

```
        FDDI 集線器
                        次環
FDDI 集線器              FDDI 集線器

        FDDI 集線器
```

圖 5-19　FDDI 網路運作圖

　　FDDI線材可用多模（Multi-mode）或單模（Single-mode）光纖。在短距離舖設時，由於光纖施工相當精密複雜，並不適用多點密集佈線方式（如匯流排拓樸架構），此時可用銅線（也就是雙絞線）替代光纖，以降低架設成本，然而所有運作模式和原理同 FDDI 一樣，這種網路介面稱為 CDDI（Copper Distributed Data Interface）或 Copper over FDDI。簡單地說，CDDI 就是將 FDDI 之觀念與技術用於銅線上。

　　目前FDDI已有第二代規格，稱為FDDI-II（Fiber Distributed Data Interface-II，光纖分散資料介面 II），主要差別是 FDDI-II 提供 FDDI 所沒有的等時（isochronous）傳輸服務，也就是資料傳輸時可以將資料傳輸位元量（bit rate）固定控制在一個常數，這非常適合傳輸多媒體影音資料；此外，FDDI-II 網路管理方式和 FDDI 亦有不同。

　　FDDI的優點是傳輸速率快、傳輸距離遠，適合使用在主幹上，且光纖結構不怕鼠咬，不怕雷擊，並可自動備援。缺點則是技術層次較高且價格昂貴，不適用於小規模區域網路配置。

5-2-5　AppleTalk 網路

　　AppleTalk是蘋果電腦在1980年代初期所開發之通訊協定，其主要目的是提供蘋果麥金塔電腦可以連接區域網路，由於是屬於較上層通訊協定，所以 AppleTalk 可以架構在乙太網路、權杖環網路、FDDI 網路及麥金塔電腦專屬之 LocalTalk 之上。

由於乙太網路、權杖環網路、FDDI 網路前面已經討論過，這裡便只討論 LocalTalk。

LocalTalk

LocalTalk 當初設計所使用媒體存取技術是 CSMA/CA（Carrier Sense Multiple Access/Collision Avoidance，載波偵測多重存取/碰撞避免），CSMA/CA 工作原理CSMA/CD類似，差別在於在CSMA/CA網路上，任何封包被傳輸前需持續等待 400μ 秒，確認這段期間都沒有封包傳輸時，才傳輸一個『要求傳輸』的封包給接收端。但如果於等待過程中發現有封包傳輸，則整個程序重頭再來一次。送出後如果在 200μ 秒收到接收端傳回的『傳輸許可』封包，則代表接收端已收到，即完成交握（handshake）程序。一旦 handshake 成功，則會在 200μ 秒內開始送出資料封包，如果失敗，則整個程序重頭再來一次。

由於 400μ 秒是 LocalTalk 網路來回時間（參考圖 5-16 所示之乙太網路碰撞說明），會發生碰撞情況必是在網路來回時間內，CSMA/CA 因在網路來回時間內確認 handshake 是否成功，所以 CSMA/CA 可利用 handshake 來偵測網路是否碰撞。一旦 handshake 成功，代表此時傳輸將不會產生碰撞情況。

由於CSMA/CA每傳一個訊框都必須先做handshake，致使網路傳輸效能較 CSMA/CD 來得差，不過因為 CSMA/CA 所用的處理模式和電路技術都較為簡單，故製造成本較低是其優點，因此適用在小型且便宜網路。

5-2-6　ARCnet

ARCnet（Attached Resource Computer network，中文意義為連接資源電腦網路）是一個相當類似權杖環網路架構，在 80 年代市場上也有相當裝置數量，但因速度慢、擴充不易等缺失，目前已從市場上消聲匿跡。

ARCnet 使用編號為 RG-62，阻抗為 90Ω 的同軸電纜線為傳輸媒體（也有用雙絞線的接法），網路纜線的連接拓樸是星狀架構，也就是以集線器為中心,連接各節點裝置,而當網路規模擴大時,可以再增加集線器來連接更多的節點裝置。

ARCnet 使用的集線器有兩種,第一種有八個連接埠,並具有信號增強功能(需要插電)的叫做八埠主動式集線器。第二種只有四個連接埠,沒有信號增強功能(不用插電)的叫做四埠被動式集線器。當一個四埠被動式集線器有連接埠沒有接上纜線時,需要接上 93Ω 的終端電阻,以防止外界的雜訊干擾。不過 ARCnet 不像 Ethernet,不接上終端電阻網路就無法傳輸資料,ARCnet 的終端電阻即使沒接仍然可以正常運作。

ARCnet 網路上的媒體存取控制方法即為權杖傳遞,同樣是以權杖封包依各節點位址由小到大輪傳遞,接收權杖到封包的節點才可以發送資料。這種媒體存取控制方式,即使在網路傳輸量大的時候,也不會像 CSMA/CD 有因為碰撞而浪費網路寬頻的缺點,加上星狀纜線配置方式,也不會因為一根纜線的問題而影響整個網路。此外,ARCnet 還有一項優點是成本低廉,網路介面卡和集線器都比乙太網路便宜,所以即使 ARCnet 的傳輸速率只有 2.5Mbps(標準 Ethernet 的四分之一),仍然在早期有一定的市場佔有率。

5-3 高速區域網路實作

由於多媒體應用在個人電腦上面愈來愈成熟,而多媒體資料(即影像、聲音和視訊資料)通常都相當大,想要透過網路線上觀看或處理這些多媒體資料將面臨網路頻寬是否足夠的問題。以傳統乙太網路約 10Mbps 頻寬而言略嫌不足,更何況若多人一齊使用時頻寬不足的情況將更為捉襟見肘。

有鑑於此,為了提升原本網路傳輸頻寬,目前已有許多高速網路替代方案不斷被提出,包括快速乙太網路(Fast Ethernet)、十億位元乙太網路(Gigabit Ethernet)、非同步傳輸模式(ATM)網路,說明如下。

5-3-1 快速乙太網路

　　自乙太網路問世以來已有三十年之久，雖有其他對手推出其競爭產品如 Token Ring，FDDI 等，但始終無法撼動乙太網路霸主的地位。然而乙太網路不是沒有缺點，他最大的問題在於網路節點一旦增加太多會造成發生碰撞機率大幅提高，進而影響網路效能，偏偏這個碰撞問題又無法從根本架構去解決，所以乙太網路勢必要把碰撞問題徹底改善後才能提升傳輸效能，因應未來寬頻需求。然而乙太網路實在是市場佔有率太高了，若說貿然汰換原本乙太網路則會造成許多先前投資如應用程式、驅動程式或網路設備都必須隨之更新，但這並不是很容易的事，故為保障先前的投資，新推出的網路架構最好能向前相容既有網路架構，這就是快速乙太網路發展的宗旨。

　　快速乙太網路是乙太網路改進版本，快速乙太網路主要特點是將原本 IEEE 802.3 所定義之乙太網路的傳輸速率由 10 Mbps 提昇至 100 Mbps 而同時又保有原乙太網路的配線系統、實體層通訊協定及訊框格式。如何達到這個目標呢？主要解決的方法在於如何減少訊號傳遞延遲時間，一旦訊號傳遞延遲時間獲得改善，則碰撞發生情況議會相對減少，則整體效能亦會大幅增加。但該如何減少訊號傳遞延遲時間，實際作法有兩個方向，一是減少訊號傳輸距離，因為訊號來回傳遞一趟的距離簡短，訊號反彈次數也隨之減少，自然可因線路長度所造成的延遲降低，有效增加網路傳輸速率。二是採用更快速的通訊傳輸介質，如光纖或寬頻電纜，加上配合可有效處理頻寬的交換器，同樣可以增加網路傳輸速率。

　　依照前述兩項設計方向，IEEE 已為快速乙太網路制訂 802.13 標準，其特性包括：

(1) 傳輸速率為 100 Mbps。
(2) 通訊協定為 CSMA/CD，訊框同 IEEE 802.3 CSMA/CD，不提供優先權傳輸服務。
(3) 傳輸媒介為雙絞線或光纖。
(4) 無法預期網路封包傳輸時間。如果同時有二個或二個以上的工作站同時傳輸訊框將造成碰撞，發生碰撞的訊框將被視為無效並丟棄。網路負載重時會因為不斷發生碰撞的現象而使得訊框被成功傳輸出去的時間無法預期。

快速乙太網路又依傳輸媒介的不同又可分為三種規格，分別是 100BaseTX、100BaseT4 及 100BaseFX。

(一) 100BaseTX

100BaseTX 同 10BaseT 採用雙絞線傳輸，但因傳輸頻率較高，所以需要使用較高等級第五級（Category 5）無遮蔽式雙絞線。

(二) 100BaseT4

100BaseT4 同樣採用雙絞線傳輸，且可使用第三級、第四級及第五級，不過只有半雙工傳輸模式，故速度較慢。

(三) 100BaseFX

100BaseFX 是使用光纖傳輸，傳輸距離和使用光纖種類有關，若使用多模光纖，連接距離可達 1～2 公里。若使用單模光纖，則連接距離可高達 10 公里。表 5-2 所示為各項 100Mbps 乙太網路之規格比較表。

表 5-2 100Mbps 乙太網路規格比較表

項　目	100BaseTX	100BaseT4	100BaseFX
使用線材	雙絞線	雙絞線	光纖
網路接頭	RJ-45	RJ-45	ST、MIC、SC
網路拓樸	星狀	星狀	星狀
區段最大長度	100 公尺	100 公尺	10 公里

要架設 100BaseT 的網路除了網路卡與線材需符合要求外，另外還要使用 100M 集線器或交換器，才能達到 100Mbps 傳輸效能。

目前快速乙太網路技術發展已趨成熟，且產品價格也降到大眾化程度，故已逐漸取代目前使用最多的乙太網路。

5-3-2 十億位元乙太網路（Gigabit Ethernet）

十億位元乙太網路又稱為超高速乙太網路或 1000Mbps 乙太網路，其發展最早始於 1995 年 IEEE 802.3 工作小組，其目的便是開發出更快速度的乙太網路架構。後來 IEEE 802.3 工作小組另外成立 IEEE 802.3z 任務小組加速推動十億位元乙太網路標準的制定。後來經過數次研討改進，終於在 1998 年通過並正式成立 Gigabit Ethernet IEEE 802.3z 標準。

十億位元乙太網路其特性包括：

(1) 傳輸速率為 1000Mbps。
(2) 通訊協定為 CSMA/CD，訊框同 IEEE 802.3 CSMA/CD，不提供優先權傳輸服務。
(3) 傳輸媒介為雙絞線或光纖。
(4) 無法預期網路封包傳輸時間，同快速乙太網路。

十億位元乙太網路又依傳輸媒介的不同又可分為四種規格，分別是 1000BaseSX、1000BaseLX 及 1000BaseCX 及 1000BassT。

（一）1000BaseSX

1000BaseSX 中的 S 指的是短波（short）長光纖的意思，使用多模光纖為傳輸媒介，若採用 62.5 微米多模光纖，在全雙工模式下最長傳輸距離可達 275 公尺；若採用 50 微米多模光纖，在全雙工模式下最長傳輸距離可達 550 公尺。

（二）1000BaseLX

1000BaseLX 中的 L 指的是長波長（long）光纖的意思，可採用單模光纖或多模光纖為傳輸媒介，若採用多模光纖，在全雙工模式下最長傳輸距離可達 550 公尺；若採用單模光纖，在全雙工模式下最長傳輸距離可達 5000 公尺。

（三）1000BaseCX

1000BaseCX 採用遮蔽式雙絞線為傳輸媒介，不過傳輸距離很短，最長傳輸距離僅有 25 公尺。

(四) 1000BaseT

1000BaseT 是 IEEE 最新提出十億位元乙太網路規格，主要特色是相容舊有的 100BaseT 網路，故使用第五級無遮蔽式雙絞線為傳輸媒介，最長傳輸距離可達 100 公尺。但實際應用時線路傳輸品質有決定性的影響。

表 5-3 為各項 1000Mbps 乙太網路之規格比較表。

表 5-3　1000Mbps 乙太網路規格比較表

項　　目	1000BaseSX	1000BaseLX	1000BaseCX	1000BaseT
使用線材	光纖	光纖	雙絞線	雙絞線
網路接頭	SC	SC	RJ-45	RJ-45
網路拓樸	星狀	星狀	星狀	星狀
區段最大長度	275～550 公尺	550～5000 公尺	25 公尺	100 公尺

十億位元乙太網路由於傳輸速率大幅提昇，且相容舊有乙太網路架構，肯定是未來網路傳輸主流。但目前因許多技術尚未圓滿克服，所以還不是很普遍，一旦相關問題順利解決後，取代現有乙太網路應是指日可待。

5-3-3　ATM 網路

在先前討論過的區域網路媒體存取技術，不論是乙太網路、權杖環網路或高速乙太網路，都是採取頻寬共享式網路，意即網路上每個節點共用傳輸介質頻寬，但隨著節點增多，分享頻寬情況更趨嚴重，整個網路效能便會下降，這就是頻寬共享式網路非常嚴重的缺點。

為解決上述缺點，另一種高速網路傳輸技術也跟隨發展，稱為非同步傳輸模式（Asynchronous Transfer Mode，簡稱 ATM）。ATM 網路的架構是以交換機（switches）為主體，每一個交換機有若干個輸入輸出埠（port）。工作站上的 ATM 網路控制卡則經由傳輸媒介（如雙絞線、同軸電纜、光纖）連接到一個埠上。因此一個簡單的 ATM 網路可以只包含一個 ATM 交換機及若干部的工作站。當然 ATM 交換機之間也可以相連而形成較大的網路甚至至廣域網路。圖 5-20 所示的 ATM 網路包含一個 ATM 區域網路及一個 ATM 廣域網路，其中每一個網路包含三個交換機。

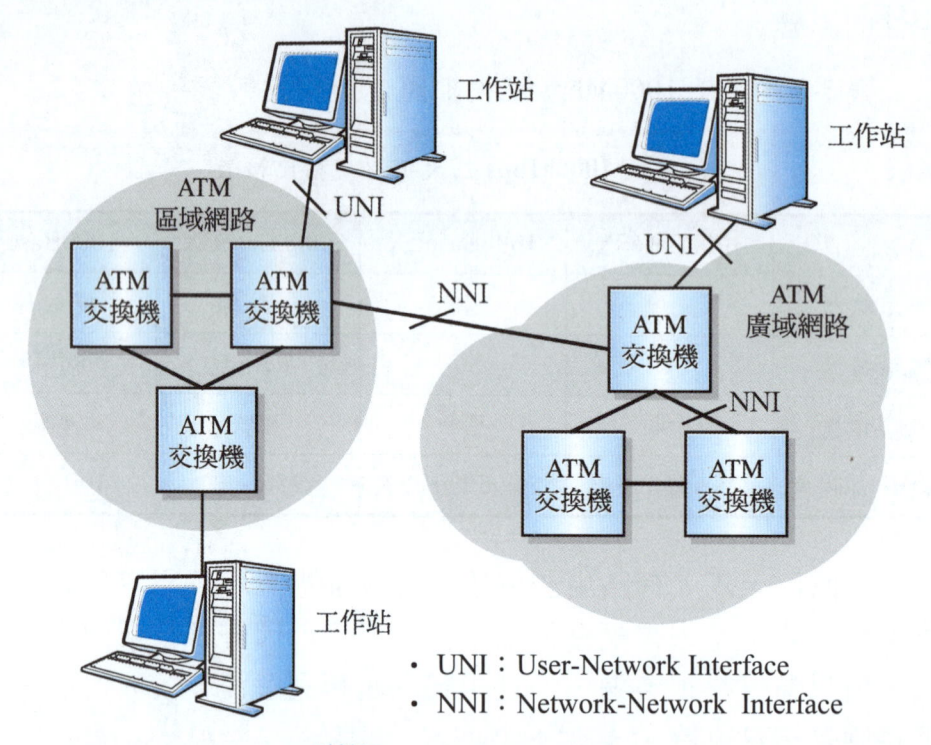

- UNI：User-Network Interface
- NNI：Network-Network Interface

圖 5-20　ATM 網路連接圖

(一) ATM 網路的特性

ATM 網路具有下列特性：

1. **封包大小固定**：ATM 於傳輸時將資料切割成固定大小的細胞（cells），每一個細胞的長度皆固定為 53 位元組，其中包括 5 位元組的細胞標頭（cell header）及 48 位元組的資料酬載（payload）。ATM 細胞大小均較傳統網路封包（如乙太網路）來得小，這樣設計的用意主要好處是由於傳輸細胞都是相同格式，使得 ATM 裝置可以在同一條網路上同時傳輸影像、聲音與數據資料，並保證沒有任何一種資料格式會佔據所有的頻寬而延遲其他資料格式的傳輸。

2. 多種傳輸速率：與 ATM 交換機相連的每一部工作站都有一條專線連接到交換機，該傳輸線的頻寬為此工作站所專用。目前制定的標準中，傳輸速率包含 622Mbps、155Mbps、100Mbps、51Mbps、25Mbps 等等。其中又以 155Mbps 最為常用。也就是說每一部工作站可以使用高達 155Mbps 的傳輸頻寬。

3. 多種傳輸媒介可共用在同一個 ATM 網路：ATM 交換機上的每一個埠可以使用不同的傳輸媒介，較常用的傳輸媒介有光纖、同軸電纜、雙絞線等（無線 ATM 網路則尚處於雛形建立階段，距離實用尚有一些問題待克服）。這使得工作站連接上網路的方式更具有彈性，伺服器級的工作站可以搭配光纖使用 100Mbps 以上的傳輸速率，一般的用戶端則可以搭配雙絞線使用 51Mbps 以下的傳輸速率以降低使用成本。

4. 累加型頻寬：傳統網路如乙太網路和 FDDI 網路都是屬於頻寬分享（shared bandwidth）型網路，也就是說網路上所有的工作站共同分享網路的頻寬（10Mbps 或 100 Mbps），網路上工作站接得越多則平均每一部工作站所能使用的頻寬就越少，最直接的影響就是傳輸資料所需要的時間變長，對於一些具有即時傳輸需求的應用（如聲音、影像、視訊）則可能無法提供令人滿意的服務。然而 ATM 網路是屬於「頻寬累積」（Aggregated bandwidth）型網路，也就是說網路的頻寬不是固定的，而是由所有傳輸線的頻寬累加起來。例如一個 ATM 交換機如果接上 16 部工作站而每部工作站的傳輸速率為 155 Mbps, 則此 ATM 網路的頻寬為將近 2.4 Gbps （155Mbps×16 = 2.4 Gbps）。雖然屬於累加型，ATM 交換機頻寬仍然有其極限，通常此極限決定於交換機中的線路設計。而此頻寬極限也限制了同時可以連接上一個交換機的工作站數量。

5. 連線導向通訊模式：傳統網路是屬於「非連線式」（connectionless）的網路。也就是說，網路上的任何二個工作站在通訊之前不必先建立連線，工作站只要準備好欲傳輸之訊框，然後便依據該網路之通訊協定（如乙太網路的 CSMA/CD）於適當的時機將該訊框傳輸出去。由於每一個訊框都包含原始工作站及目的地工作站的位址，因此目的地工作站可以順利的收到該訊框。而 ATM 網路屬於「連線導向」（connection-oriented）的網路，也就是說 ATM 網路上的任何二個工作站在通訊之前必須先建立連線，像是電話系統，在通話之前必須先打通電話（建立連線）一樣，這樣的好處是方便掌控每個連線的服務品質（Quality of Service, 簡稱 QoS），提供傳輸服務品質保證。且每一條連線可以有不同之服務品質。例如用來傳輸檔案的連線可能只要求資料的正確性而不須即時傳輸，而視訊或音訊卻要求訊息要在一定的時間之內送到接收端，否則便來不及播放。不過在不影響播放品質的前提下，可以允許少量的訊息在傳輸的過程中流失。此外，使用固定的通道使得傳輸資料較易於追蹤與計費，但也使得 ATM 較不能處理突然湧現的大量資料。

6. **提供多元化傳輸服務**：針對應用程式的不同需求，ATM 網路提供多元化傳輸服務。包括有下列四種不同的服務方式：

   (1) 固定位元速率（constant bit rate，CBR）：提供固定持續的資料傳輸率，類似專線服務，因此又稱之為「線路模擬」（circuit emulation）服務。

   (2) 可變位元速率（variable bit rate，VBR）：提供固定的通道頻寬，但資料不是一直維持固定的傳輸率在傳輸，適用於聲音或視訊資料傳輸。

   (3) 未知位元速率（unspecified bit rate，UBR）：在傳輸過程中不保證傳輸率是否固定，可能有時快有時慢，但仍保證能傳輸無誤，適用於可以容忍延遲的傳輸類型，如檔案傳輸。

   (4) 剩餘位元速率（available bit rate，ABR）：固定位元速率服務與可變位元速率服務通常都提供傳輸時的品質保障，為了讓不需要即時傳輸的傳統應用軟體（如檔案傳輸）也能在 ATM 網路上運作，ATM 又提供了剩餘位元速率服務。此類服務設計用來服務一些既存的區域網路通訊協定，只能使用線路上目前所剩餘的頻寬來傳輸資料。一旦線路上的頻寬都保留給具服務品質保障的連線時，使用該速率服務的資料便無法傳輸，必須暫時存在緩衝器中，直到線路又有多餘頻寬為止。

(二) ATM 的工作架構與服務模式

ATM 的工作架構可以分成 4 層：

(1) 服務層（Service layer）：除了提供標準 ATM 網路服務外，還可以提供現有許多網路服務，如訊框傳輸、語音服務，甚至視訊會議、多媒體資料傳輸服務。

(2) ATM 配接層（ATM adaptation layer, AAL）：ATM 配接層主要負責將服務層的各種不同資料切割成 48 位元的細胞，提供通訊連結服務。

(3) ATM 層（ATM layer）：ATM 層將 ATM 配接層所產生進入的 48 位元細胞加上 5 位元的表頭，執行細胞的多工與交換作業，並保障服務品質。

(4) 實體層（Physical layer）：實體層又可分成傳輸統合（Transmission Convergence, TC）與實體媒介相依（Physical Medium Dependent，PMD）兩個次層（sublayer），讓 ATM 傳輸可以和實際資料分開，支援多種不同的傳輸媒體。

由於 ATM 具有相當完善的服務品質保障功能，因此受到全世界先進國家的重視，紛紛投入大量的人力及物力進行研發的工作。ATM 網路的相關技術漸趨成熟，目前已經邁入實用的階段。像我國目前正大力推展的「國家資訊基礎建設」（National Information Infrastructure, 簡稱 NII）也是以 ATM 網路為骨幹，希望藉此建立國家的資訊高速公路，提供未來大量資訊傳輸的橋樑。

5-4　無線網路實作

近來隨著行動電話、個人數位助理（PDA）等產品興起，無線網路連接功能又再度受到重視。因為這些產品特色就是標榜機動能力，使用者帶到哪裡都可以使用，所以若要求任何場合地點均可連線上網，使用有線網路實在不方便，而無線網路就比較適合。雖然無線傳輸仍有易受干擾、頻寬不高等潛在缺點，但和隨時隨地上網機便利性比起來，實是瑕不掩瑜。

5-4-1　無線網路的發展

說到無線網路的歷史起源，可以追朔到五十年前的第二次世界大戰期間，當時美國陸軍採用無線電信號做資料的傳輸。他們研發出了一套無線電傳輸科技，並且採用相當重度的編碼技術。當初美軍和盟軍都廣泛使用這項科技。這項科技讓許多學者得到了一些靈感，在1971年時，夏威夷大學（University of Hawaii）的研究員創造了頭一個採用封包式技術的無線電通訊網路。這被稱作ALOHNET的網路架構，可以算是相當早期的無線區域網路（wireless local area network，WLAN），從這時開始，無線網路可說是正式誕生。

為了讓無線區域網路技術能夠被廣為使用，美國電機電子工程師協會在1990年11月召開了802.11委員會，開始製定無線區域網路標準，此即為IEEE 802.11規範。而IEEE 802.11最早的規格在1997年提出，接著在1999年9月又提出了IEEE 802.11a和IEEE 802.11b，主要目的在於拓展無線區域網路的速度和實用性，特別是IEEE 802.11b，已是目前無線網路卡的標準。

雖然目前幾乎所有的區域網路都仍舊是有線的架構，不過近年來無線網路的應用卻日漸增加。主要應用範圍在學術界（像是大學校園）、醫療界、製造業和倉儲業等。而且相關的技術也一直在進步，對企業而言要轉換到無線網路也更加容易、更加便宜了。

5-4-2 IEEE 802.11

　　IEEE 802.11 這份無線網路規格主要定義了無線通訊的實體層以及媒體存取控制層。標準中定義的實體層包括兩種不同的射頻通訊調變方法：分別為直接序列展頻技術（Direct Sequence Spread Spectrum，DSSS）以及跳頻展頻技術（Frequency Hopping Spread Spectrum，FHSS）。兩種方式都是由軍方所研發，並且針對高信賴性、正確性和安全性而設計，它們各有一套獨特的方法來傳輸資料。

　　何謂展頻（spread spectrum）技術？簡單地說就是利用多個傳輸頻率來傳遞資料。由於無線傳輸容易受干擾，若是使用單一頻率非常容易遭受有心人士的攔截，為了改善這些缺失，便有人提出透過多種頻率來傳輸資料，只要傳輸端和接收端彼此能溝通即可，如此一來除了可有效降低雜訊干擾的影響，也可讓攔截竊聽難度增高（因頻率不斷在變化）。

(一) 直接序列展頻技術

　　直接序列展頻技術是透過展頻碼（Spreading Code），也稱為虛擬雜訊碼（Pseudo Noise Code, PN Code），將原本傳輸端窄頻高能量的訊號延展為原本數倍頻寬，並將能量變小。當接收端收到此訊號時，會再用展頻碼演算一次，將訊號還原成窄頻高能量。簡單地說，就是把傳輸端的訊號分個成許多片段，每個片段再以不同無線電波頻率發送出去。

　　使用直接序列展頻技術的優點有二：

(1) 干擾抵抗力增強：因為展頻後的能量會變低，相對雜訊干擾也會降低，所以接收端還原展頻訊號時，受雜訊干擾影響程度也就降低。

(2) 保密能力加強：由於展頻訊號能量會變低，許多接收器會將它視為雜訊而忽略，如此一來便可避開監視。此外，為防止不肖人士暗中竊聽，使用直接序列展頻技術會利用一些頻道故意傳輸錯誤資訊，由於竊聽者不知道哪些頻道是故意放出，即使收到訊號勉強還原也可能得到錯誤資料。

(二) 跳頻展頻技術

跳頻展頻技術是利用一個很寬的頻帶，將其分割成好幾個頻道，然後把資料分送到不同頻道送出，而且每次傳輸資料所使用的頻道都不一樣。其中頻道選擇方式是藉著 2～4 階的高斯頻移鍵控（Gaussian Frequency Shift Keying，GFSK）不斷的改變。換句話說，傳輸時的頻道會在收發雙方節點都知道的範圍間，利用虛擬亂碼做任意變動。

跳頻展頻技術的好處也是保密能力加強，因為傳輸時竊聽者無從得知下一個傳輸的頻道為何。另外跳頻展頻技術也有一項優點，就是可以讓許多網路共存在一個實體區域中。

(三) IEEE 802.11a

IEEE 802.11a 所使用傳輸技術是正交頻率切割多工技術（Orthogonal Frequency Division Multiplexing，簡稱 OFDM）而不是展頻技術，這是因為 OFDM 能更有效隔離干擾。此外，OFDM 的頻率多工能力能達到更高速的傳輸效能，可依所使用調變技術不同，傳輸速率可由 6Mbps 至最高 54Mbps。

不過 OFDM 的缺點是必須使用較大的頻寬，約 5GHz 頻帶，因此不適用在目前無線傳輸標準範圍 2.4G 頻帶，要使用此頻帶必須申請，但不是每個國家都有開放，故目前支援此規格的無線通訊設備尚嫌少數。

(四) IEEE 802.11b

IEEE 802.11b 是使用高速直接序列展頻（HR/DSSS）的傳輸技術，利用目前無線傳輸標準範圍，依所使用調變技術不同，傳輸速率可分成 1Mbps、2Mbps、5.5 Mbps 及 11Mbps 四種。

5-4-3 行動電話無線傳輸系統

無線傳輸技術真正落實在一般日常生活最成功的案例無非就是行動電話，行動電話的成長特別在西元 2000 年後可說是一日千里，不僅手機數量大幅成長（以台灣來說目前已達到人手一機的境界），

第 5 章 區域網路之元件及連線

通話品質和服務內容也不遑多讓。本節針對行動電話無線傳輸系統：GSM、GPRS、CAM 及 WAP 做一簡單探討。

(一) GSM

GSM（Global System for Mobile Communication，全球行動通訊系統）是歐洲電信標準協會（European Telecommunications Standard Institute，ETSI）於 1990 年底所制訂數位行動網路傳輸技術，主要內容是說明如何將類比語音訊號轉換成數位訊號，並由無線電波傳輸出去。目前 GSM 可應用在三個頻帶上，包括 900MHz、1800 MHz 及 1900MHz。

以 GSM 技術所建構的傳輸網路系統屬於分時多工存取（TDMA）系統，採蜂巢式細胞概念來建構其通訊系統。所謂蜂巢式細胞概念主要訴求在於，以多個小功率發射機的基地台，取代一個高功率發射機的基地台（base station）。GSM 系統中，每一小覆蓋面積的基地台都配置部分頻譜，且鄰近基地台所配置的頻譜均不相同以避免同頻干擾。

在 GSM 系統中，訊號傳輸方式和傳統電話一樣，屬於電路交換（circuit switch）資訊傳輸技術，這個技術主要特色是一旦傳輸雙方建立傳輸通道後，傳輸通道會一直佔據直到雙方決定終止傳輸為止。就就像講電話一樣，除非通話雙方將電話掛斷，否則會一直佔線，別人也無法打進來。

GSM 的傳輸速率相當慢，僅有 9.6Kbps，實不符合寬頻傳輸的需求，所以有更新傳輸技術不斷地提出。

(二) CDMA

CDMA（Code-Division Multiple Access，分碼多重擷取系統）是一套最新的行動電話通訊技術，由美商 QUALCOMM 首先開發出來，與目前大多數人熟知的 GSM 相比，CDMA 的傳送數據資料的速度要快上許多，因為 CDMA 利用直接序列展頻技術，將原本 9.6 Kbps 的語音或數據資料，利用微處理器，在 1.25MHz 的頻寬上將各種不同代碼彼此堆疊起來，用數位方式保密地大量傳送，並再依據對方機制還原成 9.6Kbps 的語音或數據資料。

(三) WAP

WAP（Wireless Application Protocol，無線應用通訊協定）是一種開放的標準無線應用通訊協定，主要是為 GSM 與其它無線終端裝置提供無線通訊與資訊服務，未來將成為行動通訊與行動多媒體的通用平台。WAP 網站使用 WML 標記式語法，可以說是個人電腦上面網路瀏覽器中所用的超文件標示語言（HTML，詳見第六章說明）語法。

利用 WAP，消費者可以直接透過行動電話，從加值服務業取得網路資訊以及行動電話相關服務。閱讀新聞、網路購物、訂票等服務，都可以在行動電話上完成。

WAP 的基本原理，是利用行動電話的無線網路傳到手機上讀取簡化後的網站內容，雖然 WAP 可以支援 HTML，但 WAP 還是使用 WML(Wireless Markup Language)，使其可以利用輕薄短小的手機螢幕取代電腦螢幕，成為具有互動性質的工具。

WAP1.2 的版本已於 2000 年初公佈，WAP 論壇也公佈了所有無線網路的全球無線通訊協定規格，未來，消費者可以透過 WAP 獲得行動電話製造商、資訊內容供應商、網路業者、應用軟體開發業者等的服務。

(四) GPRS

GPRS（General Packet Radio Service）是基於現有的GSM架構，所開發出比GSM更高傳輸效率之傳輸技術，其主要差異是GPRS使用的是封包交換（packet switch）技術而GSM使用電路交換技術，這個技術主要特色是將傳輸資料切割成許多小封包，每個封包都記錄其目的端之傳輸位址，一旦傳輸建立後，傳輸端會不斷地把封包丟到目前可供傳輸頻道傳輸出去，如此一來每個頻道都不會閒置下來，達到充分利用所有頻寬功用，大幅提昇傳輸效能。

(五) GPS

GPS（Global Positioning System，全球衛星定位系統）由美國國防部研發利用衛星做精密定位的技術，現在共有24顆衛星以11小時58分的週期環繞地球運轉，每顆衛星都對地表發射涵蓋本身載軌道面的座標、運行時間的無線電訊號，地面的接收單位可依據這些資料做為定位、導航、地標等精密測量。GPS 定位系統是利用衛星基本三角定位原理，GPS 接受裝置以量測無線電信號的傳輸時間來量測距離。由每顆衛星的所在位置，測量每顆衛星至接受器間距離，即可算出接受器所在位置之三維空間座標值。使用者只要利用接受裝置接收到 3 個衛星信號，就可以定出使用者所在之位置。一般的GPS都是利用接受裝置接收到4個以上衛星信號，來定出使用者所在之位置及高度。如今，GPS 用戶端接收器體積不斷縮小，價格不斷降低，單機的接收精準度也愈來愈高，使其逐漸出現在汽車行動電腦、手機、PDA 及筆記型電腦。

5-4-4 藍芽技術

藍芽（Bluetooth）簡單說就是一種結合通訊與資訊業，發展以無線電為傳輸工具的技術，目的在消除電子、電腦通訊設備因接頭及通訊規格不統一所造成彼此溝通上的限制，並加以整合。由於它採取開放式平台，只要是採用藍芽技術的產品，不論是手機、PDA、傳真機、列印機、汽車、電視……等等，皆可透過藍芽的無線傳輸自由地互相溝通，改善通訊業每個廠商各擁專利為重的缺點。

目前開發藍芽技術的產商均把藍芽整合在單顆晶片，稱為藍芽晶片。藍芽晶片的運作原理是在 2.45 GHz 的頻帶上傳輸，除了資料外，也可以傳輸聲音。每個藍芽技術連接裝置都具有根據 IEEE 802 標準所制定的 48-bit 地址，可以一對一或一對多來連接，傳輸範圍最遠在 10 公尺。藍芽技術不但傳輸量大，每秒鐘高達 1MB，同時可以設定加密保護，每分鐘變換頻率一千六百次，因而很難被竊聽，也不受電磁波干擾。

藍芽符合以下三個領域之短距離無線連結的需求：

(1) 網路存取設備（Data / Voice Access Point）：藍芽使得即時語音及資料傳輸更為便利。這個技術使得任何可攜帶式裝置和固定式通訊裝置間的連接就像切換電源開關一樣的容易。

(2) 電纜線的取代（Cable Replacement）：藍芽消除任何一種通訊裝置在連接時對眾多電纜線的需求、裝置間的連接是瞬間的且為持續性的，甚至當裝置不在視力線上時仍然能保持連結，不受地形、地物的影響，每個無線電範圍大約 10 公尺，但它也能利用放大器來擴展它的範圍到１００公尺。

第 5 章 區域網路之元件及連線

(3)個人隨意網路（Personal Ad-Hoc Network）：當一個配備藍芽無線電裝置進入另一個具有相同配備之裝置的範圍時，這兩個裝置便能很快地建立連結，由於藍芽提供一對一及一對多的連結，因此可建立數個微網並且可相互連結在一起成為 Ad-hoc (註) 網路。

何謂 Ad-hoc？(註)

目前一種無線區域網路應用架構模式之一，一群電腦接上無線網路卡，即可相互連接，資源共享，無需透過專屬無線網路存取點。

藍芽科技在傳輸方面的好處就是：它能夠允許兩個裝置，在不排成一直線的狀態下，還能夠以無線的方式傳輸資料。不像紅外線傳輸必須將兩個傳輸埠對成一直線才有辦法傳輸資料。藍芽傳輸甚至可無視於牆壁、口袋、或公事皮包的存在而可以順利進行，加上藍芽傳輸速率比紅外線傳輸還要快，每秒鐘可高達 1MB，所以在可預見之未來，藍芽傳輸科技愈來愈普及。

5-5 結論

區域網路上常見的元件，除了工作站和傳輸媒介之外，還有一些加強網路傳輸的設備或連接不同網路的設備，包括網路卡、訊號加強器、集線器、橋接器、交換器、路由器等。

訊號加強器功能便是將網路傳輸訊號放大後再轉發出去，以避免訊號失真。集線器主要是應用在星狀拓樸網路中，扮演連接電腦裝置或重新建立訊號的裝置，同時也可加強傳輸訊號或分析傳輸訊號。交換器作用功能和集線器是一樣的，但比集線器更能有效利用頻寬。橋接器功能是決定是否讓來自另一個連接端的網路資料封包通過至另一個連接端網路上。路由器網路層上連接不同網路所用的硬體與軟體，路由器與橋接器的功能類似，藉著將許多較小的網路連結在一起，以便有效擴充網路。路由器可以連接使用不同網際網路通訊協定和傳輸方法的區域網路。

　　目前常見的區域網路規格包括乙太網路（Ethernet）、權杖環網路（Token Ring）、光纖網路（FDDI）及無線（Wireless）區域通訊網路。其中乙太網路使用CSMA/CD媒體存取技術，傳輸介質包括細同軸電纜、粗同軸電纜、雙絞線和光纖等，由於實做簡單價格低廉，已成為目前最廣泛使用的區域網路。權杖環網路是由IBM所發展，並廣泛應用在IBM整合性產品，以目前IBM在市場的佔有率仍是相當高情況下，權杖環網路仍將持續佔有一席之地。光纖網路由於寬頻傳輸需求日益殷切，且光纖具有高頻寬、高傳輸品質之優勢，是骨幹網路不二人選，但因成本高安裝困難，目前使用普遍性仍待相關技術克服後方能向上提昇。無線區域通訊網路規格包括IEEE 802.11、GSM/GPS及藍芽技術等，由於其機動能力強隨時隨地都可上網，已是未來網路發展最熱門的產品。

　　由於傳統乙太網路只有10Mbps頻寬，對於寬頻多媒體需求而言略嫌不足，有鑑於此，目前已有許多高速網路替代方案被提出，包括快速乙太網路（Fast Ethernet）、十億位元乙太網路（Gigabit Ethernet）、非同步傳輸模式（ATM）網路等，其中又以快速乙太網路發展最為成熟。

重點摘要

1. 網路卡依照連線速度可分 10Mbps、100Mbps 及 1000Mbps 三種等級，依照連接介面可以分成 ISA 介面、PCI 介面、PCMCIA 介面和 USB 介面等種類。

2. 集線交換器其作用功能和集線器是一樣的，都是將不同區域網路和區域網路連接起來。

3. 橋接器主要功能在決定是否讓來自另一個連接端的網路資料封包通過至另一個連接端網路上。

4. 路由器的功能是負責接收網路上傳輸的封包，檢查訊息中包含的目標位址碼，依照被傳輸封包的大小和急緩，為它選擇最佳路徑，把封包傳輸到指定地點。

5. 乙太網路基本特性：(1)採用匯流排架構，(2)傳輸速率為 10 Mbps，(3)傳輸最長距離為 2.5 公里，(4)為廣播式（broadcast）網路，也就是一旦資料開始流通在網路上，所有節點都可收到資料，(5)使用的媒體存取技術為 CSMA/CD（載波感應多重存取碰撞檢測法）。

6. 10Base5 乙太網路是使用粗同軸電纜為傳輸介質，而使用細同軸電纜（RG58 或 RG-59A/U）為傳輸介質的稱為 10Base2 乙太網路，雙絞線電纜則使用光纖傳輸的乙太網路稱為 10BaseF。

7. 乙太網路的優點，包括成本低、速度不慢，架設容易，且相容產品眾多，技術已相當成熟，管理和擴充都相當容易。

8. 權杖環網路，主要應用在區域網路架構搭配 IBM 其他電腦主機使用。
權杖環網路基本特性：
(1)採用環形拓樸架構或星形和環形混合。
(2)傳輸速率為 4 Mbps 或 16Mbps。
(3)使用的通訊協定為權杖傳遞（token passing）網路。

9. FDDI（Fiber Distributed Data Interface，光纖分散資料介面）是一個使用光纖為傳輸介質，以權杖傳輸技術為主之網路架構，主要使用在主幹傳輸上。

10. FDDI 傳輸速率為 100Mbps，採用分離式雙環狀網路架構，可分成主環和次環，主環和次環是互為相反方向，故 FDDI 具有斷線自動轉接功能。

11. ARCnet 是當類似權杖環網路的網路架構，但因速率慢、擴充不易等缺失，使用編號為 RG-62，阻抗為 90 歐姆的同軸電纜線為傳輸媒體。
12. 快速乙太網路主要特點是將乙太網路的傳輸速率由 10 Mbps 提昇至 100 Mbps 而同時又保有原乙太網路的配線系統、實體層通訊協定及訊框格式。
13. 快速乙太網路依傳輸媒介的不同又可分為三種規格，分別是 100BaseTX、100BaseT4 及 100BaseFX。
14. 十億位元乙太網路又稱為超高速乙太網路或 1000Mbps 乙太網路，主要特點是將乙太網路的傳輸速率由 10 Mbps 提昇至 1000Mbps。十億位元乙太網路依傳輸媒介的不同又可分為四種規格，分別是 1000BaseSX、1000BaseLX 及 1000BaseCX 及 1000BassT。
15. ATM 網路的架構是以交換機為主體，每一個交換機有若干個輸入輸出埠，也可以相連而形成較大的網路甚至至廣域網路。
16. 在標準 IEEE 802.11 中定義的實體層包括兩種不同的射頻通訊調變方法，分別為直接序列展頻技術及跳頻展頻技術。
17. IEEE 802.11a 所使用傳輸技術是正交頻率切割多工技術，傳輸速率可由 6Mbps 至最高 54Mbps。而 IEEE 802.11b 是使用高速直接序列展頻（HR/DSSS）的傳輸技術。
18. GSM 可應用在三個頻帶上，包括 900MHz、1800 MHz 及 1900MHz。而 GPRS 是基於現有的 GSM 架構，其主要差異是 GPRS 使用的是封包交換技術而 GSM 使用電路交換技術。
19. CDMA 利用直接序列展頻技術，微處理器在 1.25MHz 的頻寬上將各種不同代碼彼此堆疊起來，用數位方式保密地大量傳輸。
20. WAP（無線應用通訊協定）主要是為 GSM 與其它無線終端裝置提供無線通訊與資訊服務。
21. 目前開發藍芽技術的產商均把藍芽整合在單顆晶片，稱為藍芽晶片。藍芽晶片的運作原理是在 2.45 GHz 的頻帶上傳輸資料、聲音。

習題 Practice

一、是非題

( ) 1. 中繼器主要是應用在星狀拓樸網路中，扮演連接電腦裝置或重新建立訊號的裝置。

( ) 2. 集線器種類中，不重新產生信號也不放大信號是被動式集線器。

( ) 3. 集線交換器比集線器更能有效利用網路頻寬，提昇傳輸效能。

( ) 4. 主要連接兩個使用相同通訊協定網路的設備是橋接器。

( ) 5. 閘道是網際網路中進入其他區域網路的入口，主要用來連接兩個異質網路。

( ) 6. 10Base2 乙太網路是使用粗同軸電纜為傳輸介質，由於這是乙太網路最早出現的產品，因此又被稱為標準乙太網路。

( ) 7. 10BaseT 乙太網路是使用光纖為傳輸介質。

( ) 8. LocalTalk 使用的 MAC 技術是 CSMA/CD。

( ) 9. 權杖環網路同樣有 IEEE 標準規範，其屬於 IEEE 802.4 標準。

( ) 10. 目前 FDDI 已有第二代規格，稱為 FDDI-II，主要差別是 FDDI-II 提供 FDDI 所沒有的等時（isochronous）傳輸服務。

( ) 11. FDDI 的優點是傳輸速率快、傳輸距離遠，故適合使用在主幹上。

( ) 12. 要架設 100BaseT 的網路除了網路卡與線材需符合要求外，另外還要使用 100M 的集線器或交換器，才能完全發揮傳輸效能。

( ) 13. IEEE 802.3z 任務小組主要是推動無線網路傳輸標準的制定。

( ) 14. 乙太網路、權杖環網路或高速乙太網路，都是採取頻寬共享式網路。

( ) 15. 跳頻展頻技術是利用一個很寬的頻帶，將其分割成好幾個頻道，然後把資料分送到不同頻道送出，而且每次傳輸資料所使用的頻道都不一樣。

( ) 16. GSM 使用的是封包交換技術而 GPRS 是使用電路交換技術。

( ) 17. 藍芽技術傳輸量比起紅外線來得小，但好處是可以設定加密保護。

二、選擇題

(   ) 1. 下列何者不是集線器特性？　(A)在現行區域網路架構中，集線器可說是使用最為普遍的設備　(B)集線器目前有10M/100M混合式產品　(C)集線器擁有網路訊號分析功能　(D)集線器不具有擴接功能。

(   ) 2. 下列何者不是集線交換器特性？　(A)集線交換器比集線器更能有效利用頻寬　(B)集線交換器不容許不同速率網路共存　(C)集線交換器擁有網路流量監控功能　(D)集線交換器比集線器更昂貴。

(   ) 3. 下列何者為傳輸數位訊號最理想的媒介？
(A)光纖　(B)雙絞線　(C)同軸電纜。

(   ) 4. 有關路由器和橋接器之比較，下列何者有誤？　(A)路由器通常比橋接器昂貴　(B)路由器比橋接器更能有效管理網路頻寬　(C)當兩邊網路橋接器使用指定的封包大小，橋接器工作得最有效率　(D)使用路由器無法過濾廣播封包。

(   ) 5. 100BaseTX所使用的傳輸介質是　(A)光纖　(B)同軸電纜　(C)CAT4等級以下雙絞線　(C)CAT5等級以上雙絞線。

(   ) 6. 1000BaseLX所使用的傳輸介質是　(A)光纖　(B)同軸電纜　(C)CAT4等級以下雙絞線　(D)CAT5等級以上雙絞線。

(   ) 7. 快速乙太網路又依傳輸媒介的不同又可分為三種規格，下列何者不是？　(A)100BaseTX　(B)100BaseT4　(C)100BaseFX　(D)100BaseGX。

(   ) 8. 下列何者網路架構是採用累加型頻寬傳輸模式？
(A)ATM　(B)GSM　(C)Token-Ring　(D)Apple Talk。

(   ) 9. 下列何者網路架構是採用連線導向（connection-oriented）網路模式？(A)ATM　(B)Enthernet　(C)Token-Ring　(D)Apple Talk。

(   ) 10. ATM提供四種不同的服務方式，下列何者不是？
(A)固定位元速率（constant bit rate，CBR）　(B)可變位元速率（variable bit rate，VBR）　(C)全力傳輸位元速率（full bit rate，FBR）　(D)剩餘位元速率（avaliable bit rate，ABR）。

(　　) 11. 下列何者不是藍芽科技在傳輸方面的好處？
(A)允許兩個裝置，在不排成一直線的狀態下，還能夠以無線的方式傳輸資料　(B)藍芽提供一對一及一對多的連結，因此可建立數個微網並且可相互連結在一起成為 Ad hoc 網路　(C)目前藍芽科技除了可傳輸數位資料外，尚無法傳輸聲音資料　(D)只要是採用藍芽技術的產品，皆可透過藍芽的無線傳輸自由地互相溝通。

三、問答題

1. 區域網路上常見的設備有哪些？請簡單敘述各設備特性和作用。

2. 常見乙太網路可分成 10Base2、10Base5、10BaseT，試述其差異。

3. 試寫出 CSMA/CD 的工作原理。

4. 簡述 FDDI 基本架構和工作原理。

5.試寫出權杖環網路的工作原理。

6.何謂展頻（spread spectrum）技術？

7.常見行動電話無線傳輸系統有哪些？

8.何謂藍芽技術？

Chapter 6

第6章 區域網路作業系統

學習目標

1. 瞭解網路作業系統及網路作業系統基本功能架構。
2. 瞭解各種網路資源,如伺服器、工作站。
3. 瞭解如何設定網路作業系統及管理相關資源。
4. 瞭解各種網路作業系統公用程式。
5. 瞭解目前市面上有哪些網路作業系統產品。

Computer Network

6-1 簡介

在早期網路尚未蓬勃發展的年代，使用網路是大型電腦才有的福利和功能，所以以個人電腦為主的家用市場，鮮少有支援個人電腦的網路設備，即使有也是相當昂貴，也不是一般使用者可以負擔。所以當時家用電腦的作業系統，多是以單機為主，如早期微軟的MS DOS，這曾是在個人電腦史上使用最廣泛的單機作業系統，並沒有網路設備管理的功能。

但隨著網路使用愈來愈普及，相關硬體也愈來愈便宜，個人電腦擴增區域網路的功能已經愈來愈平價化，到了西元兩千年後，標準電腦規格都已把網路功能當成基本配備。由於網路硬體環境已經相當成熟，不支援網路作業環境的單機作業系統已經不符合要求，因此許多作業系統開發廠商，如微軟、IBM、NOVELL或蘋果電腦等都陸續推出新功能網路作業系統，以微軟來說就是WINDOWS NT系列視窗作業系統，其中包括WINDOWS NT/2000/XP系列，IBM則是OS/2，NOVELL則是NETWARE，而蘋果則是MAC OS7，此外還有各種版本的UNIX，直到目前為止，任何最新個人電腦作業系統都一定包含網路連線功能。

有鑑於此，學習網路作業系統操作及設定可說是網路管理人員必備基本知識，甚至一般使用者對於網路作業系統操作基本概念也必須加強瞭解。

6-2 網路作業系統的概念

6-2-1 作業系統

在真正進入網路作業系統討論前，讓我們先瞭解一下什麼是作業系統。作業系統是由一群系統軟體所組合而成，這些系統軟體主要功能是管理目前電腦上所有可供使用的資源（resource），這些資源包括：硬體設備、資料管理、使用者應用程式、記憶體管理等四種。

(1) **硬體設備**：作業系統能讓電腦與週邊設備溝通並交換資料，如印表機或滑鼠。

(2) **資料管理**：作業系統管理儲存在硬碟與其他大量儲存設備裡的檔案（如光碟或記憶卡）。作業系統能讓應用程式創造及打開檔案，在不同設備之間彼此轉換資料、以及檔案管理工作的執行，如複製、重新命名與刪除。

(3) **使用者應用程式**：作業系統提供一種啟動行程的機制，同時管理使用者應用程式啟動、執行和關閉，如執行 Word、PowerPoint 等應用程式。

(4) **記憶體管理**：作業系統必須配置記憶體給每個應用程式，且保證不會影響到已經被其他應用程式所使用的記憶體。對某些高等的作業系統而言，尚支援虛擬記憶體（virtual memory）功能。

　　作業系統最大目的就是提供使用者一套標準且安全的方式來存取可供使用的資源，此稱為使用者介面（User interface，簡稱 UI）。一般介面可分成兩種，一種是以命令列輸入方式（Command line），如 MS-DOS。另一種是透過圖形導向使用方式（Graphic User Interface，簡稱 GUI），如 WINDOWS 95/98 作業系統。使用者是透過介面去存取相關資源，例如使用者想要印表，便可透過作業系統所提供印表管理功能介面程式列印報表，使用者毋須考慮目前安裝了什麼印表機或擔心不同廠牌印表機是否有操作程序的差異，因為透過作業系統管理操作方式對所有印表機都是一致的，如圖 6-1 所示。

圖 6-1　作業系統

6-2-2 網路作業系統

　　上一節所講解的作業系統觀念及功能架構，是集中在單機情況，也就是所有的資源均集中在單一電腦上，比較單純也較好管理。倘若單機電腦連上網路，很多事情即將改變。例如透過網路，我們可以去存取別人電腦上的資源（如檔案、印表機等），別人也可透過網路來存取我們個人電腦，如此一來很多可供使用的資源將會因為連上網路後大幅增加，但這些資源卻不是原本連接在該電腦上面的，是因為連通網路後才擁有的，因此使用這些資源的方式和方法會和單機情況是不太一樣，變得更為複雜且更須注意資料安全管理。所以網路作業系統除了原本單機作業系統功能外，額外增加網路資源管理能力。

　　一個好的網路作業系統，其功能包括：

(1) **讓電腦在網路上運作**：簡單地說就是一旦單機電腦連上網路，網路作業系統必須快速且正確辨識該台電腦，並提供適合權限予以管理，讓該電腦扮演正確的網路角色，如是伺服器還是工作站。

(2) **提供網路上電腦基本服務**：一個網路可能有數以百計的電腦，每個電腦都有對應的角色和權限，網路作業系統必須協調不同網路設備的活動，如連線管理、頻寬管理等、以確保其運作正常順暢。同時網路作業系統提供每個上線使用者基本系統服務，如網路資源使用排程及權限管理，確保資料與設備的安全性。

(3) **與其他作業系統整合能力**：不同網路可能使用不同網路作業系統，為了串連這些網路，網路作業系統必須提供標準通訊協定或程式介面。

(4) **支援應用程式之間溝通的機制**：網路作業系統必須支援各種網路應用程式通訊協定等運作機制，例如分散式介面處理架構，能讓許多電腦透過網路共同執行單一工作的應用程式，如數學運算、網路遊戲等。

(5) **具容錯性質及資料安全性**：網路作業系統必須有高度容錯能力，同時兼備資料安全等特性。如果網路作業系統偵測到某些系統資源錯誤，必須能馬上發出警訊通知管理人員。

6-2-3 網路資源

由於網路作業環境比起單機系統作業環境要複雜許多，也多了很多使用觀念是單機作業系統所沒有的，所以在使用網路作業系統必須先瞭解網路資源及相關資訊。有關網路資源包括伺服器、工作站、網路設備和共享週邊裝置，相關資訊是單機作業系統所沒有的使用觀念包括使用者登入/登出，群組和權限及網路流量等。

(一) 伺服器

伺服器（server）在網路上扮演角色便是提供服務的電腦，這裡所謂的服務可以是軟體也可以是硬體，在硬體方面例如提供磁碟空間供網路使用者存取，稱為檔案伺服器。連接網路印表機並管理使用者列印排程工作，稱為印表機伺服器。在軟體方面則有提供收發電子郵件的電子郵件伺服器、提供全球資訊網服務（WWW）的WWW伺服器甚至現在最熱門的線上遊戲伺服器等。

由於伺服器提供服務給所有網路用戶，所以大部分時間伺服器都處於忙碌狀態，所以網路作業系統也必須隨時監控伺服器使用狀態，如果發生超載(註)現象可能必須先暫時終止新使用者提出的需求，直到伺服器回復正常使用狀態為止。

接下來討論幾種常見伺服器類型，包括檔案伺服器（File server）、印表機伺服器（Printer server）及應用程式伺服器（Application server）。

> **超載**(註)
> 伺服器超載（overload）簡單說就是因連線人數過多，提出服務需求數量超出伺服器處理能力，造成回應速度緩慢作業停滯之現象。

1. 檔案伺服器

　　檔案伺服器可說是網路作業系統最典型的伺服器。一般而言檔案伺服器最主要的功能便是提供一個很大的磁碟空間（通常都是10G以上），讓網路使用者做資料檔案儲存或彼此交換。

　　對於標準檔案伺服器而言，磁碟存取速度是相當重要的，由於網路使用者相當多，特別是多達上千人以上之系統，若檔案伺服器存取速度不夠快，則容易造成伺服器因資料存取不及而影響速度，造成瓶頸，所以一般檔案伺服器都會採用高I/O傳輸頻寬之磁碟陣列(註)。同時，網路作業系統在管理檔案伺服器時均採用效能保護策略，當單位時間內使用人數過多或檔案開啟讀取數量或傳輸資料量到達某個上限時，伺服器便不再接受服務，直到有別的讀取需求完成空出來為止，以維持一定的效能，如圖6-2所示。

磁碟陣列 (註)

　　磁碟陣列從使用者的角度看來，可視為單一邏輯部分的一組物理磁碟驅動器，使用者的資料以一定的方式分散儲存在這組物理磁碟上。在這個陣列中通常有一定的備援儲存空間，以便一個或少數幾個磁碟失效時仍然能恢復使用者的資料。

　　磁碟陣列不僅是在同一步電腦或伺服器上設置多部磁碟機，更運用電腦內部中央處理器、記憶體、作業系統、軟體資源對硬碟做最佳管理。例如，平行處理和容錯功能都是磁碟陣列的實際應用。

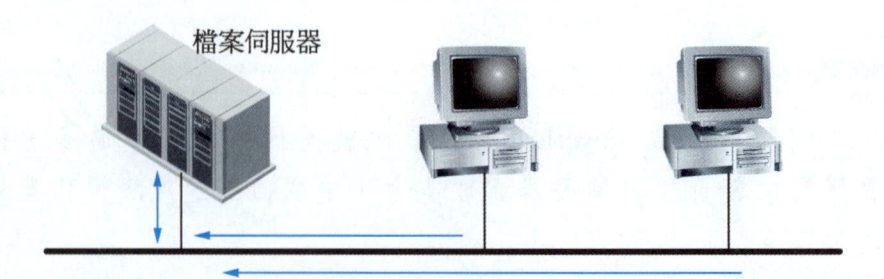

圖 6-2　檔案伺服器

檔案伺服器除了提供磁碟空間供使用者存取外，尚有其他重要功能，包括：

⑴ 檔案權限管理

所有放在伺服器的檔案內容接屬於該檔案使用者所擁有，也就是說當使用者把他的資料檔案拷貝至伺服器內，則該檔案爾後之所有使用權便歸該使用者控管，不論是刪除或修改都必須由該檔案擁有者方能執行。其他使用者必須經過檔案擁有者的允許才能對該檔案做相對之操作，這種檔案保護權限管理稱為單一授權。檔案一經授權，就必須確實遵守授權保管原則，而這正也是檔案伺服器最重要之工作。

一旦有人意圖入侵非法授權的檔案，檔案伺服器必須發現並且制止，否則一旦權限控管遭人破壞，機密文件任人觀視或搬移，後果則不堪設想。

⑵ 檔案維護管理

由於伺服器一般都是二十四小時不斷運作，很難擔保不會出狀況，如果遇到不正常的機械故障如電源不穩或磁碟損壞，這可能會破壞原本網路使用者檔案內容或結構。此時檔案伺服器需隨時監控系統執行是否有異常。這類監視程式必須配合硬體一起運作，如不斷電系統（UPS）、磁碟陣列控制器等。

2. 印表機伺服器

印表機伺服器主要功能便是管理網路印表機，並提供網路使用者共享印表機之服務。通常印表機伺服器可同時安裝連接多台印表機。

網路作業系統透過印表機排班管理程式來管理印表機伺服器，網路使用者若要透過該印表機伺服列印文件，則必須先把文件檔案透過網路傳輸到該印表機伺服器之列印序列（Printing queue），列印序列的排班原則通常是採用先來先服務（FIFO，First-In First-Out）方式，所以先送達的文件會先列印出去。

由於列印的文件本身為檔案，同樣地在網路使用上具有私人性質，故印表機伺服器同檔案伺服器都必須有權限管理和保護能力，避免列印檔案遭人破壞。例如正在列印的檔案只有該檔案的擁有者才有權力決定是否中斷列印或停止列印，如圖 6-3 所示。

印表機伺服器

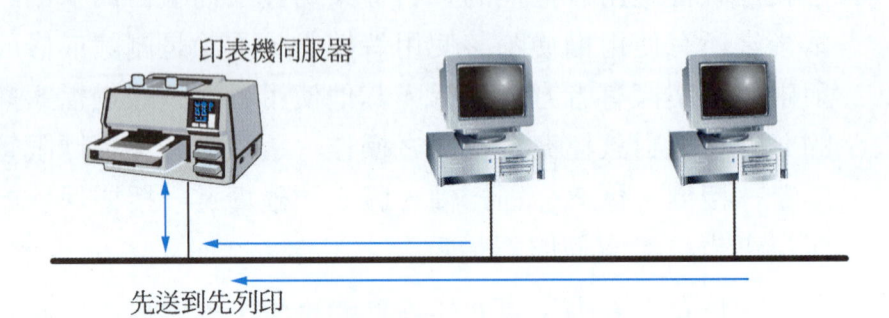

先送到先列印

圖 6-3　印表機伺服器

3. 應用程式伺服器

應用程式伺服器主要功能是提供網路使用者執行特定應用程式，如資料庫處理軟體、遊戲軟體或電子郵件軟體。網路作業系統必須提供完善通訊介面供應用程式開發者使用，使其開發軟體能快速有效率執行，如圖 6-4 所示。

應用程式伺服器

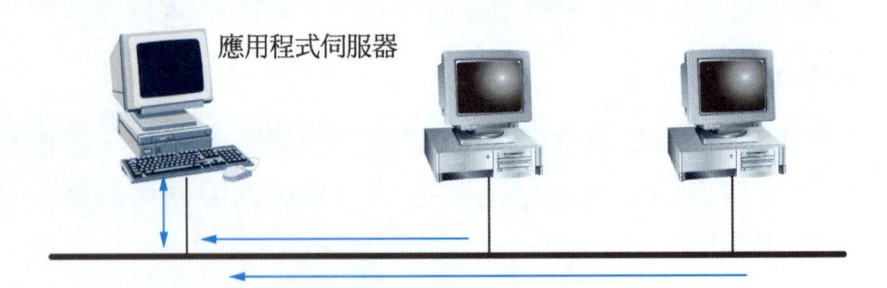

圖 6-4　應用程式伺服器

(二) 工作站

相對於伺服器，只要連接於網路上其他非伺服器的電腦的均可稱為工作站。工作站顧名思義就是提供一般使用者工作的電腦，也有人稱為客戶端或用戶端（client）。

工作站可以很簡單也可以很複雜，最簡單的工作站只須提供螢幕和鍵盤供使用者操作，其餘程式執行均可透過網路連線至主伺服器進行，執行完畢再透過網路傳回工作站顯示結果。在這種運作模式下工作站只需負責接受使用者輸入和顯示執行結果，故此類工作站也稱之為網路終端機（terminal）。由於網路終端機沒有硬碟和專屬處理器，所以所有的資料存取和運算都必須透過遠端伺服器進行，此種架構稱為集中式處理（Host processing），如圖 6-5 所示。

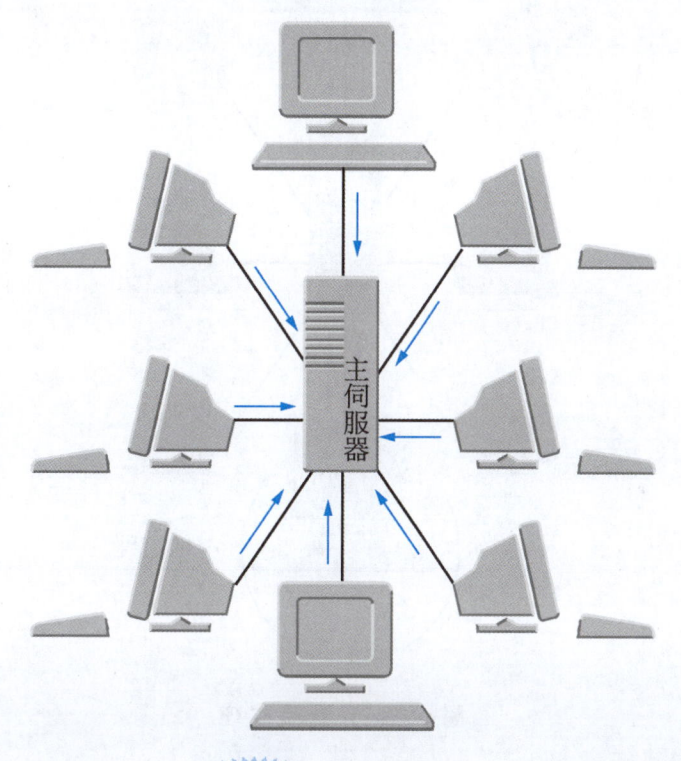

圖 6-5 集中式處理

複雜的工作站其實就是一般常見的電腦，平常沒連線時可當個人電腦使用，需要網路連線作業時再透過網路程式連結。由於個人電腦本身都包含 CPU 和硬碟，故許多運算執行和資料處理都可以就地取材，無須完全透過遠端伺服器。故在這種運作模式下工作站本身可以協助伺服器負擔一些程式執行工作，典型應用如資料庫處理程式，工作站從資料庫伺服器取得資料紀錄後，使用者可在自己電腦針對這些擷取下來的資料紀錄執行特定功能（如運算、排序等），執行完畢再將結果傳回伺服器儲存，如此一來伺服器因負擔變得較小，執行速度更快便可服務更多客戶。此架構稱為分散式處理（Distributed processing），如圖6-6所示。

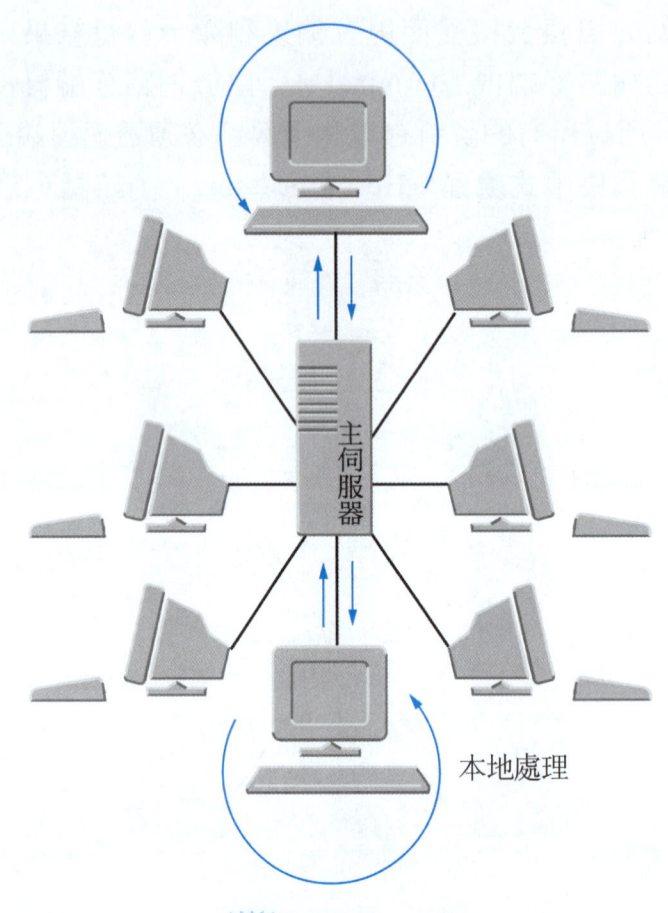

本地處理

圖 6-6　分散式處理

既然伺服器與一般工作站都是電腦，那兩者的分別到底在哪裡呢？其實隨著電腦及相關週邊價格不斷下滑，兩者的差異性可說是愈來愈小，原本專為伺服器設計的特殊產品，如磁碟陣列現今均可應用在個人電腦上，現今許多工作站配備要求早已可以跨越至伺服器等級。但若真要比較出伺服器與工作站的差別，最重要的差別乃伺服器需提供比工作站更穩定的使用環境，主要原因是伺服器通常是二十四小時全年無休運轉，裡面所用的元件如記憶體、硬碟都必須有更高的測試品質，否則一旦當機勢必引發網路使用者不便及麻煩，不像一般個人工作站當機大不了重開機即可。這也正是伺服器電腦比起工作站級電腦要昂貴許多的原因。

表 6-1 說明伺服器和工作站基本差異。

表 6-1 伺服器和工作站基本差異

	伺服器	工作站
系統穩定度	要求極高	普通
I/O 速度	快	普通
磁碟陣列設計	需要	不一定需要
系統容錯設計	需要	不一定需要
資料備份功能	需要	不一定需要
記憶體需求	愈大愈好	視個人工作需要
硬體擴充能力	愈大愈好	普通

(三) 網路設備

　　網路設備主要包括數據機、網路卡、中繼器、集線器、集線交換器、路由器或橋接器（請回顧第五章），這些設備主要目的是擴充網路使用能力。網路作業系統必須知道這些設備使用特質及使用狀態，以便規劃目前最佳網路使用環境。

(四) 共享週邊裝置

　　共享週邊裝置泛指的是一般可連接電腦週邊裝置，如印表機、繪圖機或掃瞄機等。這類的管理主要焦點在於若同時有多位使用者要使用同一裝置時，由於同一時間這些週邊裝置只能服務一位使用者的需求，所以作業系統必須統一仲裁，即當有一位使用者正在使用某個週邊裝置時，其他也想要使用該週邊裝置的使用者必須先退到一旁等候，否則會引發錯亂的輸出結果。網路作業系統必須管理這些裝置的使用排程，例如先來先服務等管理策略，才不會造成多人同時共用一週邊裝置時所引發的互斥問題。

(五) 使用者登入/登出

　　使用者是使用網路作業系統的基本對象，任何使用網路的使用者都必須經過網路作業系統的驗證確保是否為合法使用，這程序稱為登入（login），一般而言使用者在獲准使用網路前網路管理人員會提供一組帳號及密碼，使用者登入時只要打入該帳號及密碼確認無誤方可使用。

相對於登入，使用者在使用網路資源後確定不再連線時，應該釋放自己先前佔據網路資源，此程序稱為登出（logout）。登出的目的主要是告訴網路作業系統你已經離開，如此一來作業系統就不要再監控使用者可能提出需求及相關控管活動，這樣可以減輕網路負擔，提升作業效率。

若是使用單機作業系統，如早期的MS-DOS，不需要經過使用者登入/登出的手續。但使用這種作業系統的電腦就沒有安全機密性可言，任何人只要能開機都可使用。

(六) 使用者群組及權限

網路作業系統最大的工作便是管理使用者，特別在人數龐大且資源有限的時候，有效的管理方式可以增加網路管理的效率，並提供較優質使用環境。由於一般的公司團體都有群組編制特性，如一個公司有人事部門、業務部門、研發部門或會計部門等，每個部門再細分成不同的科或組，然後才是最終的使用者。所以在規劃網路使用者時也大都遵循此群組特性，不僅符合人性管理也方便未來的調整。

規劃群組

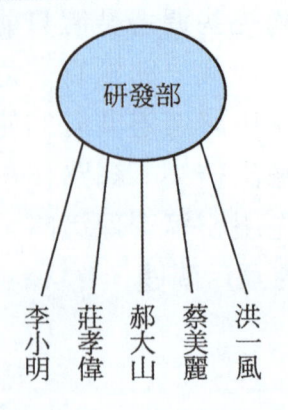

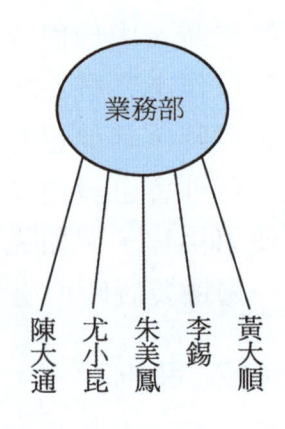

研發部：李小明、莊孝偉、郝大山、蔡美麗、洪一風

業務部：陳大通、尤小昆、朱美鳳、李錫、黃大順

使用者權限表

所屬部門	研　發　部					業　務　部				
姓　名	李小明	莊孝偉	郝大山	蔡美麗	洪一風	陳大通	尤小昆	朱美鳳	李　錫	黃大順
使用IC電路資料夾	✓	✓	✓	✓	✓					
使用客戶資料夾		✓				✓	✓	✓	✓	✓
使用繪圖機	✓	✓	✓	✓	✓					
登入產品資料庫伺服器	✓					✓	✓	✓	✓	✓
登入人事考核資料夾	✓					✓				

　　不同族群可能適用某種管理規則，例如研發部門可能需要某些較先進的電腦儀器設備而人事部門不需要，所以管理上針對該電腦儀器設備做權限設定，只能讓研發部門人使用，如此一來便可防制該電腦儀器設備被濫用，減少不必要的使用率以提高設備使用壽命，這都是很好的管理哲學。

(七) 網路流量

　　網路流量指的是單位時間內傳遞於網路封包的數量，由於網路傳輸有一定頻寬限制，所以同一時間若有太多網路封包要傳輸時，勢必造成網路壅塞，影響使用者傳輸品質，所以網路作業系統必須隨時注意網路流量的變化，調整網路使用方式，即使在網路壅塞的同時也必須保障所有網路用戶都可以將資料傳輸出去或接收回來，而不是空等。

6-2-4　網路作業系統架構

　　網路作業系統就是一般作業系統加上網路資源管理功能，所以架構上比起一般作業系統來的複雜。網路作業系統除了管理本身電腦內部各項資源如記憶體、輸出入裝置及設備外，尚必須整合存取網路上各種資源，如其他電腦所共享之磁碟或設備裝置等。由於這些資源是分散在各個網路節點上，所以這類作業系統，也稱為分散式作業系統。此外網路作業系統本身也包含許多伺服器功能，如檔案伺服器、印表機伺服器、電子郵件伺服器等，所以網路作業系統也比一般單機作業系統價格上昂貴許多。由於本書主要介紹網路為主，所以有關一般作業系統理論部分略過不提，若有需要可參考相關書籍。

但從網路作業系統運作架構來看，典型可分成三種架構：主從架構、點對點同等架構和混合式架構。

(一) 主從架構

主從架構是分散系統中普遍的形式，在主從架構所建構的網路中一定有一台主要網路管理伺服器，該伺服器負責管理控管使用者登入登出、資源使用及權限分配等問題，也就是網路的指揮中心。除主要網路管理伺服器之外尚可搭配一台或一台以上的電腦做專職伺服器，包括檔案伺服器、印表機伺服器、電子郵件伺服器及應用程式伺服器等。這些伺服器電腦的特色就是執行速度非常快，以滿足網路上數十，甚至數百的用戶端同一時間連線使用的需求。一台伺服器電腦可以同時扮演很多種伺服器功能，只要不超出其負載能力即可，如圖 6-7 所示。

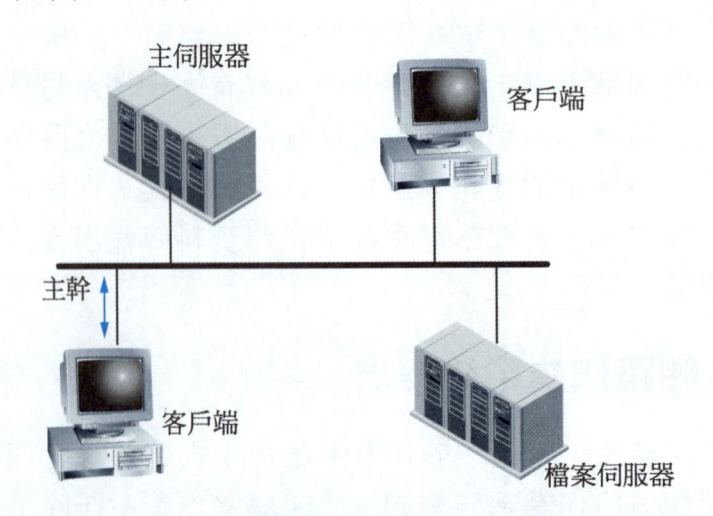

圖 6-7　主從架構

在主從架構中伺服器可以是分散於不同實體網路上，甚至也可以不是安裝同一套作業作業系統，只要依循標準的傳輸協定即可。所以在主從架構下要新增或移除伺服器都是相當容易維護。

以下的環境最適合選擇主從架構網路：

(1)使用者相當多（超過百人以上），網路流量相當大。
(2)使用者安全性要求相當嚴格。
(3)在可預見的未來，網路仍有相當大成長空間。

（二）點對點同等（Peer-To-Peer）網路架構

點對點同等架構或稱為同等式網路，和主從架構正好相反，在點對點同等架構中並沒有固定的專職伺服器，電腦之間也沒有階級組織，也就是架設在網路上所有電腦都處於平等的地位，所以才使用同輩（peer）這樣的字眼。他們可以使用對方的資源，也讓對方來使用自己的資源，也就是每部電腦的使用者自己決定該部電腦的什麼資源可在網路上分享。故在點對點同等架構中每部電腦的角色同時是客戶端也是伺服器，如圖6-8所示。

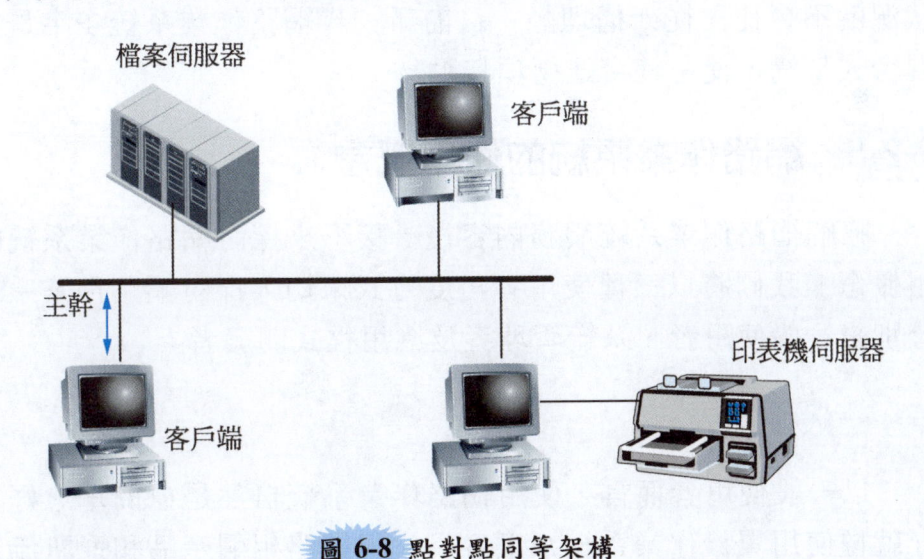

圖 6-8 點對點同等架構

對等式網路架構由於簡單，所以執行速度上較主從式架構來的快，但因為規模小，通常也沒有專職管理人員負責維護網路，故欠缺完善帳戶安全管理與稽核，適用於人數少之小規模區域網路，如一般家庭、個人工作室等。

以下的環境最適合選擇點對點網路：

(1)使用者只有十位或以下。
(2)使用者分享資源與印表機，但是沒有專職的伺服器存在。
(3)使用者安全性不是考慮的重點。
(4)在可預見的未來，該網路的成長空間有限。

(三) 混合式（Hybrid）網路架構

所謂混合式架構便是把點對點同等架構和主從架構整合在一起，例如網路上有主伺服器及其他專職伺服器，同時工作站本身也可當伺服器使用。事實上主從架構及點對點同等架構僅是學理上的分類，實務操作上大都是採取混合式架構。

若綜合比較主從架構和點對點同等架構，主從架構比較像有階層組織的團體，不論新增或移除網路資源都很容易，但複雜性比點對點同等架構高，相對成本較昂貴。反觀點對點同等架構因為無須太多高深的技術就可以執行，不過當網路負擔太重的時候，傳輸的狀況就不會比主從架構理想。目前新一代網路作業系統多半是採用混合式架構，便是綜合這兩項特點。

6-2-5　網路作業系統的使用概念

瞭解網路作業系統服務內容後，接下來探討網路作業系統的使用概念。我們將以三種使用者角度方式來切入探討網路作業系統，分別是一般使用者、系統管理者及應用程式開發者。

(一) 一般使用者

以一般使用者而言，使用網路作業系統自然是愈簡單愈好，最好就像使用單機作業系統那麼容易。但網路相關產品和通訊協定實在很多，要想簡單也簡單不到哪去，然而很多使用者工作所需僅是使用網路作業系統極少部分功能，例如使用網路印表機印表或透過檔案伺服器交換檔案，如果太過專注在學習瞭解網路作業系統內部細節或其他不常用到操作內容，反倒忽略原本首要工作實在是本末倒置。所以好的網路作業統在使用介面設計上能盡量讓使用者容易學習及使用是相當重要。

早期的網路作業系統如 UNIX 或 NOVELL NETWARE 都是使用命令列方式與網路作業系統溝通，使用者必須有較長的學習曲線方能順利上手，現在的網路作業系統如 Windows NT/2000 都強調親和力高的圖形使用介面，對一般使用者來說就比較容易使用，這算是相當大的進步。儘管如此許多網路相關設定仍不算簡單，一般使用者想要通盤瞭解勢必要花一些功夫，僅管如此好的網路作業系統仍應提供完善線上說明和疑難解答，俾便使用者可線上查詢，加速使用者進入狀況。

(二) 系統管理者

系統管理者主要工作便是整合區域網路內所有電腦及設備，做好網路並隨時稽核網路流量是否異常或是否有駭客非法侵入，保障系統安全及穩定等。好的網路作業系統必須提供相關網路管理工具俾便系統管理者使用，例如系統效能分析程式、網路流量監控程式等，這些將在第七章有更進一步說明。

(三) 應用程式開發者

對於應用程式開發者，例如網路服務應用程式或分散式資料庫管理程式，對於開發平台上所執行之網路作業系統作業其系統呼叫或函數必須相當瞭解，如此才能設計開發出優良穩定的程式。同時網路作業系統也必須提供完整高階的程式庫介面供程式開發者使用。

6-2-6 區域網路公用程式

區域網路公用程式有很多種，包括各種硬體測試軟體、網路監控軟體、網路防毒軟體及備份軟體。有的是網路作業系統內建，有的是需額外購買。

以下列舉常用的公用程式種類：

(一) 硬體測試軟體

　　硬體測試軟體主要是偵測硬體工作是否正常，這些硬體測試常見包括CPU暫存器讀寫、各種記憶體讀寫、硬碟讀寫、光碟機讀寫、網路卡I/O資料讀寫及印表機、滑鼠、鍵盤、數據機等週邊裝置讀寫測試等，使用者可用這類軟體來檢測伺服器或工作站硬體是否有錯誤。

(二) 網路監控軟體

　　網路監控軟體主要目的就是監看目前連線網路的情形，包括目前有哪些電腦連線？連線電腦總數為何？有哪些使用者登入？某伺服器的忙碌程度？目前網路流量等重要資訊，這類軟體一般都是給系統管理人員監視用，以觀察目前網路是否發生異常狀況，功能強的網路監控軟體還可製作圖表，俾便將來可以統計分析，作為網路使用成本評估的依據。

(三) 資料備份軟體

　　資料備份軟體主要用來備份檔案伺服器內各使用者所存放之檔案資料至次儲存媒體，常見的包括光碟片、磁帶機等；備份的層級可以分成下列等級：全部備份和異動備份。

(1) 全部備份：意即在檔案伺服器所有資料都必須備份，由於檔案伺服器在備份時必須中斷所有使用者服務，如果資料很多備份所需時間很長，這樣可能會超出使用者可以忍受範圍，所以全部備份不大可能是每天進行，而是每隔一段時間做一次，且盡量挑選使用者使用情況最少的時段（如下班後、休假）實施。

(2) 異動備份：異動備份主要是備份變動的部分。其作法是先做一次全部備份，爾後再備份時只需備份從全部備份那天算起變動的部分即可。如果變動的部分不是很多，則所需備份時間和備份儲存裝置容量相對也減少，所以每天使用異動備份來累積備份的好處是節省備份時間和備份儲存裝置容量。

功能較高級的資料備份軟體還可支援特定時程備份，稱為備份排程，管理者只要每天設定固定時段啟動備份，則時間一到，系統便會自動備份。

(四) 網路防毒軟體

網路防毒軟體就是防制網路病毒破壞整個作業系統，我們知道病毒程式是一種特殊設計程式，會將自己附加在其它程式或執行巨集裡面的軟體，當附加程式或執行巨集被執行的時候，病毒程式也跟著啟動，進而破壞系統重要資料或竄改正常執行模式。由於病毒具有傳播和感染的特性，隨著網路使用愈來愈普遍，病毒傳染管道也開始透過網路封包傳輸，或從一般檔案格式傳輸或用電子郵件攜帶檔案方式傳輸，無論如何一旦感染病毒，則可能造成工作站或伺服器檔案系統損壞或傳遞大量封包造成網路癱瘓，引發無可估計的損失。

6-3 網路作業系統相關產品

目前市面上較常見的網路作業系統計有NOVELL公司的NETWARE，微軟的 WINDOWS NT/ 2000，以及各種形式的 UNIX 作業系統，如Linux、FreeBSD……等。

(一) NETWARE

美國NOVELL公司從1985年開始，便對IBM相容個人電腦，開發 NETWARE 網路作業系統，由於當時 IBM 個人電腦並沒有完整網路介面，所以NETWARE同時搭配販售網路卡。當時NETWARE便提供檔案伺服器及印表機伺服器之功能，功能相當完備，故推出後便相當瘦歡迎，也讓NOVELL在此領域公司稱霸一時。後來NETWARE功能愈來愈強，陸續開發出目錄服務(註)、跨平台整合功能與廣域網路連接功能，可說是網路作業系統先驅者。

NETWARE 產品線包括最早2.0版、2.1版、2.2版、3.11版、4.0版、4.1版、5.0版，目前NETWARE最新版本為5.1版，下一版6.0也將推出。

> **目錄服務**（註）
>
> 目錄服務是一個階層式分散式資料庫系統，主要儲存網路使用者及網路資源等安全設定資料，並提供網路管理者尋找、定址或使用網路資源一個工具。因為一個網路如果不斷擴增，其網路累積資源亦愈來愈多，所以為了有效管理這些資源，必須仰賴目錄服務做最快速處理。

但隨著時間演進，後起競爭對手愈來愈多，使得 NETWARE 市場佔有率逐漸下滑，但仍維持一定佔有率。

NETWARE 有下列主要的特性：

1. 系統配備要求門檻低，一般 386 電腦便可使用。
2. 與早期 DOS 電腦相容。
3. 支援多工處理能力。
4. 使用 IPX/SPX 通訊協定。
5. 支援目錄服務。
6. 提供三層安全防護，包括：
   (1) 使用者進入網路時加密保護。
   (2) 使用者使用檔案與目錄之託管權保護。
   (3) 檔案與目錄屬性保護。

(二) UNIX

UNIX 是一種相當通用的電腦系統，於 1970 年初期由美國電話電報公司的貝爾實驗室發展，利用可攜性的 C 語言撰寫，可以很輕易的移植到任何型態的電腦上面，由於其良好的設計以及文件大量流傳，使得 UNIX 成為非常流行的系統，在許多大型的電腦上面也成為標準的多人工作系統，此外小型電腦以及超大型電腦也都以此系統作為標準。

UNIX 有下列主要的特性：

(1) 多人多工的操作環境。

(2) 隱藏作業處理或稱背景處理（background processing）能力：例如使用者需列印時，可以將指令以後庭處理的方式進行，於是系統可馬上將命令權交還給使用者，使用者即可執行其它命令，可以節省時間。

(3) 階層式檔案系統，方便管理及尋找。

(4) 優越網路管理能力，並可與各種規模的電腦相容，節省軟體開發成本。

(5) 具管道（pipe）功能，所謂管道是一種將標準輸出的資訊轉化成另一種程式的觀念，管道可以組合各種不同功能的程式，用幾個命令或程式組合起來後，執行更複雜的工作。

目前UNIX版本眾多，主要是因為其程式碼公開之故，所以許多學校單位或專業高手可利用他為藍本來發展自己的UNIX系統，所以開枝散葉產生許多版本，常見的包括 FreeBSD、Linux 等，其中又以 Linux 最受矚目。

(三) Linux

Linux 最早是由芬蘭一位大學生 Linus Torvalds 試圖將 UNIX 移植至 PC 平台，最後成功了，這個成果便是 Linux，所以 Linux 大部分特性和能力和 UNIX 是一致的，一般會使用 UNIX 使用者也能馬上進入 Linux。

由於一開始Linux是以學術性質導向並不是為了獲取商業利益，所以程式碼完全公開，任何人都可以自由取得、修改和散佈程式碼。由於這樣子的特性，許多熱心的程式設計師都紛紛加入Linux行列，一則可以瞭解Linux全貌，進而改善或新增功能；二則透過相互切磋學習，提昇自己功力。也因為如此，使得更多人開始關注Linux並使用 Linux，使得 Linux 普及率近年來有扶搖直上趨勢。

雖然Linux是免費的作業系統，但經過無數電腦專家的改進和調校後，已變成一個相當穩定的作業系統，特別是網路功能整合得相當完整。目前有不少公司行號使用Linux，一則免費，二則可以自己修改程式碼，創造出符合自己需求的作業系統。

不過Linux仍有許多缺點，包括：

(1) 對於使用者的素質要求較高，因為Linux最早是以學術性質導向，故其安裝使用介面屬於早期命令列介面、設計方式比較不一般化，對初入門使用者倍感吃力。
(2) 硬體支援能力差，特別是新的產品或規格，可能都不會馬上有Linux的驅動程式，這點和微軟視窗產品比起來確實有差異。
(3) 可用的軟體少，特別針對國人開發的軟體，支援遠比微軟視窗產品少。

雖是如此，但隨著資訊家電時代來臨，不少廠商都相中Linux免費穩定的特點，紛紛給予關愛的眼神，使得更多新產品推出時都會同時開發Linux驅動程式，並提供更多協助和改進。一旦Linux能解決上述缺點，未來前途仍是十分樂觀。

(四) Windows NT

微軟雖是以作業系統起家的軟體公司，但早期並不重視網路作業系統市場，如先前產品 MS-DOS、WINDOWS 3.1 都是單機作業系統，直到 1993 年才針對企業用戶開發推出 Windows NT 3.0（NT 是 new technology 意思），但當時並未引起重視，直到 1994 年 3.5 版推出才逐漸打開市場，真正開花結果是在 1996 年推出 NT 4.0，其中加入眾多網際網路服務功能，這才讓微軟在網路作業系統市場大放異彩。

Windows NT 有兩種版本，一是 Windows NT Server 版，另一是 Windows NT WorkStation 版，Server版主要用在伺服器端，WorkStation版主要用在工作站端。

Windows NT 比起 NETWARE 最大優勢，在於其圖形化容易使用介面和眾多網路支援和服務功能。Windows NT 操作介面和 Windows 9X 系列一樣，對於熟悉 Windows 介面操作使用者來說，非常容易入門和上手。同時 Windows NT Server 版提供相當多網路服務功能，包括 DNS、DHCP、WINS 及網際網路等服務，以他的價格來說，算是相當經濟實惠。（相關服務設定已超過本書範圍，請參考相關 WINDWOS NT Server 參考書籍）。

Windows NT 特色包括：

⑴可使用在 INTEL X86 平台及 RISC 電腦。
⑵支援多工處理、虛擬記憶體支援及對稱多重處理等許多高等作業系統特性。
⑶採用圖形化和精靈方式安裝，容易上手。
⑷提供 NTFS 檔案系統功能，NTFS 是微軟開發的進階檔案系統，支援檔案自動修復、長檔名及權限安全管理。
⑸支援眾多通訊協定，包括 TCP/IP、NWLink 及 NetBEUI 等。
⑹支援網域管理及信任關係。
⑺支援遠端管理。

　　Windows NT 最大的特色就是提供網域（domain）管理觀念，NT 所指的網域其實就是連接在同一個網路上的一組電腦，例如某部門全部電腦可集合成一個網域，如製造部網域、業務部網域等。但網域必須要有一個主伺服器（primary server），主伺服器主要功能便是管理所有網域使用者登入/登出及使用權限等安全管理，方式是採集中管理網路資源模式。單機電腦一旦加入某個網域，便可存取該網域中其他電腦所分享的資源，如果權限允許的話。也就是說，加入網域的電腦其使用權限對所有網域提供資源是一致的，而不像工作群組那樣是每一台獨立伺服器就必須擁有個別權限設定。

對稱多重處理

　　對稱多重處理(SMP, Symmetric Multiprocessing)是一種技術，可讓作業系統同時使用多個行程，減少轉換時間以增進效能。依照版本的不同，目前 Windows 2000 提供 SMP 支援到 32 顆處理器。

> **Windows 95/98/ME**
>
> Windows 95/98/ME 算不算網路作業系統？按照微軟產品規劃，Windows 95/98/ME 算是 MS-DOS 的升級，是家用個人電腦專用作業系統，雖然內建網路連線功能，但並未提供完整網路資源管理服務和權限管理，故只能視為網路客戶端，不算是完整的網路作業系統。

(五) Windows 2000

Windows 2000 是微軟於西元 2000 年推出的網路作業系統，這是一個以 NT 技術為基礎所發展高等網路作業系統，其除了原來 Windows NT 特色之外，還增加目錄服務功能、隨插即用（plug and play）、叢集(註)、更大容量之 NTFS 檔案系統及終端機服務(註)。

> **叢集（Clustering）(註)**
>
> 叢集便是集合個別工作站來共同執行同一組應用程式的能力。這個集合體的表現有如以單一系統對應客戶端電腦與應用程式。這樣的集合體稱之為叢集，而這些電腦的群組稱之為叢集者(clusters)。這樣的電腦安排可避免單一定點的失敗。如果一部電腦失敗了，叢集中的另一部電腦會替代它提供相同的服務。

> **終端機服務（Terminal services）(註)**
>
> 終端機服務提供終端機模擬器(terminal emulator)功能，主要功用就是將現在所使用的電腦模擬成遠端伺服器的終端機。透過終端機服務，使用者可以讓客戶端上執行遠端伺服器應用程式，即使客戶端執行的網路作業系統和遠端伺服器不一樣。透過終端機服務，可以大幅降低網路的運作成本，管理者可將以 Windows 為基礎的應用程式配發給平常無法執行 Windows 的客戶端電腦，同樣管理者也可從網路的任何地方透過終端機服務來管理伺服器。

Windows 2000作業系統家族目前包含下列幾種版本,包括Windows 2000 Porfessional(專業版)、Windows 2000 Server(標準伺服器版)、Windows 2000 Advanced Server(進階伺服器版)、Windows 2000 Datacenter Server(資料中心伺服器版)。

Windows 2000 Professional適用於個人電腦使用,不論是桌面型的電腦或筆記型電腦都支援。而 Windows 2000 Server 是伺服器家庭的基本版本,主要針對小型網路市場,支援1到4個處理器,最多達到4GB的記憶體。Windows 2000 Advanced Server針對中型網路市場,支援 1 到 8 個處理器,最多達到 8GB 的記憶體。而 Windows 2000 Datacenter Serve 被設計成使用於需要最高水準規模層級的企業和大型網路市場,依比例支援1到32顆處理器並且可達到64G的記憶體。每種版本價格也不相同,等級愈高價格愈貴。

(六) Windows XP

目前微軟又依據 Windows 2000 Professional 為基礎開發了下一代個人電腦作業系統 Windows XP。Windows XP 除了繼承原有 Windows 2000 Professional 的核心功能及架構外,尚提供許多更新且更有效的功能及技術,包括更新更炫麗的使用者介面、支援更多更新的週邊設備和多媒體功能及加強網路存取的隱密性和穩定性等。

6-5 結 論

網路作業系統是維持區域網路運作中心樞紐,一個好的網路作業系統其功能包括:

⑴讓電腦在網路上運作。
⑵提供網路上電腦基本服務。
⑶與其他作業系統整合能力。
⑷支援應用程式之間溝通的機制。
⑸具容錯性質及資料安全性。

網路作業系統所要控制管理的便是網路使用的任何資源及活動，資源包括伺服器、工作站、網路設備、共享週邊裝置等；活動包括使用者登入/登出、使用者群組及權限規劃及網路流量控制。

網路作業系統以運作架構來看，可分成：主從架構、點對點同等架構、混合式架構等三種架構。主從架構比較像有階層組織的團體，不論新增或移除網路資源都很容易，但複雜性比點對點同等架構高，相對成本較昂貴。反觀點對點同等架構因為無須太多高深的技術就可以執行，不過當網路負擔太重的時候，傳輸的狀況就不會比主從架構理想。目前新一代網路作業系統多半是混合式架構，便是綜合兩項特點。

區域網路公用程式有很多種，包括各種硬體測試軟體、網路監控軟體、網路防毒軟體及備份軟體。有的是網路作業系統內建，有的是需額外購買。善加使用這些公用程式，對於網路管理有莫大幫助。

目前市面上較常見的網路作業系統計有NOVELL公司的NETWARE，微軟的Windows NT/ 2000，以及各種形式的UNIX作業系統，如Linux、FreeBSD等，各有其特色和利基市場。網路管理者可依需求和預算，選擇最適合的網路作業系統。

重點摘要

1. 作業系統主要功能是管理目前電腦上所有可供使用的資源，包括：硬體設備、資料管理、使用者應用程式、記憶體管理等四種。
2. 一個好的網路作業系統其功能包括：
   (1)讓電腦在網路上運作。　　(2)提供網路上電腦基本服務。
   (3)與其他作業系統整合能力。　(4)支援應用程式之間溝通的機制。
   (5)具容錯性質及資料安全性。
3. 伺服器的服務可以是軟體也可以是硬體，在硬體方面提供磁碟空間供網路使用者存取，稱為檔案伺服器。連接網路印表機並管理使用者列印排程工作，稱為印表機伺服器。在軟體方面提供收發電子郵件的電子郵件伺服器、提供全球資訊網服務的WWW伺服器等。
4. 檔案伺服器可說是網路作業系統最典型的伺服器。一般而言檔案伺服器最主要的功能便是提供一個很大的磁碟空間（通常都是10G以上），讓網路使用者做資料檔案儲存或彼此交換，尚有檔案權限管理及檔案維護管理等功能。
5. 印表機伺服器主要功能便是管理網路印表機，並提供網路使用者共享印表機之服務。通常印表機伺服器可同時安裝連接多台印表機。
6. 網路作業系統透過印表機排班管理程式來管理印表機伺服器，列印序列的排班原則通常是採用先來先服務（FIFO，First-In First-Out）方式，先送達的文件會先列印出去。
7. 相對於伺服器，只要連接於網路上其他非伺服器的電腦的均可稱為工作站。
8. 網路終端機沒有硬碟和專屬處理器，所以所有的資料存取和運算都必須透過遠端伺服器進行，此種架構稱為集中式處理。
9. 個人電腦本身都包含CPU和硬碟，故許多運算執行和資料處理都可以就地取材，無須完全透過遠端伺服器。故在這種運作模式下工作站本身可以協助伺服器負擔一些程式執行工作，一旦執行完畢再將結果傳回伺服器儲存，此架構稱為分散式處理。
10. 任何使用網路的使用者都必須經過網路作業系統的驗證確保是否為合法使用，這程序稱為登入。

11. 當使用者在使用網路資源後確定不再連線時，應該釋放自己先前佔據網路資源，此程序稱為登出。
12. 網路作業系統最大的工作便是有效的管理方式可以增加網路管理的效率，並提供較優質使用環境。
13. 網路作業系統運作架構來看，典型可分成三種架構：主從架構、點對點同等架構和混合式架構。
14. 主從架構所建構的網路中一定有一台主要網路管理伺服器，該伺服器負責管理控管使用者登入登出、資源使用及權限分配等問題，以提供檔案伺服器、印表機伺服器、電子郵件伺服器及應用程式伺服器等網路使用者各種需求。
15. 點對點同等架構中網路上所有電腦都處於平等的地位，可以使用對方的資源，也讓對方來使用自己的資源，故在點對點同等架構中每部電腦的角色同時是客戶端也是伺服器。
16. 區域網路公用程式包括各種硬體測試軟體、網路監控軟體、網路防毒軟體及備份軟體。
17. 資料備份軟體主要用來備份檔案伺服器內各使用者所存放之檔案資料至次儲存媒體，常見的包括光碟片、磁帶機等。備份的層級可以分成下列等級：全部備份和異動備份。
18. 目前市面上較常見的網路作業系統計有 NOVELL 公司的 NETWARE，微軟的 Windows NT/ 2000，以及各種形式的 UNIX 作業系統，如 Linux、FreeBSD 等。

習題

一、是非題

( ) 1. 微軟的 MS DOS 作業系統，本身內含網路設備管理的功能。

( ) 2. 作業系統是由一群系統軟體所組合而成，這些系統軟體主要功能是管理目前電腦上所有可供使用的資源和各項活動。

( ) 3. GUI 指的是透過圖形導向使用方式之作業系統介面。

( ) 4. 網路作業系統和單機作業系統比較起來架構比較簡單，因它專注在網路存取即可。

( ) 5. 工作站一定要有 CPU 和硬碟才能執行網路存取功能。

( ) 6. 任何使用網路的使用者都必須經過網路作業系統的驗證確保是合法使用，這程序稱為登出。

( ) 7. 網路作業系統必須提供完善通訊介面供應用程式開發者呼叫使用，使其開發軟體能快速有效率執行。

( ) 8. 不同網路可能使用不同網路作業系統，為了串連這些網路，網路作業系統必須提供標準通訊協定或程式介面。

( ) 9. 網路作業系統必須有高度容錯能力，同時兼備資料安全等特性。如果網路作業系統偵測到某些系統資源錯誤，必須能馬上發出警訊通知管理人員。

( ) 10. 提供磁碟空間供網路使用者存取之伺服器，稱為檔案伺服器。

( ) 11. 由於伺服器提供服務給所有網路用戶，所以大部分時間伺服器都處於忙碌狀態，故伺服器穩定度非常重要。

( ) 12. WINDOWS NT 是目前微軟最新的網路作業系統。

( ) 13. Linux 是一個必須付費的 UNIX 套件。

( ) 14. 網路流量指的是單位時間內傳遞於網路封包的數量，網路作業系統必須隨時偵測網路流量是否異常以便應變。

( ) 15. NETWARE 是 IBM 公司出版的網路作業系統。

二、選擇題

( ) 1. 下列何者不是作業系統掌管功能？ (A)控制硬體設備 (B)啟動使用者應 (C)編譯使用者專案程式 (D)記憶體管理。

( ) 2. 有關伺服器與一般工作站之比較，下列敘述何者有誤？ (A)工作站和伺服器一定都有CPU和硬碟 (B)伺服器需提供比工作站更穩定的使用環境 (C)工作站可以隨時關機測試，伺服器不行 (D)伺服器硬體擴充能力愈大愈好。

( ) 3. 有關檔案伺服器敘述，下列敘述何者有誤？ (A)對於標準檔案伺服器而言，磁碟存取速度相當重要 (B)不論是刪除或修改檔案伺服器內的檔案，都必須由該檔案擁有者方能執行，其他使用者必須經過檔案擁有者的允許才能對該檔案做相對之操作 (C)檔案伺服器需隨時監控系統執行是否有異常，確保系統不會因突然故障導致嚴重損失 (D)檔案伺服器必須一直接受所有使用者所提出的服務，故不必考慮過載現象。

( ) 4. 有關印表機伺服器敘述，下列敘述何者有誤？ (A)網路作業系統必須啟動排班管理程式來管理印表機伺服器之列印工作 (B)使用者若要透過網路印表機列印文件，則必須先把文件檔案透過網路傳輸到該印表機伺服器之列印序列 (C)印表機伺服器列印序列的排班原則通常是採用先來先服務（FIFO，First-In First-Out）方式，所以先送達的文件會先列印出去 (D)印表機伺服器不需管理列印檔案之使用權限。

( ) 5. 有關網路作業系統的使用概念，下列何者是錯誤的？ (A)網路作業系統必定要求使用者輸入密碼，方能登入 (B)檔案讀取除非有開放權限，否則非該檔案擁有者之使用者無法使用 (C)網路管理者可以讀取所有使用者檔案，儘管該檔案沒有開放權限 (D)網路作業系統必須支援各種網路應用程式通訊協定等運作機制。

( ) 6. 下列何者不是區域網路公用程式一種？ (A)備份軟體 (B)監控軟體 (C)資料處理軟體 (D)病毒防制軟體。

(　) 7. 下列網路作業系統何者是 UNIX 一族？
　　　　(A)Windows 2000　(B)Linux　(C)Netware　(D)OS2。

(　) 8. 集合個別工作站來共同執行同一組應用程式的能力，這個集合體稱為　(A)叢集　(B)終端　(C)程式陣列　(D)分散式處理。

(　) 9. 下列何者不是 UNIX 網路作業系統的特性？
　　　　(A)支援多人多工　(B)階層式檔案系統　(C)其驅動程式可和 Windows NT 共用　(D)具管道（Pipe）功能。

(　) 10. 下列何者不是 Windows 2000 網路作業系統的特性？
　　　　(A)支援目錄服務功能　(B)支援隨插即用　(C)其驅動程式可和 Windows NT 共用　(D)可直接和 UNIX 檔案伺服器溝通。

三、問答題

1. 一個好的網路作業系統其功能應包括哪些項目？

2. 網路作業系統所要管理的資源和活動有哪些？

3. 網路作業系統以運作架構來看，可分成哪三種架構？試比較其優缺點。

4. 請比較集中式管理和分散式管理之優缺點。

5. 常見區域網路公用程式有哪些？請分述之。

Computer Network
電腦網路

筆記欄

Chapter 7

第7章 區域網路之安裝及管理

學習目標

1. 瞭解區域網路安裝時所需的評估項目有哪些考量。
2. 瞭解如何架設及安裝區域網路。
3. 瞭解如何管理及維護區域網路。

Computer Network

由於網路設備愈來愈便宜，加上相關軟硬體發展也愈來愈成熟，區域網路的架設使用已逐漸從財力雄厚的大企業慢慢延伸到一般中小企業，甚至一般個人工作室及家庭用戶也搭上這個風潮。造成網路蓬勃發展原因有二：(1)因為使用網路的所帶來的便利性和附加價值遠超過安裝維護的成本，是一項非常值得花費的投資。(2)當所有環境都已經習慣並使用網路成為一種運作模式標準，且這種趨勢未來仍會繼續維持下去的話，若不趁早學習及佈局勢必會遭到淘汰。目前很多企業已經逐漸意識到提升公司網路資訊化能力是未來競爭的利器和法寶，也紛紛開始投入相關改革工作（也就是俗稱e化），所以可預見地未來使用網路必定更為殷切。

為因應網路科技情勢未來發展，所有區域網路相關技術，包括網路安裝、設定、管理及維護等，瞬時變成相當熱門的技術課題和求職保障。目前許多企業內部都開始設置資訊管理部門（MIS），目的便是為了因應未來十倍速電子通訊新世代。

由於網路安裝、設定、管理及維護屬於實務性質，本章將以實務的角度來探討所有區域網路安裝及管理的技術課題，並以一個網路管理人員來探討區域網路安裝管理應注意之細節。

7-1 區域網路的安裝

7-1-1 安裝評估

在實際安裝區域網路前必須做一審慎的規劃，例如安裝的預算有多少？安裝的伺服器及工作站個數各多少？平均連線人數大約有幾人？系統管理人才能力是否勝任等，以決定網路安裝的規模，頻寬配置之方式、網路位址分配及爾後規劃管理維護作業方式等問題。且最好在規劃一開始時就已經考慮好未來擴充與整合能力，以因應環境未來可能的改變。

在網路開始安裝前我們先針對上述要點作一評估，其中包括安裝預算、網路規模、網路頻寬及維護成本四個部分。

(一) 安裝預算

　　預算當然是決定安裝網路最重要考量的因素，預算愈高當然可以配置更多更高級的設備，購買功能更強大的軟體，所以原則上預算是愈多愈好。但一般現實情況下預算大多是極其有限的，若考慮預算很緊的情況時，先架設規模較簡單的網路拓樸，再提供給比較有迫切上網需要的工作同仁優先使用，並使用安裝成本便宜的網路架構，爾後再視情況逐漸擴充調整會是一種比較好的作法。接著再購置必要之基本軟硬體，如集線器、伺服器、網路作業系統及必要週邊設備（如印表機等），不要購買用不到卻花費額外成本的設備裝置，但仍保持未來擴充的彈性。

　　常見的預算考量包括：

1. **選擇使用集中式管理或是分散式管理？**

　　　　使用集中式管理的好處是管理成本低，因為所有的終端機組態設定都是一致地，管理者處理上較為單純。此外軟體安裝全是集中在伺服器端處理，管理者只須把焦點放在伺服器端即可，無須為每一台終端機設定，以管理成本來說優於分散式的。但值得深思的是集中式管理未必省錢，因為現在許多終端機早就不再生產，日後維護也是問題。目前折衷作法都是使用終端機模擬軟體取代之，只要是個人電腦都可模擬使用成特定終端機，但管理上就變得複雜許多。所以選擇使用集中式管理或是分散式管理，就必須審慎評估。

2. **選用昂貴高級設備好還是不好？**

　　　　使用較高級的線材設備或網路設備雖然昂貴，但通常有較嚴格的測試，使用壽命較有保障等優點，如果為了一昧省錢而購買便宜線材設備，可能爾後故障機率和使用壽命非常頻繁，反而得不償失。故為了考慮系統穩定度，使用較高級的線材設備是有其必要。

(二) 網路規模

　　網路規模其實和預算是相互影響的，網路規模要求愈大則預算就勢必編列愈多，因為必須要使用更多的網路線材和裝設更多網路設備。但除了預算考量外網路規模和其拓樸架構的選擇有密切關係，例如選擇乙太網路，就必須考慮到在同一網路區段，節點數目過多會造成效率影響問題（請回顧第五章乙太網路）。若考慮無線網路，就必須考慮到使用範圍是否過大造成有通訊死角等問題。

　　從硬體的角度來看網路規模指的是總共有多少電腦需要被連接上網路，如果節點數目太多，則必須將網路切割成數個區段，以維持網路運作之順暢。從網路作業系統軟體的角度來看網路規模指的便是會有多少使用者會使用網路，因為每增加一個使用者網路作業系統就可能多要求一份使用授權金，檔案伺服器也必須多預留一些空間給使用者，這對未來維護成本預算規劃是相當重要的依據。網路規模在初期規劃時是很難準確被精算的，因為我們很難確切掌握電腦或使用者實際數量，所以規劃上都會預留彈性，以便未來不時之需。

(二) 網路頻寬

　　網路頻寬也是一個很重要的考慮因素，特別是在即時（real time）系統。何謂即時系統呢？簡單的說就是使用者所有的操作的回應速度都必須要求在固定時間上限內得回應（這裡所謂的回應速度指的是當使用者一旦下執行的指令後開始計時，一直到結果傳回所花的時間），例如飛機座位訂票系統，股市交易系統等，因為這種系統的特徵是同一時間內會有好幾筆交易透過網路傳輸到主伺服器做資料處理，若各筆交易的網路傳輸速率不盡相同時則交易的時序公平性可能被破壞，甚至產生不正確的結果，所以回應速度要愈快愈好。舉例來說，以飛機座位訂票系統為例，如果一架飛機有500個座位，原則上公平交易原則是誰先在訂票系統終端機前下訂位指令就先享有訂位優先權，但在終端機下的訂位指令必須透過網路連線到中央主伺服器進行交易確認才算完成，所以真正決定訂位優先權順序變成誰先傳到主伺服器誰就先佔到優先順序。假設連線訂票系統在開始接收訂票服務的某個時段內湧進 501 個人訂票，以先來先到的處理原則，最後一個也就是第 501 位所要求的訂位應該被告知座位已滿而予以拒絕，但如果因為網路傳輸的問題造成第 500 位訂位的資料確認傳輸到訂位系統伺服器的時間略慢於第 501 位，則可能第 501 位會被允許訂位，先來訂位的反而被拒絕，造成不公平現象。這種不公平的現象導因於不同節點所在的網路傳輸速率有快有慢，而網路速度的快慢取決當時使用使用網路人數，使用網路人數愈多造成網路頻寬佔據愈大而降低傳輸效率，就可能引發上述不公平情況。所以要解決這類問題，使用高頻寬網路是比較保險的作法，事實上很多即時系統都是使用專線服務，確保頻寬使用之公平性。

(三) 維護成本

維護成本指的便是管理和維護一個網路運作正確性所必須花費的成本，包括人事成本和設備成本。網路一旦發生問題，勢必影響所有正在連線使用者正常運作，造成相當大的不便，甚至引發系統錯誤，所以網路發生的問題的機率愈低愈好。但是硬體設備使用久了難免發生故障，誰也無法保證會不會有突如其來的天災人禍造成設備損毀，所以一旦網路運作發生故障，必須盡可能快速將系統回復（recover），這時就必須仰賴訓練有素的專人隨時監看系統狀態，一發現可疑問題時立即加強緊急處理，並做定期做保養維護。

7-1-2 架設網路

如果上述要項都已決定完成，接下來就是實務性工作，如網路分段規劃、架設網路配線、採購並安裝網路設備、安裝網路作業系統、設定網路主伺服器、安裝相關伺服器及週邊共享設備及建立連線使用者帳號及權限等，整個區域網路安裝就算大功告成。

接著，我們再細項逐一討論各個步驟。

(一) 網路分段規劃

一個網路系統在建置前若經過良好分段規劃，應可以花最少成本，獲得最高的效益。但說來容易做起來卻十分困難，因為我們實在很難評估未來環境的變化，包括網路技術、公司營運情況等，因此很難事先找到一個完美規劃方案。儘管如此，我們還是歸納出幾個網路規劃重點，提供參考。

1. 電腦數量少且區域集中

這種情況通常發生在個人工作室或小規模公司，其電腦、印表機可能僅有數台的小型區域網路，這類網路通常使用最簡單的集線器星狀拓樸配接方式即可，即使將來要擴充，只要預留集線器插槽即可，如圖 7-1 所示。

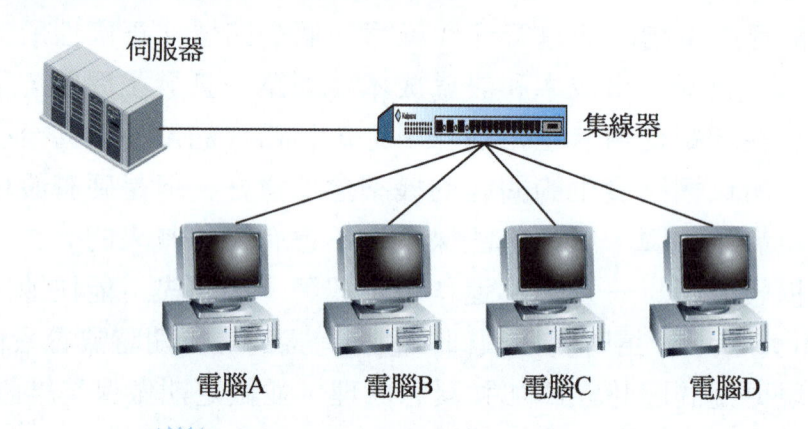

圖 7-1　電腦數量少且區域集中架設方式

2. 電腦數量多且區域集中

這種情況通常發生在員工數十或百人之中型公司，比較好的規劃方式是將區域相近的地方規劃成一個小區域網路，然後再透過集線器或交換器將這些小區域網路整合成一個大區域網路。

若各小區域網路彼此之間網路流量不是很大時，使用集線器整合各小區域網路即可，倘若各小區域網路彼此之間網路流量很大時，則必須使用交換器會比較理想。這兩個差別在於交換器頻寬管理能力比集線器來的好，使用集線器傳輸時每個接埠採用廣播方式交換訊號，影響頻寬分配，而使用交換器僅保證只有相互需要傳遞接埠才有訊號傳輸，除此之外的接埠不會相互干擾。（回顧第五章網路設備說明）當然使用交換器成本比集線器來得昂貴，故使用前可以衡量頻寬使用情形再做決定，如圖 7-2 所示。

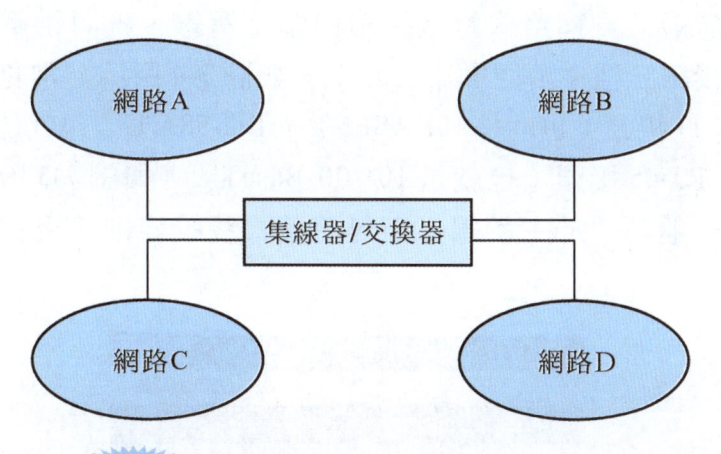

圖 7-2 電腦數量多且區域集中架設方式

3. 電腦數量多且區域分散

這種情況通常發生在員工上千甚至上萬之大型公司，比較好的規劃方式是將區域相近的地方規劃成一個小區域網路，然後再透過集線器或交換器將這些小區域網路整合成一個大區域網路。每個大區域網路再用路由器切割，如此便可過濾廣播封包，提高網路傳輸效益，如圖 7-3 所示。

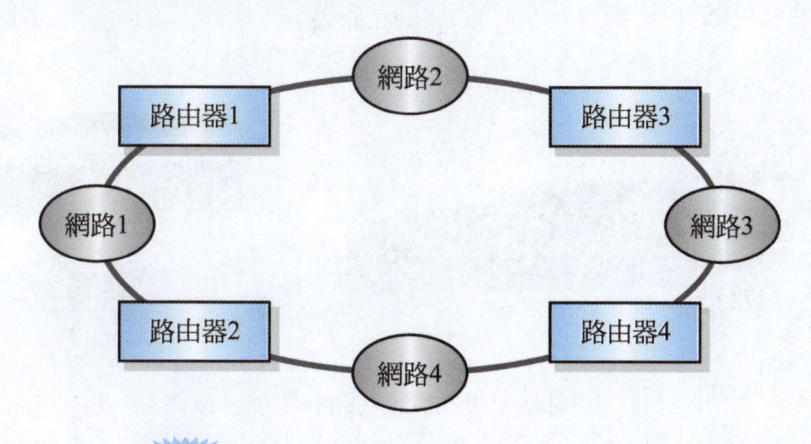

圖 7-3 電腦數量多且區域分散架設方式

（二）網路配線

　　區域網路配線一般都是委外給專門的網路架設公司來配裝，通常網路線和室內電話線都是一起佈線，再依配線範圍大小和數目總量收費。若要自行配裝就必須自行購買網路線及接頭手動安裝。

　　目前最常見網路線材包括粗同軸電纜線、細同軸電纜線及無遮蔽式雙絞線三種（請回顧第二章），如圖 7-4 所示。常見的網路接頭包括 RG-11 接頭（也就是 10BASE5），RG-58A/U（也就是 10BASE2）及 UTP RJ-45 接頭（也就是 10/100 BaseT），如圖 7-5 所示。粗同軸電纜線一般都用於主幹線，而無遮蔽式雙絞線則使用在一般工作站最多。

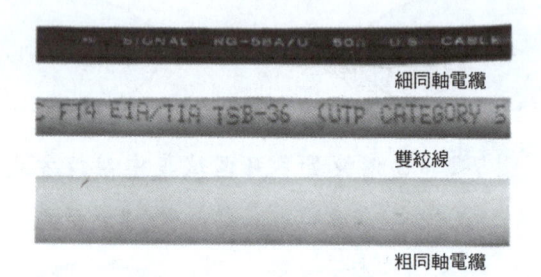

細同軸電纜
雙絞線
粗同軸電纜

圖 7-4　常用三種網路線材

(a) 雙絞線 RJ-45 接頭

(b) 同軸電纜 RG-58 接頭和 T 型接頭

圖 7-5　各種網路接頭

(三) 採購及安裝網路設備

網路配線完之後，接下來就是採購網路設備，網路設備包括工作站使用的網路卡、集線器和相關需要的週邊硬體如印表機等。

在網路卡方面必須注意網路卡提供的接頭是否和現裝的網路介面接頭相符合，一般網路卡規格上都會標明，如支援BNC接頭、UTP接頭等，選購時必須確認。接下來再把買回來的網路卡安裝到工作站上，由於安裝網路卡必須要有針對其所使用之作業系統所開發的驅動程式，不同作業系統版本之驅動程式是無法互用的，且不同作業系統的安裝程序不盡相同，故必須詳細參考其作業系統文件說明。例如有些作業系統支援隨插即用（plug and play）的功能，如Windows 9X系列和Windows 2000/XP系列，安裝上比較簡單，只要一插上去開機後便偵測到，自行安裝驅動程式。有些作業系統必須使用者自行設定組態，安裝上比較複雜。

安裝並設定好網路卡後，接下來我們必須為每一台工作站設定一個獨一無二的辨別位址，這位址視所執行的通訊協定而有所不同。例如執行TCP/IP通訊協定時就必須設一個IP位址（詳細說明請看第八章），執行微軟網路服務（Microsoft Network）就必須設定一個網路電腦名稱。無論如何，這些都是配合網路作業系統作業時一定要執行的步驟。

設定好位址等相關資訊後，此時便可把網路線插在網路卡接頭上，一般而言在網路卡上都有指示燈信號，如果網路連線沒有問題，觀察網路上的指示燈信號便會不斷閃爍，代表有偵測到網路封包，意即網路已經連通。

若是使用星狀拓樸網路（如10BaseT之乙太網路），集線器是必備的網路設備。集線器使用目的是為了擴充網路連接能力，例如本來網路接線只有一條，透過集線器可以再分接好幾個連接埠（port）出來，每個連接埠共享頻寬。一般集線器從四連接埠到二十連接埠都有，當然連接埠愈多單價愈高，安裝時可視擴增需要接線。

最後是安裝其他週邊設備，如網路印表機、儲存裝備等，這些週邊設備安裝及設定程序，隨設備不同而有所差異。

(四) 安裝網路作業系統

目前市面上已有許多網路作業系統產品，每種網路作業系統其支援能力、價格及技術咨詢服務都不盡相同，在安裝網路作業系統前必須先確認哪一種網路作業系統符合我們的需求。以現行使用情況來看，若採用規模較大連線人數超過千人甚至萬人的系統，大多採用UNIX為主的作業系統，但因一般都和伺服器搭配出售，價格也相對昂貴。若是比較小的工作規模網路，如一般中小企業或個人工作室，大都採用微軟 Windows NT/2000 或 NOVELL NETWARE 作業系統，一方面除了價格便宜外，其硬體支援也適用在一般的個人電腦等級。近來Linux因為免費公開程式碼，使用成本遠低於前述幾個網路作業系統，也成為相當熱門的網路作業系統。

有關更詳細的網路作業系統安裝及設定請回顧第六章說明。

(五) 設定網路主伺服器

網路主伺服器可說是網路作業系統運作的樞紐，所以網路主伺服器的安裝和設定可說是網路運作最主要的關鍵。一般主伺服器的設定包括網路資源的設定、使用者帳號權限管理原則等，由於主伺服器內儲存相當多網路作業系統重要的設定資料，一般而言主伺服器都放置在機房作集中管理，避免讓閒雜人等恣意使用或破壞資料。

(六) 安裝相關伺服器及週邊共享設備

相關伺服器包括檔案伺服器、資料庫伺服器和應用程式伺服器等，每種伺服器則視需求安裝之。由於伺服器運作都由網路作業系統統一管理，故安裝設定方式和步驟則視網路作業系統而定，例如資料庫系統軟體（如 ORACLE），因牽涉作業系統最佳化問題，其在 Windows NT 下和在 UNIX 系統下安裝就有相當大的差異。

其次是設定各伺服器服務項目內容，以檔案伺服器來說則須設定之服務項目內容包括執行時需使用多少主記憶體作為快取？或硬碟容量使用到多少程度必須發出警示，以防止系統癱瘓等。

週邊共享設備如印表機、繪圖機等，安裝方法同網路卡一樣地也需要各網路作業系統之專屬驅動程式。

(七) 建立連線使用者帳號及權限

一旦網路安裝完畢，其硬體設備和伺服器運作均正常時，為網路使用者建立帳號和權限是最後一項工作。一旦使用者帳號和權限建立完成，整個網路架設安裝便大功告成。

7-2 區域網路的管理

我們之前一再強調區域網路的好處在於資源共享，但網路是多人使用的機制，既然是多人使用就免不了要管理，否則可能引發不必要問題。所以好的管理策略，對於維護網路正常永續運作，有莫大助益。

區域網路管理可分為五大類，一、設備管理，二、效能管理，三、帳戶管理，四、安全管理，五、系統維護，以下將逐一討論各項細節。

7-2-1 設備管理

設備管理廣義的說，便是針對網路上所有實體資源，如伺服器、工作站和相關網路週邊設備，做定期維護保養。由於網路均是二十四小時不停運作，所以網路上的設備都有可能隨著使用時間增長產生故障的現象，當然網管人員絕對不要有真的等到系統故障發生時再進行維修處理的想法，因為網路一旦發生故障勢必要中斷網路正常使用，這會影響到其他網路使用者正常工作運作，如果是即時且重要的網路交易，因為網路故障而影響商機那更是划不來。當然誰都不希望網路會突然損壞，但誰也無法保證網路設備會不會突然損壞，所以好的網路設備管理模式是必須且重要的。

一般設備管理方式主要方法有二：使用備援及定期備份，說明如下：

(一) 使用備援

備援簡單來說就是將原來主體做一完整複製，也就是分身的觀念，而平常是主體在運作，而分身只是當主體發生故障時來替代主體位置，直到主體恢復正常重新連線為止。這種觀念類似正副首長模式，一旦正首長生病或發生意外，副首長立即升任為正首長執行職務，直到正首長恢復為止，如圖 7-6 所示。

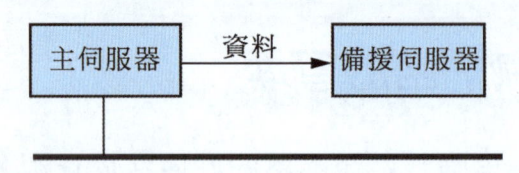

（a）平時只有主伺服器工作，備援伺服器僅和主伺服器做重要資料同步

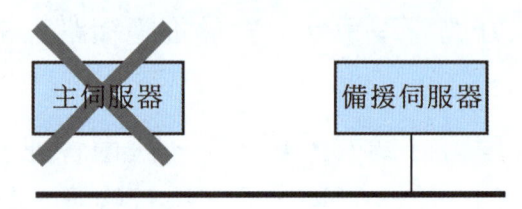

（b）一旦主伺服器故障，備援伺服器立即接手處理

圖 7-6　完全備援系統

備援一般都用在伺服器上面，特別是重要的伺服器如網路主伺服器、資料庫應用系統伺服器等，因為這些主體一旦故障馬上影響網路運作。備援伺服器的作法就是把原來主體伺服器內容完整複製，使其兩台伺服器儲放資料維持同步。複製方式可以採用資料備份/回復方式（參考下面定期備份說明），或者線上使用鏡射（mirror）(註)，原來伺服器一旦故障，則備援伺服器可以馬上就位連線取代原來伺服器。由於備援系統是做一個完整分身的設計，平常是備而不用，當然付出成本也就相對提昇，需不需要就見仁見智。

> **鏡射（mirror）(註)**
>
> 鏡射主要的作用在於將同樣的資料同時寫在兩部硬碟上，或者兩部檔案伺服器，以確保資料都有對應的備份。

上述的實作方式稱為完全備援，此外還有一種部分備援的方式，簡單說就是將一部伺服器所有工作同時分擔給其他伺服器，但這些伺服器平時也有其專職功能，只有當原來伺服器故障後，這些被分擔伺服器才會開始執行原來伺服器所委託的功能。這有點像一般職場上所謂職務代理人制度，平時大家各忙各的，一旦有人生病或請事假時，其他同事幫忙處理請假同事相關業務一樣，如圖7-7所示。

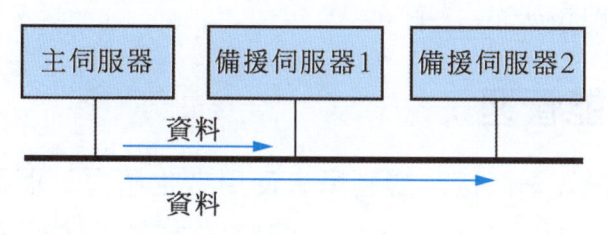

（a）平時所有伺服器都在工作，且都和備援伺服器做重要資料同步

（b）一旦主伺服器故障，所有備援伺服器立即接手處理，分擔事務

圖 7-7　部分備援系統

(二) 定期備份

許多伺服器內所存放的資料，是企業運作的核心和財產，其重要性是無可言喻的。如果擔心這些資料伺服器運作會無預警故障造成內部資料無法正常運作，最佳的應對策略便是定期備份。備份的目的便是一旦伺服器損壞後隨即修復，最新備份的資料可以馬上回復（restore）至上次備份的狀況，如果上次備份情況愈接近伺服器損壞時間，則因伺服器損壞所造成傷害降到更低。

作為一個網路管理人員必須執行例行工作以維護網路的有效運作。這些工作包括維護及管理使用者帳戶、備份與還原重要資料以及監控網路事件等。一個網路的穩定性和安全性，是網路管理就重要的兩大課題。穩定性指的是網路連接設備或網路作業系統是否會常常當機，如果當機會使網路使用者資料遺失或產生不正常運作，這是不容許地，這也是區域網路的硬體設備或應用軟體要比一般個人電腦要求更嚴苛且價格更昂貴之故。

當然網路的需求是日新月異，且許多硬體規格也不斷進步演化，一旦有更快速或更優秀的規格產品推出後，網路設備自然也要升級以因應更複雜的需求，以提升競爭力。所以改善現有環境提升效率，也是設備管理重大的工作。

7-2-2 效能管理

網路運作效率直接影響到所有使用者生產力，網路若時常壅塞，所有網路作業便顯得緩慢，所以隨時注意網路執行情況，保持網路暢通，也是網路管理人員重要的工作。

一般網路效能會變差有三個原因，一、伺服器執行錯誤，二、使用者過度使用，三、遭受網路病毒攻擊。

(一) 伺服器執行錯誤

由於伺服器主要作用便是不斷接收使用者所要求的服務，一旦伺服器執行發生錯誤，使用者所要求的服務將會被擱置在一旁而無法正確執行完畢，一直佔據伺服器處理時間而無法結案。此時若系統沒有辦法有效處理這種問題，便造成伺服器始終處於忙碌（busy）狀態，當新的要求不斷進來，便可能造成伺服器發生過載現象。一旦伺服器過載，執行速度便大幅滑落，致使所有處理變得很慢，單位產能自然隨之下滑。此時使用者因得不到回應不明究裡還以為網路發生什麼問題，不斷地持續發出要求，結果網路使用量愈累積愈多，使伺服器執行惡化情況雪上加霜，最後造成癱瘓。

伺服器本身一般都有監督程式觀察是否有過載現象，一旦發生過載，網管人員必須馬上終止影響伺服器的行程（必要時可能要重新開機），盡快讓伺服器回復正常使用。

(二) 使用者過度使用

網路由於是眾人所使用，免不了會有私人電子郵件或檔案資料透過網路存取，這種行為如果是偶而為之還無傷大雅，但最怕有些使用者公器私用，利用公有網路去下載一些和公事無關的檔案（如圖片影像檔、MP3 檔），一旦這些檔案總數過大時，則可能造成網路頻寬過度使用現象，影響網路效能。

為防制使用者過度使用，許多伺服器均有連線日誌記錄（log）功能，例如記錄某個使用者每日上載或下載多少檔案容量，進而分析佔據頻寬嚴重性，做為警戒的依據。但因為目前法令規則訂定仍十分不清不楚，類似使用者過度使用情況，可說是目前網路管理最棘手的問題。

(三) 網路病毒攻擊

網路病毒指的是可在電腦網路散佈的病毒程式。這些病毒有些可在區域網路流傳，有些則可在網際網路流傳，但無論如何所有已知的網路病毒都是利用網路作業系統或伺服器軟體的程式漏洞，進而產生無效網路資料封包，無止盡丟到網路上造成網路壅塞來癱瘓網路正常運作。

網路病毒的產生可能是某些使用者感染病毒後散佈到網路上或是駭客(註)蓄意攻擊所致，但不管如何一旦網路發生異常現象，網路管理者必須中斷網路使用並盡可能恢復錯誤，並儘速將病毒清除。

駭客(註)

駭客(hacker)其實是一種以電腦工作來展示其強大程式技巧的人，大多都是為追求破解高難度防禦系統而滿足之狂熱份子。許多駭客不斷地嘗試去破解各項系統，其目的在於測試自己的功力，並竊取他人的運算資源，以作為向更高難度目標攻擊的踏板。

有些駭客入侵系統只是為了追求知識或自我證明，而非藉此謀利，更不會故意毀壞他人資料。但有些駭客卻是為了特殊目的而非法入侵系統進行破壞，例如竄改銀行帳目，竊取國防或商業機密文件等，這類駭客會掀起資訊業腥風血雨，是世界頭痛的對象。

7-2-3 安全管理

　　網路由於是眾人使用，免不了會有私人重要資料如電子郵件、專案資料在網路上流通，為了保護個人重要資料在網路上不被別人非法觀看、擷取甚至盜用，網路安全管理便相當重要。一般而言網路作業系統本身都設計有完善的安全管理機制，但無可否認地，道高一尺魔高一丈，網路上有許多電腦駭客專門入侵網路竊取機密資料販賣圖利或破壞電腦，其手法往往令人防不勝防。也有很多病毒製作者散發病毒攻擊網路，企圖造成網路癱瘓，這類情事雖無法事先預防，但事後補救的能力卻是不可不備，而這些正是安全管理必須注意防範的課題。

　　以下列舉一些安全管理應注意的細節和提供一些作法參考：

（一）提醒使用者每隔一段時間變更密碼

　　使用者密碼確認可說是網路作業系統辨別合法使用者唯一途徑，由於網路作業系統所控管之所有電腦都是認密碼不認人的，所以別人只要獲得我們的帳號和密碼便可冠冕堂皇登入我們的系統，觀察、盜用甚至破壞我們的資料，這些都是網路作業系統所無法偵測到的，故每個網路的使用者都必須瞭解密碼遭人盜用的嚴重性和危險性。所以比較積極的管理方式可考慮每隔一段時間（如每個月或每週）強迫使用者變換一次密碼，儘管造成使用者某種程度不方便，但相對於密碼遭人盜用的可怕後果，這樣保護方式是仍值得。

　　密碼的設計也是有訣竅的，最好用一些無意義字母組合，千萬不要用和自身相關的資訊作為密碼（如自己或親人生日、英文名字等），因為這樣容易被人猜測出進而盜用。

（二）啟動資料稽核功能

　　許多網路作業系統或應用程式系統多有資料稽核的功能，所謂的資料稽核就是每次使用者一旦登入系統後便會開始記錄該使用者所有的一舉一動，例如讀取或修改哪些檔案，使用何種網路資源等，特別在機密等級愈高的系統，資料稽核做的愈詳盡確實。而這些資料稽核產生的資訊檔案，也只有系統特權管理者才有資格讀取。

一旦資料稽核工作完成後，管理者便可每日調閱抽查來觀察是否有異狀，因為一些不正當的資料檔案動作可以透過這些日誌找出蛛絲馬跡。

值得注意的是，一旦啟用資料稽核功能，系統執行速度會受到相當程度的影響（視伺服器等級而定），若不是特別要求資料稽核的必要性，一般都為了讓執行速度更為快速而省略掉這項功能。

(三) 啟動資料加密功能

由於網路傳遞資料均是以封包方式傳輸，每個封包都是完整原始傳輸資料部分切割，傳輸過程並不會對原始傳輸資料做任何修改。然而原始傳輸資料均是以標準的數位編碼如 ASCII 或 UNICODE 儲存，如果資料封包不幸被人擷取，特別是文字資料（text），根本無須費神便可一目了然資料所傳輸的內容，如此一來資料洩密風險便大大增加。但如果在傳輸資料前先做一些特殊處理，把資料透過某種特殊規則轉譯成另一種格式再加以傳輸，即便資料封包被人擷取也因為封包內容被修改過無法獲取正確結果，大大降低資料洩密風險。這種把原始本文資料編成密碼的動作稱為加密（enciphering），反之把密碼反解為本文動作稱為解密（deciphering），而經過加密所產生的結果稱為密碼（cryptogram），如圖 7-8 所示。

資料加密（Cryptography）可說是目前網路資訊保護最有效且是最安全的作法，所以比較先進的網路作業系統均內建此加密功能。

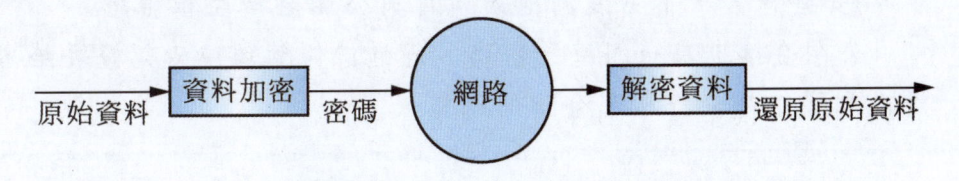

圖 7-8 資料加密-解密方塊圖

常見的資料加密-解密方法有很多種演算法，由於超出本書範圍，請自行參考網路安全相關書籍。

(四) 啟動數位簽名功能

為了確保透過網路電子交易的安全性，資料安全管理可說是目前最熱門的課題之一，其主要的目的便是確保網路溝通的雙方彼此資料的公信力，主要目標有三：

(1)資料完整性：確保文件傳輸過程中不會被人偷改。
(2)資料發送之不可否認性：除了確認發送者身份外，還必須讓發送者無法否定這份資料是他所發出。
(3)資料保密性：確保資料在網路上不會被人偷看或流傳。

數位簽名（digital signature）便是因應網路環境而生的資料保障機制，主要作法是以一組公開金鑰（Public key）及私密金鑰（Private key）(註)的概念來驗證個人身分。使用者若要使用數位簽名前必須向憑證管理中心(註)申請憑證，申請方式及流程是使用者應先自行產生私密金鑰，然後再向憑證管理中心註冊，憑證管理中心經過身分確認後，最後發給申請者一個數位簽名，因為該數位簽名是由憑證管理中心認證，因此這個數位簽名具有不可偽造性。此時憑證管理中心會依據申請者數位簽名產生一個公開金鑰發行出去，爾後任何人收到含數位簽名的檔案資料時，可利用發送者的公開金鑰來驗證該數位簽名的正當性，以確定所收到的資料確實是由擁有該私密金鑰者所發送。

私密金鑰與公開金鑰(註)

私密金鑰為一電子密碼，須由用戶(包括一般個人或機關代表人)妥善保管，不可洩漏他人，可與公開金鑰互相驗證。

公開金鑰也為一組電子密碼，經過憑證管理中心認證發給憑證後，可作為驗證私密金鑰的憑據。

憑證管理中心(註)

憑證管理中心一般都是政府或具公信力的機關單位組成，主要提供憑證管理服務，其服務項目包括：申請者註冊、憑證簽發、廢止、管理、產生稽核記錄等。

憑證管理中心可分商業性質的（要收費），也有政府管理的。台灣的政府憑證管理中心網址為 http://www.pki.gov.tw 。

(五) 啓動防制電腦病毒軟體

電腦病毒雖是防不勝防，但總有脈絡可循，例如在他發作時可能會先破壞某些系統重要資訊內容，或製造系統不正當運作。目前市面上偵測是否感染病毒之病毒偵防軟體（如 Norton Anti-Virus、PC-Cillin 等），這類軟體均為常駐型軟體，隨時背景執行監控系統執行情況，若發現有異常執行操作則中斷系統運作，保護系統資料。

對於之前已發生過的病毒，病毒偵防軟體均可以有效偵測並加以防範，但對於最新的病毒，病毒偵防軟體就未必能偵測得出，所以網路管理者絕不能因安裝病毒偵防軟體就以為萬無一失而掉以輕心，還是要注意防範病毒相關措施，如不使用未經授權的盜版軟體，不打開來路不明電子郵件等，將感染病毒的可能性降至最低。

(六) 使用防火牆

防火牆（firewall）是美國昇陽公司（SUN）和 CheckPoint 公司分別研發出的一種網路安全保護系統，通常安裝在區域網路中的網路位址管理的伺服器上，透過網路位址識別和篩選，以阻擋外界非法的入侵者與內部非正當使用者。因為外部網路被隔絕在防火牆，所以外部網路無法得知內部網路實際運作情形，自然不容易入侵內部網路，如圖 7-9 所示。

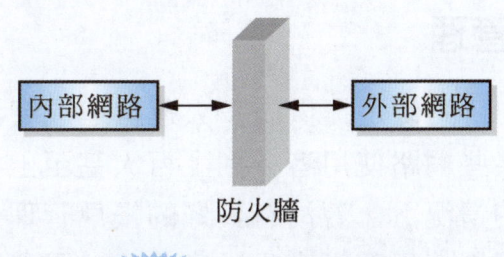

內部網路 ↔ 防火牆 ↔ 外部網路

圖 7-9　防火牆示意圖

由於防火牆只是一套判斷與過濾網路封包是否能由外部網路進入內部網路的軟體，也就是擋掉來路不明企圖不良的封包，放行特定無異狀的封包，其篩選的規則全由網路管理者設定，適當的設定可有效防治駭客攻擊，但設定不好不僅沒有預防效果，還影響網路正常操作。

防火牆由淺入深可區分成下列四種：路由器（Router）、封包過濾（Packet filtering）、狀態檢視（Stateful inspection）、應用層代理（Application proxy）。

(1) 路由器：路由器本身便會決定封包要傳至哪一個網路，並隔離廣播封包，所以提供網路層基本防火牆的功能，但無法進行較複雜的判斷，決定網路封包目的地和實際來源，故僅能算是陽春的防火牆。

(2) 封包過濾：封包過濾型防火牆通常和路由器結合在一起，比起路由器多了封包來源位址和目的位址的檢查，同時可讓使用者設定封包接收規則，來決定是否接受或拒絕封包。

(3) 狀態檢視：狀態檢視型防火牆使用與封包過濾型防火牆類似方法控制網路傳輸，但會進一步檢查資料封包的內容，而不單純只是過濾封包而已，其會根據封包的來源位址和目的位址、傳輸及埠所要求服務，進行判斷過濾，所以這類型防火牆，又稱為智慧型封包過濾防火牆。

(4) 應用層代理：應用層代理型防火牆可說是最高段的防火牆，主要是檢查不同兩台電腦間，於傳輸過程進行資料檢查並檢查連線的合法性。

7-2-4 帳戶管理

使用網路的目的便是提供許多人連線達成資源共享或資訊交流的目的，由於某些網路使用者多則上百人甚至上千上萬人，在這麼多人同時上線的情況下，若沒有良好的帳戶管理規則及制度便容易造成使用者無節制使用資源產生脫序現象，引發網路資源分配不當或效率不彰等問題，進而造成網路管理者的負擔，甚至夢魘。

帳戶管理簡單地說就是幫使用者建立帳號和設定權限，由於使用者人數很多，且每個使用者因為工作性質不同其使用網路資源方式也就不同，所以一般帳戶管理模式都是就使用者工作性質適當加以群組，例如隸屬同一部門或同一單位給予相同管理模式。一旦使用者設定好帳號及權限，網路管理者便可稽查該使用者在網路上是否有非法行為，確保網路使用正常運作。

除此之外有些網路系統使用是採取收費制度的，也就是使用者使用多少時間或使用多少網路資源便按一定費率收費，典型如現在的ISP撥接服務等，便是依據每個月使用者連線多少時間收費。所以網路作業系統也必須提供這些會計管理（accounting）功能，記錄每位使用者網路資源使用狀況、總共連線使用時間及各群組成員網路使用率等管理功能，俾便將來統計做為網路設備資產管理和成本控制的依據。

7-2-5 系統維護

系統維護簡單地說，就是維護網路上所有系統正常運作，包括軟體和硬體，此外一旦使用者有連線錯誤問題發生時，也必須能儘速排除狀況，幫使用者解決問題。

在硬體方面，由於網路上有許多網路設備，每個網路設備有其特定組態（例如網路位址、啟始設定值及執行參數等），這些組態參數也必須設定正確方能使用，所以網路管理人員必須隨時記錄這些組態值，一旦發生問題，可馬上藉由這些隨時記錄組態值將網路恢復原狀。

在軟體方面，一個區域網路除了安裝網路作業系統外通常還安裝好幾套軟體，常見如公司電子郵件收發系統、人事管理系統或工廠物料資料庫管理系統等，這些軟體通常伴隨著網路作業系統一起作業，且很多是公司運作必要軟體，一旦發生問題就可能影響公司正常運作，不可不慎。所以網管人員也必須負責監視這些系統運作是否正常，且要時常備份重要資料，一旦系統發生異常狀況必須趕緊應變處理，儘快讓系統執行恢復正常。當然日後這些套裝軟體若要升級更新時，也是網路管理人員必須負責完成。

系統維護另外一個重要工作，就是幫客戶解決問題，也就是故障排除（troubleshooting）。例如有些客戶因為不熟悉電腦操作使用，胡亂更改機器設定造成網路連線失效，或真的有什麼網路設備故障造成網路連線失效，這些也都必須由網路管理人員負責處理。

由於故障排除是隨機性質的，每次故障往往都是考驗網路管理人員處理解決的能力，而且有些故障情況可能是相當細微難以注意的，因此隨時記錄每次故障發生情況及對應解決方法，並彙整成一個資料庫以便爾後查詢，都是很好的管理方法。

做好網路管理不是件容易的事，特別是當電腦網路規模越來越大且上面電腦愈來愈多時，所以善加利用管理工具程式，制訂良好的規則制度，都是實際做好網路管理工作的不二法門。

7-3 結論

區域網路之安裝及管理均需花費不少成本，所以實際安裝區域網路前必須做一審慎的規劃評估，例如安裝的預算有多少？安裝的伺服器及工作站個數各多少？平均連線人數大約有幾人？系統管理人才能力是否勝任等，以決定網路安裝的規模、頻寬配置方式、網路位址分配及爾後規劃管理維護作業方式等問題。且最好在規劃一開始時就已經考慮好未來擴充與整合能力，以因應環境未來可能的改變。

在網路開始安裝前我們先針對上述要點作一評估，其中包括安裝預算、網路規模、網路頻寬及維護成本四個部分。一旦網路安裝評估確立，便可以開始架設網路，其架設順序包括：

(1)架設網路配線。
(2)採購並安裝網路設備。
(3)安裝網路作業系統。
(4)設定網路主伺服器。
(5)安裝相關伺服器及週邊共享設備。
(6)建立連線使用者帳號及權限。

當所有程序完成後，整個區域網路安裝就算大功告成。

區域網路管理可分為五大類，一是設備管理，二是效能管理，三是帳戶管理，四是安全管理，最後是系統維護。設備管理便是針對網路上所有實體資源，如伺服器、工作站和相關網路週邊設備，做定期維護保養；效能管理便是維持網路運作順暢，防止機器故障或遭受電腦病毒攻擊所引發的錯誤；帳戶管理便是管理使用網路相關人員之帳號和權限，包括新增、刪除及重新設定；安全管理便是保護用戶重要資料在網路上不被別人非法觀看、擷取甚至盜用；而系統維護就是維護網路上所有系統正常運作，包括軟體和硬體，一旦使用者有連線錯誤問題發生時，也必須能儘速排除狀況，幫使用者解決問題。

重點摘要

1. 在安裝區域網路前必須做一審慎的規劃，例如安裝的預算有多少？安裝的伺服器及工作站個數各多少？平均連線人數大約有幾人？系統管理人才能力是否勝任等，以決定網路安裝的規模，頻寬配置之方式、網路位址分配及爾後規劃管理維護作業方式等問題。

2. 安裝區域網路若選擇乙太網路架構，就必須考慮到在同一網路區段，節點數目過多會造成效率影響問題。若考慮架設無線網路，就必須考慮到使用範圍是否過大造成有通訊死角等問題。

3. 安裝區域網路若考慮電腦數量少且區域集中的情況時，通常使用最簡單的集線器星狀拓樸配接方式即可，即使將來要擴充，只要預留集線器插槽即可。

4. 安裝區域網路若考慮電腦數量多且區域集中的情況時，比較好的規劃方式是將區域相近的地方規劃成一個小區域網路，然後再透過集線器或交換器將這些小區域網路整合成一個大區域網路。

5. 安裝區域網路若考慮電腦數量多且區域分散的情況時，比較好的規劃方式是將區域相近的地方規劃成一個小區域網路，然後再透過集線器或交換器將這些小區域網路整合成一個大區域網路。每個大區域網路再用路由器切割，如此便可過濾廣播封包，提高網路傳輸效益。

6. 當每一台工作站安裝並設定好網路卡後，接下來必須為其設定一個獨一無二的辨別位址，這位址視所執行的通訊協定而有所不同。

7. 區域網路管理可分為五大類，一、設備管理，二、效能管理，三、帳戶管理，四、安全管理，五、系統維護。

8. 設備管理廣義的說，便是針對網路上所有實體資源，如伺服器、工作站和相關網路週邊設備，做定期維護保養。設備管理方式主要方法有二：一、使用備援，二、定期備份。

9. 一般網路效能會變差有三個原因，一、伺服器執行錯誤，二、使用者過度使用，三、遭受網路病毒攻擊。

10. 在傳輸資料前先做一些特殊處理，把原始本文資料編成密碼的動作稱為加密，反之把密碼反解為本文動作稱為解密，而經過加密所產生的結果稱為密碼。

11. 數位簽名是因應網路環境而生的資料保障機制，主要作法是以一組公開金鑰(Public key)及私密金鑰(Private key)的概念來驗證個人身分。

12. 防火牆主要功能是保護網路安全運作，通常安裝在區域網路中的網路位址管理的伺服器上，透過網路位址識別和篩選，以阻擋外界非法的入侵者與內部非正當使用者。

習 題

一、是非題

(　) 1. 區域網路之安裝及管理因花費不了太多成本，所以實際安裝時不需要做一審慎的規劃評估。

(　) 2. 網路硬體設備使用久了難免發生故障，誰也無法保證會不會有突如其來的天災人禍造成設備損毀，所以平常保養維護是很重要的工作。

(　) 3. 在一般個人工作室或小規模公司，適合使用最簡單的集線器星狀拓樸配接方式即可，即使將來要擴充，只要預留集線器插槽即可。

(　) 4. 在微軟網路上的每部電腦，都必須有一個獨一無二的電腦名稱，該電腦名稱在同一個網路內不可以重複使用。

(　) 5. 網路卡上若有指示燈信號，如果網路連線有問題，則指示燈信號便會不斷閃爍。

(　) 6. 如果作業系統有支援隨插即用（plug and play）的功能，安裝網路卡只要一插上去開機後便偵測到，自行安裝驅動程式。

(　) 7. 每個資料庫伺服器運作都由網路作業系統統一管理，故安裝設定方式和步驟則視網路作業系統而定。

(　) 8. 電腦病毒可說是無孔不入，所以防制也沒有用。

(　) 9. 一般設備管理方式主要方法有二：一是使用備援，二是定期備份。

(　) 10. 將一部伺服器所有工作同時分擔給其他伺服器稱為完全備援。

(　) 11. 資料加密可說是目前網路資訊保護最有效且是最安全的作法，然而加密後的資料無法還原。

(　) 12. 安裝網路卡時必須注意網路卡提供的接頭是否和現裝的網路介面接頭相符，否則無法使用。

(　) 13. 主伺服器最好放置在機房作集中管理，避免讓閒雜人等任意使用或破壞資料。

(　　) 14.日後網路作業系統或其他套裝軟體若有升級需要時，網路管理人員也必須負責完成。

二、選擇題

(　　) 1.一般企業內部負責管理網路資訊化的單位是
(A)研發部　(B)人事部　(C)MIS 部門　(D)總務部。

(　　) 2.下列何者不是預防電腦病毒正確的作法？
(A)不任意開啟來路不明的電子郵件
(B)安裝有版權的防毒軟體
(C)不執行未經授權的軟體
(D)使用網路下載資料時不必注意下載來源是否正確。

(　　) 3.下列何者不屬於區域網路管理應屬範圍？
(A)設備管理　(B)帳戶管理
(C)安全管理　(D)使用者私人資料備份。

(　　) 4.安全管理上所使用的數位簽名所用的私人金鑰，其實就是
(A)一組密碼　　(B)一個傳輸協定
(C)一個說明文件　(D)一套加密演算法。

(　　) 5.有關防火牆敘述，何者正確？
(A)防火牆是美國IBM公司和CheckPoint公司分別研發出的一種網路安全保護系統
(B)防火牆主要功能便是擋掉來路不明企圖不良的封包，放行特定無異狀的封包
(C)防火牆一定包含特定硬體平台
(D)防火牆執行時不會影響網路運作效能。

(　　) 6.又稱為智慧型封包過濾防火牆是下列哪一種形式防火牆？
(A)路由器　(B)封包過濾　(C)狀態檢視　(D)應用層代理。

三、問答題

1. 在實際安裝區域網路前必須做一審慎的規劃評估,請問評估的重點有哪些?

2. 為何網路頻寬一致性對於即時系統相當重要?

3. 網路安全管理有哪些應注意的細節和作法,試分述之。

4. 防火牆由淺入深可區分成下列四種,試分述之。

Chapter 8
第 8 章

網際網路應用

學習目標

1. 瞭解網際網路的由來。
2. 瞭解TCP/IP通訊協定,包括IP、TCP、UDP等通訊協定及網域名稱查詢。
3. 瞭解網際網路的各種應用,包括電子郵件、檔案傳輸及全球資訊網等。
4. 瞭解網際網路最新發展趨勢,包括電傳視訊、電子商務、電子出版、視訊會議、遠距教學及遠距醫療等。

Computer Network

在先前的章節，我們所討論的課題，不論從架構或技術方面主要都集中在區域網路，雖然區域網路是最基本的網路架構，但由於效能的考量，區域網路通常只能限定在某個傳輸距離和內部節點總數目，如果要考慮不同區域網路彼此能相互連接，則必須設計一種通用介面讓不同區域網路也能相互溝通，如此一來對任何網路的使用者除了和他同屬區域網路溝通外，更可以和其他網路使用者互相通訊，不論是其他國家的區域網路或廣域網路，真正做到了資訊無國界天涯若比鄰的境界，這種網路和網路間的連通就是網際網路（Internet）。

也因為網際網路串連起各不同地方的區域網路，所以我們可以把網際網路想像成一個範圍涵蓋全世界的超大型網路，任何地方的使用者不論使用何種電腦，執行何種作業系統，只要可以連接上網路（不論是透過數據機撥接上網或透過網路專線上網），就可以連上網際網路。只要一連上網際網路，我們就可以和來自世界各地不同用戶相互溝通或交換資訊，且速度僅在彈指之間，比起傳統的郵遞書信交換，網際網路快速先進多了。

由於網際網路最大的好處在於快速串起不同地方溝通的管道，因此任何活動只要能網路化的都可利用網際網路來取代，例如電子郵件（e-Mail）、線上購物、申辦事情或傳遞訊息等，目前都有網際網路解決方案。

網際網路和區域網路是截然不同的觀念，區域網路講究的是具效能的、保密的，反之網際網路講究的是包容性高的、可分享的。由於區域網路範圍小，設定上也較簡單，所以比較好管理。然而網際網路由於範圍太大，也沒有設立一個標準具公信力管理組織，所以無法也無從管理。因此網際網路可說是一個不設防的虛擬世界，其中的遊戲規則是建構在使用者和使用者彼此之間互相的尊重和協調。

8-1 網際網路發展過程

在第四章我們介紹網路基本概念時曾提到廣域網路 WAN 的概念，廣域網路終極目標就是連接世界各地所有的網路，也就是全世界各處電腦只要有連上網路，透過WAN就可以和其他地方電腦相互溝通，這是一個很偉大的成果，然而這個目標已經實現了，答案就是網際網路。

網際網路的發展要追溯至 1968 年，美國國防部先進研究計劃署（Defense Advanced Research Projects Agency 簡稱 DARPA）接受若干公司與大學的建議，提供資金研發一個實驗性的以封包技術傳輸處理的網路雛形，也就是 ARPANET，目的在於研究堅固、可信賴且與廠商無關獨立於電話系統之外的全國性數位通訊技術，當初設計的目標主要是因應可能發生戰爭時需求（因為那時美國和蘇聯正處於冷戰階段），事實上許多現代的數位通訊技術和系統模式都是在那時候被研究開發出來。ARPANET 雖是實驗性質、但卻很成功，透過它已經可以讓不同地點的人員互相傳遞電子郵件與資料檔案，也可以遠端連線至其他地點的電腦系統，使許多政府機構開始連上網路，進行例行的資料交換。

1969 年 ARPANET 開始正式運作，但由於 ARPANET 最初的通訊協定彈性不大，因此在擴充上較為困難，但實際的運用後發現好處真的很多值得推廣，故於 1975 年 ARPANET 由實驗性網路轉換為操作性網路，而整個網路則交由國防部通訊署（Defense Communications Agency，簡稱DCA）管理，儘管ARPANET儼然成為一個操作系統，但並未終止更進一步的發展，在ARPANET轉為操作型網路之後，不久即發展出基本的 TCP/IP 通訊協定，並於 1980 年正式問世。有關 TCP/IP 通訊協定，將在下一節做更進一步討論。

TCP/IP通訊協定的問世，造成相當大的迴響，致使DARPA計畫把手上所有研究網路的機器轉向TCP/IP協定。直到1983年，美國國防部正式下令將TCP/IP做為軍事標準通訊協定，為了使轉換的工作容易些，DARPA 提供資金鼓勵大學研究單位協力推廣及開發更新的 TCP/IP 通訊技術。由於當時多數美國大學計算機系統採用柏克萊大學發展的 BSD UNIX 作業系統，所以順理成章便將 TCP/IP 協定嵌入至 BSD UNIX 內，這也正是為什麼很多 TCP/IP 軟體的原生環境皆是以 UNIX 為主。

由於 TCP/IP 技術和 Internet 的成功，致使美國國家科學基金會（National Science Foundation，簡稱NSF）也開始建立一個採用TCP/IP 的網路：NSFNET。此網路除了提供學術界免費的服務外，也服務商業界並酌收些許使用費。後來NSF還陸續成立五個超級電腦中心，彼此以高速網路相連接，可說是把 NSFNET 正式推上檯面。由於NSFNET被廣泛使用，因此逐漸成為許多網路的骨幹（backbone）。

如今，網際網路的規模已今非昔比，幾乎現在所有國家的大學、學術研究單位、政府部門甚至企業公司都已參與連線，甚至連民營業者也紛紛加入整個陣營，也就是我們熟悉的ISP，提供一般家庭更快速且便利上網服務，且規模還不斷地在增加之中，相信在不久的將來，全民上網不再是一個口號，如圖 8-1 所示。

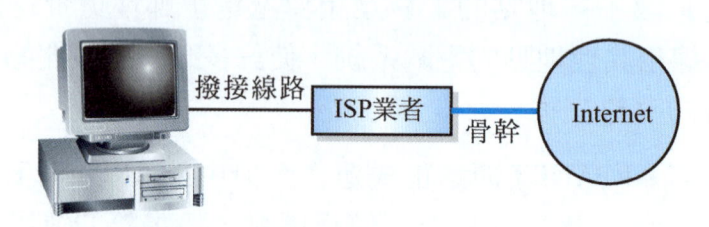

圖 8-1 一般家庭用戶連上網際網路

8-2 TCP/IP 通訊協定

網際網路標準的通訊協定，就是 TCP/IP，然而 TCP/IP 的意思是代表什麼呢？事實上 TCP/IP 所代表是一組通訊協定的名稱（詳細內容參照表 8-1 及後續說明），而以該組協定中最重要的兩個協定TCP 和 IP 為名。

TCP/IP 通訊協定允許執行不同作業系統的電腦彼此通訊，只要該作業系統有支援即可，這種跨平台特性使得 TCP/IP 通訊協定成為異質電腦系統間彼此溝通連接最適合的通訊協定。再加上 TCP/IP 通訊協定是一種開放架構，並不屬於某家企業公司或團體所屬專利，換句話說任何關於 TCP/IP 通訊協定的實作細節及技術都可以公開取得，而且只需少許費用，甚至免費，所以網路廠商為 TCP/IP 開發相關產品的意願也就大幅提高，進而造成使用風潮，這正是 TCP/IP 通訊協定成功之道。現在更由於網際網路應用成功，TCP/IP 通訊協定早已變成目前最廣泛使用也可說是必備的通訊協定。

　　TCP/IP 通訊協定是一種層級式（layering）的結構，每一層都有其專屬任務編制，且每一層都只能呼叫它的下一層所提供的服務來完成自己的需求。這種作法和 OSI 的分層架構的觀念是一致的，只是TCP/IP 通訊協定共分為四層，即應用層、傳輸層、網際層和網路存取層。這個分層又稱為DoD模型（Department of Defense model），如圖 8-2 所示。

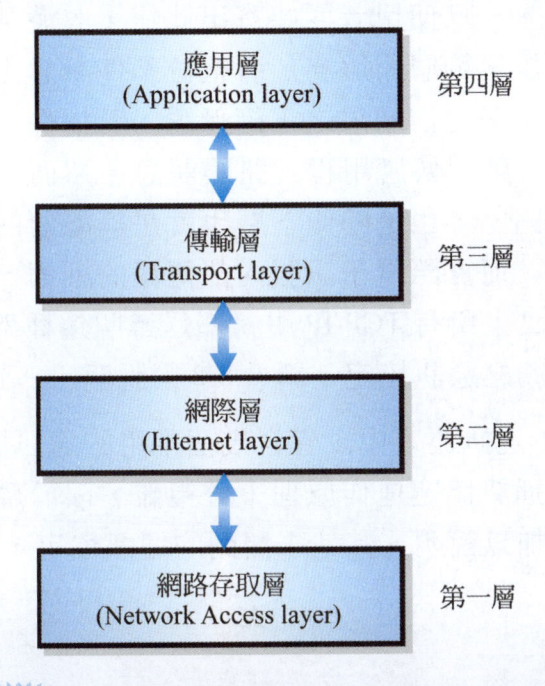

```
        應用層
    (Application layer)         第四層

        傳輸層
     (Transport layer)          第三層

        網際層
      (Internet layer)          第二層

       網路存取層
   (Network Access layer)       第一層
```

圖 8-2 TCP/IP 協定架構（DoD 模型）的層次

(1) 應用層：應用層主要著眼點在於不同應用程式間彼此溝通的協定，如接收和傳輸電子郵件之通訊協定、兩部電腦彼此間做檔案傳輸所需的通訊協定等，都屬於應用層設計規劃的範疇。例如瀏覽程式如何與WWW伺服器溝通、電子郵件軟體如何從郵件伺服器下載郵件等等。

(2) 傳輸層：傳輸層主要負責端點間資料傳輸服務的一致性，確保傳輸端所傳輸資料已被接收端正確接收，若有問題便要做適當的錯誤處理。

⑶網際層：網際層主要負責提供基本的封包傳輸功能，讓每一塊資料封包都能夠到達目的端主機，但不檢查是否被正確接收。

⑷網路存取層：網路存取層即是實質網路媒體存取管理協定，定義如何使用實際網路（如 Ethernet 等）來傳輸接收資料。

　　舉例而言，當我們要寄一封電子郵件給遠方親友時的時候，首先我們啟動收發郵件的應用程式（如 Outlook），透過收發郵件應用程式來指定這封郵件的收件人及寄件人姓名及地址，以及郵件的內容。這些資料格式不論是編碼和傳輸方式都定義在電子郵件協定中，也就是應用層。一旦使用者開始寄出此信，收發郵件應用程式便呼叫下層，也就是傳輸層的服務，將整份郵件訊息由本地送到收件人的信箱去，且確保送信結果之正確無誤。若信件無法正確送達（可能網路故障），則回傳應用程式錯誤訊息。然而傳輸層如何將資料封包發送至網路上，也是呼叫下層也就是網際層的服務，將封包丟到網路上傳輸，而實際電子訊號內部傳輸的細節，就是網路存取層的工作了。事實上所有 TCP/IP 服務都是遵照這種架構模式運作，有關其他詳盡服務之通訊協定，請看 8-3 節說明。

　　在 TCP/IP 通訊協定中，包含幾個常用的通訊協定，如表 8-1 所示，由於這些通訊協定運作原理十分複雜，限於篇幅僅挑選出較重要的通訊協定加以說明。其他未提到的通訊協定，請自行參考 TCP/IP 相關書籍。

表 8-1　TCP/IP 通訊協定

分　　層	協　　　　定
應用層	MTP（Simple Mail Transfer Protocol，簡易郵件傳輸協定） POP（Post Office Protocol，郵件遞事務協定） HTTP（Hypertext Transport Protocol，超文件傳輸協定） FTP（File Transfer Protocol，檔案傳輸協定） TELNET（終端模擬程式）
主機傳輸層	TCP UDP
網際層	IP ICMP IGMP
網路存取	ARP RARP

8-2-1　IP 協定

IP 協定（Internet Protocol，網際網路協定，簡稱 IP）是網際層中最重要的協定，也是所有 TCP/IP 通訊協定的基礎。IP 制定了所有在網路上流通的封包資料格式與規則，如傳輸封包格式、封包內包含多少資料、如何選擇傳輸路徑、如何偵測錯誤等。整體來說 IP 主要提供三項基本服務，一是 IP 定址，二是 IP 封包傳輸，三是 IP 路由。

(一) IP 封包格式

IP 傳輸資料的基本單位是 IP 封包，IP 封包主要由主要由 IP 表頭（header）及負載資料（payload）所組成，如圖 8-3、8-4 所示。

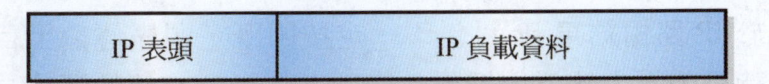

IP 表頭	IP 負載資料

圖 8-3　2 IP 封包結構

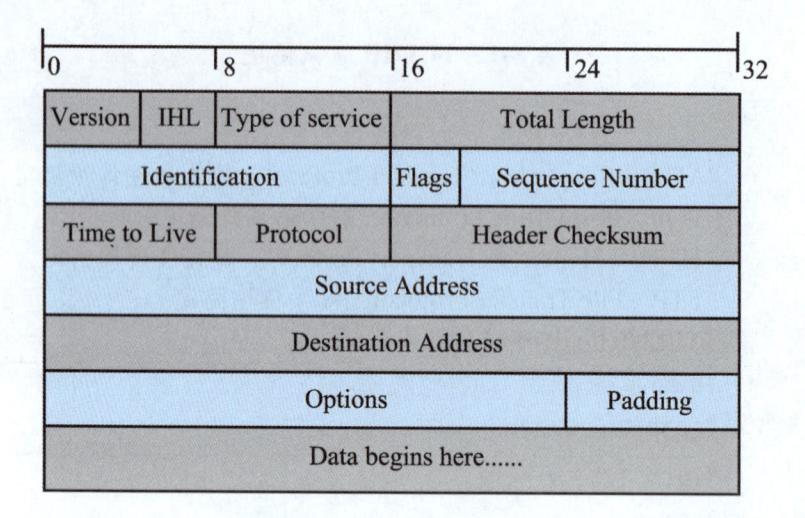

```
 0        8         16        24        32
┌──────┬────┬──────────┬──────────────────┐
│Version│IHL │Type of service│  Total Length │
├──────┴────┴───────┬──┴──────────────────┤
│   Identification  │Flags│ Sequence Number │
├──────────┬────────┴────┴────────────────┤
│Time to Live│ Protocol │    Header Checksum│
├──────────┴──────────┴────────────────────┤
│            Source Address                │
├──────────────────────────────────────────┤
│          Destination Address             │
├──────────────────────┬───────────────────┤
│       Options        │     Padding       │
├──────────────────────┴───────────────────┤
│          Data begins here......          │
└──────────────────────────────────────────┘
```

圖 8-4　IP 資料表頭格式

IP 表頭主要記錄有關 IP 位址、路由及識別等資訊，其中包括：

(1) 來源位址（Source Address）：記錄該封包是由何處發出此訊息的主機位址，有了此一位址，目的端主機才知道資料封包從何處來，在必要時可以回覆訊息。

(2) 目的位址（Destination Address）：記錄該封包要傳輸之目的端接收訊息的主機位址，有了此一位址，網路上的各路由器才能判斷將資料包往何處送。

(3) 協定編號（Protocol Number）：記錄 IP Payload 所載送的是何種協定的資料（TCP 或是 UDP 等其中之一）。該封包一旦被目的端接收，便依據協定編號交給所負責的上層通訊協定處理。

(4) IP 封包識別碼（Identification）：IP 封包識別碼主要用來識別目前 IP 封包的順序，此數字由來源端主機所指定，例如第一個傳輸封包的識別碼若指定為 1000，則下一個傳輸封包的識別碼為 1001，再下一個傳輸封包的識別碼便為 1002，以此類推。由於 IP 路由結果 IP 封包不一定按照既定順序傳輸至目的端，此時目的端主機便依據封包識別碼判斷原來傳輸順序是否正確，若不正確再重新組合。

(5) 切割重組資訊（Flags 和 Fragment Offset）：當 IP 封包被傳輸到某網路時，如果該網路沒有辦法傳輸原來所定義資料大小的封包時，每一個封包會被切割成幾個更小的封包再逐一傳輸，此時 Flags 和 Fragment Offset 被用來記錄追蹤這些封包，俾便將來重組用。

(6) 存活時間（Time to Live，TTL）：由於 IP 封包在網路傳輸過程可能遭受意外而無法準確到達目的端，此時便會被放逐在網路上流浪，為避免中 IP 封包永遠流浪，便規定存活時間這個數字，只要該封包每經過一個路由器處理的時候就會被遞減一次，當此值遞減至 0 時，此資料包會被丟棄不再傳輸，如此就可以避免萬一傳輸的路徑形成迴路時無法停止傳輸。

(二) IP 定址

IP 規定網路上所有節點都必須有一個獨一無二以供識別的 IP 位址（IP Address），IP 便是根據這些位址去識別網路節點位置之所在，這個機制就是IP定址。IP 位址的觀念和我們生活中的地址是一樣的，若有人想寄件給你就必須先知道你家門號住址，否則將無法寄達。

1. **IP 位址的格式**

   IP 位址是一組由四個整數所構成的唯一數字，這四個整數中的每個整數各長一個位元組，範圍由 0～255。故 IP 位址可視為是一個 32 位元之整數值。但實際表示一個 IP 位址時，是以一個句點 '.' 隔開四個十進位整數的方式，這種表示法又稱句點標記法（dotted notation），例如 44.70.112.34、203.74.123.22、168.25.1.10 等等。

   （二進位值） 00100111 10000011 01010011 10000010

   （十進位值）   39   131   83   130

   故IP位址＝39.131.83.130

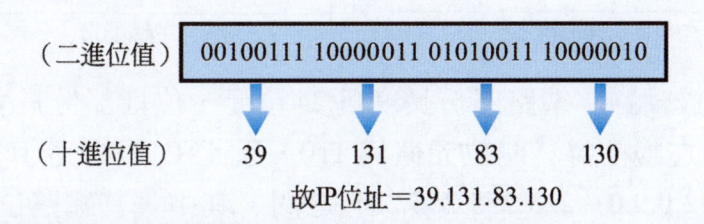

   IP 位址編碼方式事實上有其特殊意義的，前半段主要是由網路（network ID）所組成，後半段主要是由主機（host ID）組成。網路位址可用來識別所屬的網路，主機位址才是定址網路節點的位置。

若依照上述原則，IP 組成方式則按照網路等級來分，然而網路等級的區別方式，是以 IP 位址最高位元組的值來判定，其他位元組再分成網路 ID 和主機 ID 兩部分。最早規定方式是將網路分成 A、B、C、D、E 五個等級，但目前僅有 A、B、C 三個等級正式使用，D 和 E 則保留給未來使用，詳述如下：

(1) A 級網路：網路部份長度為 8 位元，位址部份長度為 24 位元，最左邊（即最高位元值）為 0，所以範圍由 0.0.0.0～127.255.255.255。其中，其網路位址共有 $2^7 = 128$（十進位值為 0～127）個，主機可用位址 $2^{24} = 1677216$ 個，這麼大定址空間，只有國家單位或大公司才會分配的到。

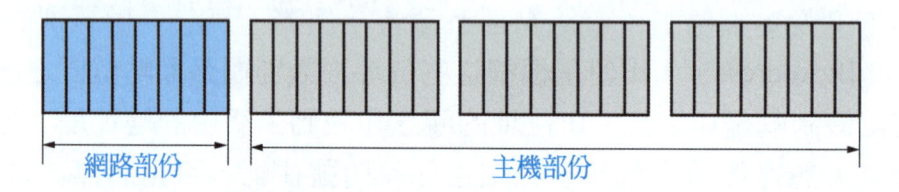

|網路部份|主機部份|

(2) B 級網路：網路部份長度為 16 位元，位址部份長度亦為 16 位元，最左邊前導兩個位元值為 10，因此 B 級網路 IP 位址範圍由 128.0.0.0～191.255.255.255 之間。其中，其網路位址共有 $2^{16} = 65536$ 個，主機同樣也是 $2^{16} = 65536$ 個。B 級網路的位址分配，通常都是分配給 ISP、學校單位或跨國企業使用。

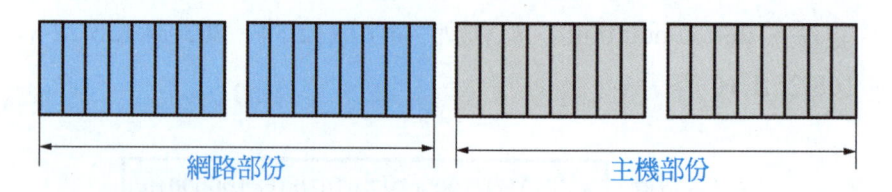

|網路部份|主機部份|

(3) C 級網路：網路部份長度為 24 位元，位址部份長度為 8 位元，最左邊前導三個位元值為 110，因此 C 級網路 IP 位址範圍由 192.0.0.0～223.255.255.255 之間。其中，其網路位址共有 $2^{24} = 16777216$ 個，主機只有 $2^8 = 256$ 個。C 級網路的位址分配，通常都是分配給小規模企業公司。

| 網路部份 | 主機部份 |

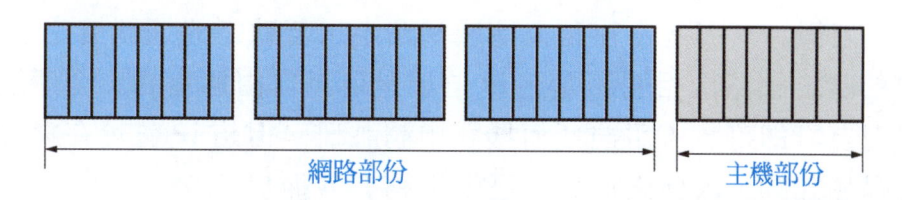

(4) D 級網路：最高四個位元值為 1110，此種 IP 位址保留做為多點傳輸群組 ID。

(5) E 級網路：最高五個位元值為 11110，此種 IP 位址保留供未來使用。

另外，在各種等級的 IP 位址中，主機部份位元皆為 0 或 1 的兩種 IP 位址，也都保留作其他用途。主機部份位元皆為 0 的 IP 位址用於代表整個網路，例如 A 級網路 21.0.0.0 代表網路 21，同樣地 B 級網路 128.56.0.0 代表網路 128.56。位元皆為 1 的 IP 位址則為廣播位址（broadcast address），此位址用於同時定址指定網路上的所有主機，例如 21.255.255.255 是網路 21 的廣播位址；同樣地 128.66.255.255 是網路 128.66 的廣播位址。

負責分配管理 IP 位址最高機構為 ICANN（Internet Corporation for Assigned Names and Numbers），ICANN 會依照地區和國家，授權給高公信力單位來執行 IP 分配工作，其中台灣是由 TWNIC（Taiwan Network Information Center，財團法人台灣網路資訊中心）所負責。目前 TWNIC 分配原則是部分 IP 給學術網路，部分 IP 給各 ISP，再由各 ISP 自行接受民眾或公司行號申請。所以使用者要申請 IP 是向自己所屬 ISP 申請，而不是向 TWNIC 等單位申請。

IP 定址可說是網際網路通訊最基本要求，任何電腦想要連線至網際網路前必須先註冊一個未被使用的 IP 位址，這樣才不會和別人衝突。如同前面所說，IP 位址應該是唯一的，每一個 IP 位址必須對應至不同的主機，就好像每個身份證號碼對應至的人是唯一的道理一樣，但反過來卻不一定成立，因為同一台主機而言，IP 位址可以是多重的，例如閘通道為網與網之間的通口，它就必須同時具有兩個網以上的 IP 位址。

值得注意的是，在私人區域網路中，若執行的通訊協定是 TCP/IP 的話，網路內相關節點之 IP 位址是可以自由選定的，全憑網路管理者自訂即可，不用向任何機關申請註冊，但這 IP 位址在網際網路上是無效的，因僅限於所屬區域網路有效而已。

(三) IP 封包傳輸

IP 封包傳輸方式主要有三種：單點傳輸、廣播傳輸及多點傳輸，如下述：

(1) 單點傳輸（Unicast）：又稱為一對一傳遞模式，在此模式下來源端所發出的封包只有目的端位址才會接收，這是最常使用的傳輸方式。

(2) 廣播傳輸（Broadcast）：此屬於一對多傳遞模式，在此模式下目的端位址是一個網路而不是單一裝置，因此來源端所發出的封包在目的端網路內所有節點都會收到。使用廣播封包由於相當耗費頻寬，所以沒有絕對必要，應避免使用。

(3) 多點傳輸（Multicast）：此屬於一對多傳遞模式，介於單點傳輸和廣播傳輸之間。在此模式下來源端所發出的封包，同時有一群預先指定好的目的端位址會接收。這樣做的好處是增加傳輸效率及減少頻寬的浪費。舉例來說若相同資料封包要發送給 N 個目的端位址，若採用單點傳輸必須重複執行 N 次，若使用廣播傳輸則所屬網路其他節點都會收到，不管如何都會影響效率浪費頻寬，若可以使用多點傳輸便可一次傳輸出去，而不必重複執行。

(四) IP 封包切割和重組

當 IP 封包在網際網路傳輸時，由於網際網路是由成千上萬個區域網路環環相扣連結而成，每個區域網路可能使用不同 MAC 技術，而每種網路均定義不同最大傳輸單位（Maximum Transmission Unit，簡稱 MTU，也就是該網路下所能傳輸最大封包長度）。如乙太網路 MTU 為 1500 位元組，ATM 為 9180 位元組。所以為解決不同網路因封包長度不同而產生不相容問題，IP 封包經過不同類型網路時，路由器必須有IP封包切割和重組的功能，也就是將MTU較大網路封包加以切割，以便能在MTU較小的網路上傳輸，同時目的端也能重組這些切割後的IP封包，還原成原來模樣。

(五) IP 路由

IP 路由（routing）指的便是來源端 IP 封包透過不同網路傳輸到目的端的過程安排。也就是說除非來源端和目的端在同一個區域網路內，否則任何一個IP封包傳輸，都必須經過IP路由，如圖 8-5 所示。

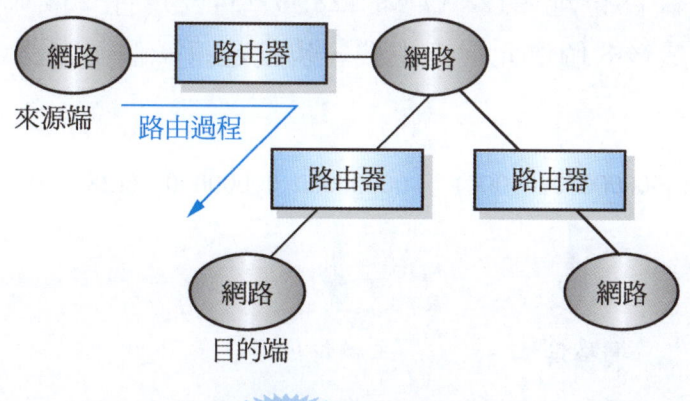

圖 8-5　IP 路由

IP 路由主要透過路由器或閘道（請回顧第五章），為了能正確轉送 IP 封包，路由器必具根據封包的目的 IP 位址，替目前傳輸封包找出一條最佳傳輸路徑。由於路由器工作原理已超出本書範圍，請參閱相關 TCP/IP 書籍。

(六) 子網路（Subnet）

子網路又稱次級網路，其主要目的便是解決 IP 為只當初設計的一些缺點。由於 IP 位址設計方式分為兩部分，前半部是網路位址，後半部是主機在網路中的位置，也就是主機位址。雖然大部分情況下，一個網路位址都對應至某個區域網路，但以 CLASS B 來說，一個網路可包含六萬多部電腦，若把所有電腦都接在同一個網路，勢必造成網路效能低落且增加管理困難，同樣的，若在 CLASS B 網路終止連接幾部電腦，豈不造成 IP 位址的浪費？要解決上述問題，便是讓企業能自行根據本身實際情況來規劃自己網路和 IP 位址分配，也就是使用子網路的技術。

簡單地說，子網路主要目的便是將整個大網路分散成數個較小的網路，方便規劃及管理。它的基本原理是利用主機位址位元間幾個位元，作為子網路位址，進而產生新的網路，說明如下。

例如一個 CLASS B 的網路，假設為 128.17.0.0，前 16 位元是此網路的位址（128.17），而後 16 位元原本是用來指定此網路內部的主機位置，共可有約 64,000 台主機。但為了使用子網路，我們將 16 位元的主機位址切分出 8 個位元來做子網路，如此一來變成有 24 個位元代表網路位址（128.17.1～128.17.254，共有 254 個網路可供應用），而最後 8 個位元代表主機，也就是每一個子網路中可以有 254 台主機。

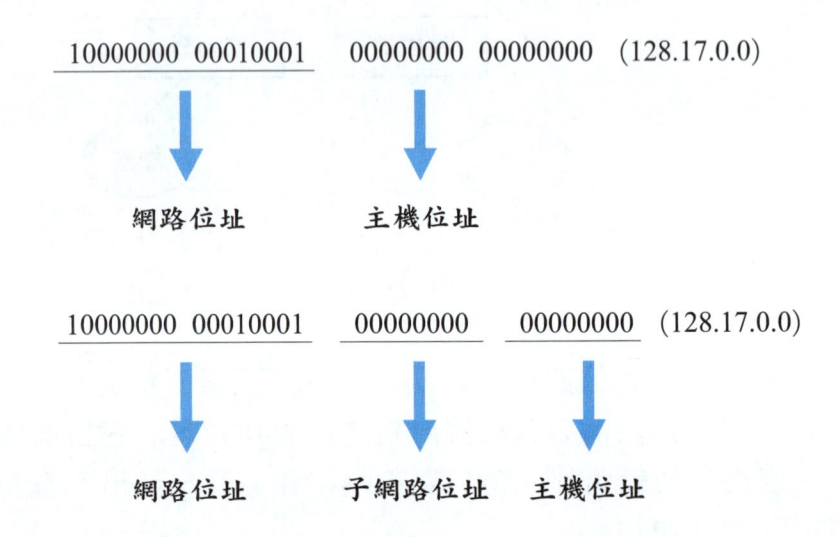

```
10000000 00010001    00000000 00000000   (128.17.0.0)
        ↓                    ↓
     網路位址              主機位址


10000000 00010001    00000000    00000000   (128.17.0.0)
        ↓                ↓           ↓
     網路位址          子網路位址    主機位址
```

使用子網路後可規劃的網路雖增加，但卻減少了每一個網路可有主機的數目，不過這樣的好處是每一個部門可以擁有自己的子網路，並且定義管理自己的主機位址。

1. 子網路遮罩（Subnet mask）

一個網路若經由子網路規劃後，所產生額外的子網路只有自己知道，對網際網路上的其它網路來說是沒有差別的，但如何讓 IP 封包正確進入到所屬之子網路呢？關鍵在於路由器，如果路由器知道如何讓 IP 封包傳輸到正確的網路區段，則整個機制便能運作正常。但如何讓路由器知道子網路規劃呢？答案就是透過子網路遮罩。

Computer Network
第 8 章　網際網路應用

　　子網路遮罩也是一個 32 位元的整數值，與 IP 格式一模一樣。唯一不同是子網路遮罩必須為一連串的 1 再跟上一連串的 0 所組成。如下所示：

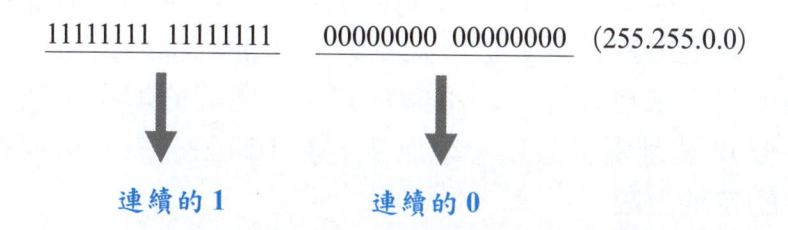

$$\underbrace{11111111\ 11111111}_{\text{連續的 1}}\ \underbrace{00000000\ 00000000}_{\text{連續的 0}}\ (255.255.0.0)$$

　　子網路遮罩必須和 IP 位址搭配使用，單獨存在是沒有意義的。如何使用子網路遮罩呢？便是將子網路遮罩和 IP 位址做 AND 運算，其結果便是網路位址。也就是子網路遮罩中的 1 對應至 IP 位址被解讀成網路位元，如果是 0，則屬於主機位址。看下例說明：

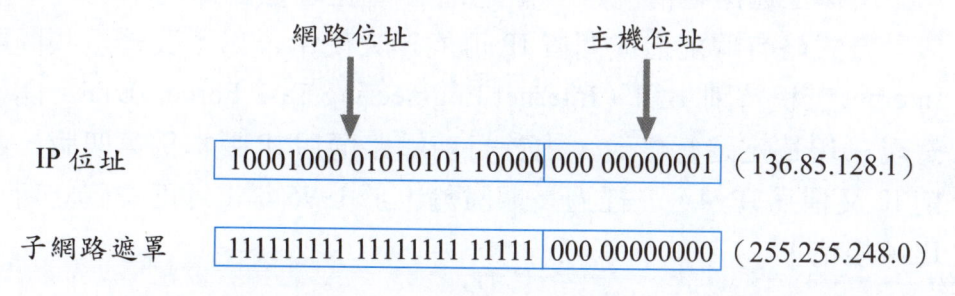

IP 位址　　$\underbrace{10001000\ 01010101\ 10000}_{\text{網路位址}}\underbrace{000\ 00000001}_{\text{主機位址}}$　（136.85.128.1）

子網路遮罩　$111111111\ 11111111\ 11111\ 000\ 00000000$　（255.255.248.0）

　　若 IP 位址為 136.85.128.1，子網路遮罩為 21 位元，即 255.255.248.0，則代表該 IP 位址前 21 位元為網路位址，後 11 位元為主機位址。如此一來，路由器便知道該如何傳輸封包至正確網路位置了。

　　若無特別指定，則原本 CLASS A、B、C 所對應的子網路遮罩分別是：

```
CLASS A ： 11111111 00000000 00000000 00000000 （255.0.0.0）
CLASS B ： 11111111 11111111 00000000 00000000 （255.255.0.0）
CLASS C ： 11111111 11111111 11111111 00000000 （255.255.255.0）
```

(七) IP V6

儘管透過 IP 位址這種獨一無二的表示方式，可以定址在上的網際網路任何一部主機，但 IP 位址當初僅以一個 32 位元的定址方式，是考慮當時電腦數目遠低於該定址方式所能定址的上限，但隨著網際網路使用愈來愈廣泛，使用網路的人口迅速的增加，造成網際網路上需要 IP 位址電腦數目愈來愈多，若干時日後就有可能超越那時所設定的定址上限。

其次是網路的分級法設計，這種網路導向 IP 位址分配策略可能造成不少可使用的 IP 位址閒置，為什麼呢？以一個 B 級網路為例，這種網路內最多可有約 254×254 部主機，但申請此級網路的機構可能沒有那麼多部主機，因此該網中沒分配到的 IP 位址就閒置了。

所以上述兩種情況，一個是電腦 IP 位址數目即將不足，二是 IP 設計方式略有瑕疵造成閒置 IP 可能無人使用，為了改善這些問題，Internet 工程特別小組（Internet Engineering Task Force, IETF）開始針對現在 IP 協定進行修改（由於目前網路通用 IP 版本為第四版，故目前 IP 又稱為 IPv4），經過長期討論，於 1995 年 1 月正式確立新一代 IPv6 規格。

IPv6 規格特性簡述如下：

(1) 可容納較多網際網路地址（Larger address）：每一台連接到網際網路上的機器，都必須要有一個專屬的地址，而目前的 IPv4 使用的是 32 位元的地址。理論上來說，32 位元可以組成超過 40 億個地址）2^{32}），但實際上只有一部分的地址可以被使用。加上網際網路不斷以指數成長著，在下一個世紀來臨前，所有的地址將會被用盡。而 IPv6 最主要的特色即是使用 128 位元的地址，這是 IPv4 地址的四倍。它所組成的地址數目明顯地較 IPv4 多。在可預知的未來，這樣多的地址空間是不容易被用完的。

(2) 具較有彈性之標頭格式（Header format）：IPv4 使用固定格式的標頭，而除了選項之外的其他欄位，在一個固定的位元中都佔據了固定數目的位元。IPv6 使用的則是一種全新且不相容的資料包的格式，它具有一連串可選擇的標頭，而它的選項中也提供了 IPv4 所沒有的控制功能，使得它的標頭格式更有彈性。

(3) 可支援資源配置（Resource allocation）：IPv6 允許網路資源的預先配置，而此項新技術可以支援需要大量頻寬及不允許延遲的應用軟體，例如：即時視訊。

(4) 可提供延伸性之通訊協定（Protocol extension）：IPv6 必須具有延伸性，如此才能讓現有的網路硬體設備及新的應用軟體也能適用，不用更改原本 IPv4 的通訊協定。

所以在可預見的未來，IPv6 由於和原本 IPv4 有良好的相容度，又可以擴充 IP 空間，所以 IPv6 取代原本 IPv4 應是指日可待。

8-2-2 TCP 協定

在 TCP/IP 通訊模型第三層為傳輸層，傳輸層主要工作便是確保傳輸端所傳輸資料已被接收端正確接收，若發生問題便要做適當的錯誤處理，在真正講解傳輸層運作機制前，讓我們先瞭解兩種傳輸控制協定，可靠服務協定及非可靠服務協定。

(1) 可靠服務協定：簡單地說可靠服務協定就是保證傳輸端和接收端兩邊資料傳輸必須是正確無誤，不允許有錯的。舉例來說如果 A、B 兩台電腦彼此採用可靠服務傳輸協定且由 A 傳至 B，則可靠服務傳輸協定就必須確保所有從 A 傳輸至 B 的資料均能正確無誤地傳達。

(2) 非可靠服務協定：相對於可靠服務協定來說，非可靠服務協定就不保證傳輸端和接收端兩邊資料傳輸的可靠度和正確性。舉例來說如果 A、B 兩台電腦彼此採用非可靠服務傳輸協定且由 A 傳至 B，則使用非可靠服務傳輸協定就無法確保所有從 A 傳輸至 B 的資料均能正確無誤地傳達。

可靠服務協定和非可靠服務協定最主要的差別便是可靠服務協定有接收確認（acknowledge）和錯誤偵測處理（error detection）的能力，一旦可靠服務協定發現有傳輸錯誤發生時便會啟動重傳機制。

反之非可靠服務協定就沒有，所以採用非可靠服務協定傳輸相關錯誤偵測處理程序，都必須交由上層協定負責，故執行起來非可靠服務協定會比可靠服務協定來得快，也佔據較少系統資源。

講完可靠服務協定和非可靠服務協定之差別後，讓我們把焦點再拉回到 TCP/IP 傳輸層。在 TCP/IP 傳輸層總共定義兩種傳輸協定，分別是 TCP 和 UDP。TCP 就是傳輸控制協定（Transmission Control Protocol）之簡稱，而 UDP 是使用者資料包協定（User Datagram Protocol）之簡稱。TCP 和 UDP 最主要差別在於 TCP 是可靠服務協定，而 UDP 是一個非可靠服務協定。

(一) UDP

UDP 是一個相當簡單的通訊協定，僅提供基本傳輸處理的功能。在深入討論 UDP 架構前，讓我們先討論傳輸層重要的觀念-傳輸埠（port）。

1. 傳輸埠

從先前的討論我們知道 IP 協定主要功能是把封包正確的傳輸到目的節點，可是目的節點可能同時有好幾個 TCP/IP 應用程式在執行（例如同時開啟多個 IE 瀏覽器或使用電子郵件收發信件等），傳輸到的封包到底是屬於那個應用程式在 IP 層並不知道，所以必須仰賴上層也就是傳輸層通訊協定（例如本節所討論的 UDP 或 TCP）來決定，而答案就是透過傳輸埠。

那什麼是傳輸埠呢？簡單地說就是一個 TCP/IP 通訊應用程式在使用連線傳輸時所賦予的編號，用來辨別這個傳輸是屬於那個應用程式。傳輸埠是以一個 16 位元的整數來編號（編號由 0~65535），所以最多可以連接 65536 個不同應用程式傳輸需求。

傳輸埠編號若和 IP 位址整合在一起，稱為 Socket 位址（或直接稱為 Socket），用以代表和目的應用程式連接的最完整傳輸通道，也就是 IP 封包最終送達的終點。Socket 位址格式為 XXX.XXX.XXX.XXX：XX，也就是在原來的 IP 位址後加一個冒號及傳輸埠編號即是。例如 Socket 位址 168.28.39.4:25，代表目的 IP 位址為 168.28.39.4，使用編號 25 的傳輸埠。

若把現實生活中郵寄包裹的例子套用在資料傳輸：當我們要到郵局辦理包裹郵寄時，即使我們知道郵局的地址還不夠的，還必須知道是哪一個窗口負責辦理該項業務才行，這樣才能正確把包裹傳輸出去。而 IP 位址和傳輸埠也是同樣道理，一部電腦只有一個 IP 位址（相當於郵局位址），但他同時有好幾個應用程式在執行（相當於各個郵局服務窗口），任何應用程式彼此溝通都必須同時知道 IP 位址和傳輸埠編號才能正確傳輸。

雖然 Socket 位址才是不同應用程式通訊連接最完整傳輸通道，也是網路通訊程式必須知道的參數，不過實際運用上使用者還是只使用到 IP 位址而不常使用 Socket 位址，主要原因是一般使用者通常不需要注意到這麼詳細的傳輸細節，把相關複雜情事丟給網路程式設計師去傷腦筋。

目前各個通訊協定所使用的傳輸埠編號大都是眾所皆知（well-known）的，並不是強迫性質，例如 SMTP 使用編號 25、HTTP 使用編號 80、DNS 使用編號 53 及 TELNET 使用編號 23 等（有關 SMTP、HTTP 等通訊協定可參考後續章節），當然程式設計師還是可以使用其他傳輸埠編號，但使用well-known編號的好處是各個網路程式設計在使用通訊協定時有遵循的依據，而避免各通訊協定隨機使用各不同傳輸埠編號而發生溝通上問題，這在伺服器網路軟體更為凸顯。

2. UDP 封包

UDP 封包主要由 UDP 表頭和 UDP 資料兩部分所組成，UDP 表頭主要記錄來源端和目的端應用程式所使用的傳輸埠編號，而 UDP 資料主要傳輸上層（應用層）資料，如圖 8-6 所示。

UDP 表頭	UDP 資料

圖 8-6　UDP 封包結構

由上觀之可發現 UDP 封包結構真是十分簡單，這也正是當初設計 UDP 為快速傳輸通訊協定的目的。

(二) TCP

TCP 和 UDP 在傳輸方面是一樣，都是透過傳輸埠做兩端的連線管理，有關傳輸埠部分同 UDP，在此不再贅述。然而 TCP 和 UDP 最大的差異在於 TCP 多了錯誤傳輸處理機制，也就是 TCP 為可靠傳輸服務協定，所以保證傳輸一定不會發生問題，即使發生問題也會嘗試錯誤重傳，如果真的無法傳輸也會回傳錯誤代碼給上層通訊協定。

TCP 的錯誤處理機制主要建立在資料確認和重傳，任何 TCP 封包從傳輸端發送出去後，目的端若有收到便會隨即傳輸一個確認封包給傳輸端，一旦傳輸端接收到該確認封包後，便知道目的端已經接收無誤，這才會繼續傳輸下一個封包，如圖 8-7 所示。若傳輸端等待一段時間始終沒有接收到確認封包，便會重新傳輸該資料封包，如圖 8-8 所示。

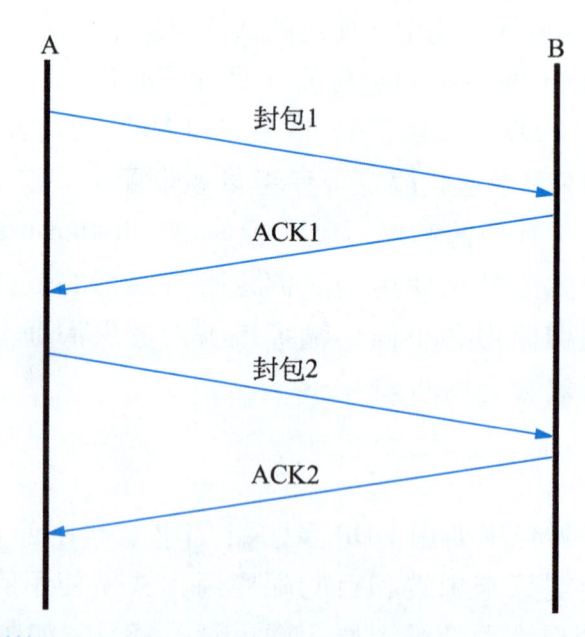

圖 8-7　TCP 確認和重傳之傳輸機制（正確情況）

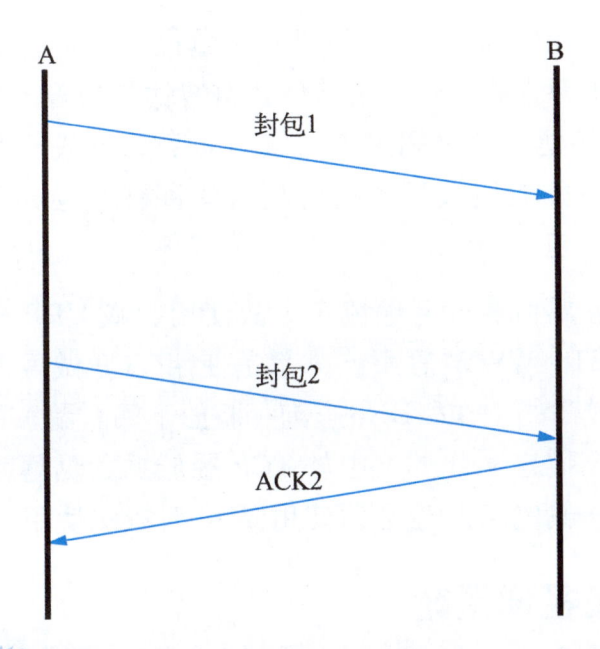

圖 8-8　TCP 確認和重傳之傳輸機制（發生傳輸錯誤）

⑴ A 先傳輸封包 1 給 B，傳輸出去後開始計時，並等待 B 的回應。
⑵ B 收到封包 1 後，回傳 ACK 封包給 A，代表他已經確實收到。
⑶ A 若於指定時間內收到來自 B 的 ACK1 封包，便確知封包 1 已正確傳輸至目的地，此時便可準備傳輸下一個封包 2。
⑷ 如果 A 若於指定時間內沒有收到來自 B 的 ACK1 封包，便會再重新發送封包 1。

1. TCP 封包

　　TCP 封包主要由 TCP 表頭和 TCP 資料兩部分所組成，TCP 表頭主要記錄來源端和目的端應用程式所使用的傳輸埠編號、封包序號、回應序號、及流動視窗大小等，而 TCP 資料主要傳輸上層（應用層）資料，如圖 8-9 所示。

圖 8-9　TCP 封包結構

由於 TCP 屬於傳輸層，所以其傳輸控制是無視網路其他主機存在，僅針對來源主機和目的主機做資料傳輸的控管，包括錯誤處理。TCP 協定一旦建立，來源主機負責將訊息切割成一塊塊資料封包，目的主機接收並重新按順序組合起這些資料封包，並且要負責重送遺失的資料封包。

TCP 由於為可靠性傳輸協定，故使用上較 UDP 來得廣泛，例如 FTP、TELNET、WWW 等服務，都是使用 TCP 做為傳輸協定。但對於速度要求較高的工作如DNS查詢（將於下節討論），反倒使用UDP作為傳輸服務協定。此外，由於 TCP 屬於點對點傳輸協定，故多點傳輸或廣播傳輸的情況也必須使用 UDP 而無法使用 TCP。

8-2-3 網域名稱系統

由於 IP 位址採用數字對應網路上主機位置，這種模式並不容易記憶，因為我們人類對於數字記性不是那麼敏銳，但若改成有意義的名稱來記憶主機位置，則比較讓人永誌不忘。例如 168.22.33.44 和 www.company.com 哪一個容易記得？當然是使用有意義主機名稱。所以透過主機名稱來取代 IP 位址定址方式，稱為網域名稱（domain-name）。

(一) 網域名稱系統（Domain Name System，DNS）

網域名稱是由主機名稱+網域名稱而成，主機名稱或網域名稱可為一般文字或數字之組合，例如網域名稱 www1.ntu.edu.tw，主機名稱便是 www1，網域名稱便是 ntu.edu.tw。事實上還有一個更強烈的定義叫完整網域名稱（fully qualified domain name，簡稱 FQDN），FQDN 由主機名稱+網域名稱+『.』所組成，以 www1.ntu.edu.tw 為例其 FQDN 為 www1.ntu.edu.tw.，也就是多了最右邊一個『點』。

網域名稱結構上和IP 位址類似，只是IP 位址固定只有四個數字固定格式，而網域名稱沒有格式限制。例如 IP 位址不可能出現 168.28.3.2.114這樣子組合，但網域名稱 www.dba.ntu.edu.tw 是可以存在的。

1. DNS 名稱解析

網域名稱與實際 IP 位址對應有許多種作法，最簡單的方法便是用一個本文檔案來記錄其對應關係，此作法稱為主機表（host table）對應方式，一般網路作業系統均有提供此方式。由於該對應關係只對該檔案所屬主機有效，在別台主機就不適用，除非把該主機表也拷貝過去，故屬於單機性質，實用價值不高。另外一種作法是採用網域名稱服務（domain name service，簡稱 DNS）方式，也是本節所要討論的主題。

網域名稱服務作法是利用一台網域名稱伺服器（domain name server，同樣也是簡稱 DNS），該伺服器主要功能便是接受處理任何來自需要做 DNS 解析服務的客戶端需求，客戶端必須傳達一個 FQDN 給 DNS 伺服器，DNS 伺服器便針對客戶端所傳來的 FQDN 開始查詢是否有其對應 IP 位址，若有則回覆正確 IP 位址，沒有則回傳錯誤，如圖 8-10 所示。

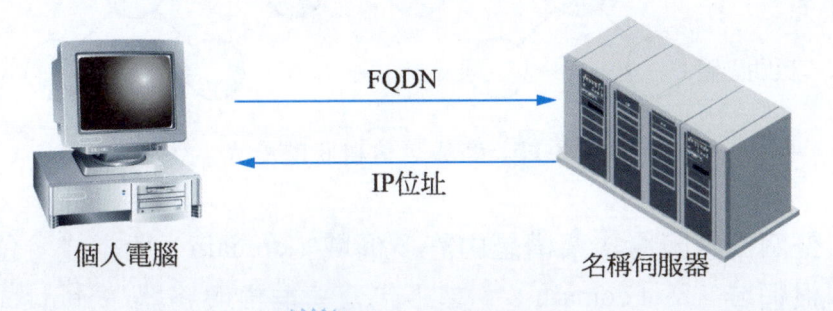

圖 8-10 網域名稱查詢

用戶端送出 FQDN 要求網域名稱伺服器查出其對應 IP 位址的動作稱為正向名稱查詢（forward name query），或直接簡稱為名稱查詢。而網域名稱伺服器查出其對應 IP 位址回傳給用戶端的動作稱為正向名稱解析（forward name resolution），或直接簡稱名稱查詢。反之從用戶端送出 IP 位址要求網域名稱伺服器查出其對應FQDN的動作稱為反向名稱查詢（reverse name query），而網域名稱伺服器查出其對應FQDN回傳給用戶端的動作稱為反向名稱解析（reverse name resolution）。

2. 網域名稱系統架構

由於網際網路主機數量何其多,所以網域名稱查詢只交給一台伺服器來執行根本是不可能的。為此,網域名稱解析便採取分散式資料庫處理方式,也就是將所有網域名稱解析工作,分散給全球各地網域名稱伺服器,不同地方的使用者可就近使用最靠近自己網域名稱伺服器以增加查詢效率,而這些散居各地網域名稱伺服器遵照某個協定共同維護整個大型 IP 位址轉換表,包括網域名稱新增、修改等操作。所有網域名稱伺服器分散式處理架構採取樹狀階層式(hierachy)架構,如圖 8-11 所示。

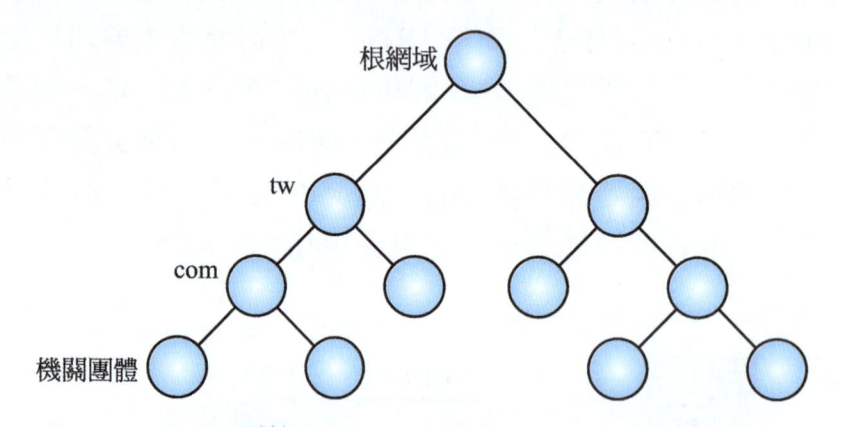

圖 8-11 網域名稱樹狀階層式

整個樹狀階層式架構是由許多網域(domain)所組成,位於最上層叫根網域(root domain),其中包含一群根伺服器(root server)。從根網域開始向下又細分更多的網域,每個網域最少由一台網域名稱伺服器管轄,該伺服器只需儲存管理其所管轄網域的資料,同時向上層的網域名稱伺服器註冊,一直到根網域為止。

在根網域下層稱為頂層網域(top level domain),頂層領域基本上有兩種型別,即地理位置性質與機構性質的。地理的頂層領域通常分配給美國之外的其他國家,並以兩個碼為代表,例如臺灣的碼是 .TW,日本是 .JP,英國是 .UK 等。美國的碼雖是 US,但通常都予以省略。其次是以機構性質劃分,包括:.COM(商業機構)、.EDU(教育機構)、GOV(政府機構)、.MIL(軍事機構)、.NET(網路支援機構)、.ORG(不屬於以上所列的機構)等。

在頂層網域下層稱為第二層網域（second level domain），任何機構均可向網路資訊中心（network information center，簡稱NIC）申請在某個頂層領域之下建立一個第二層領域，其名稱則由申請者自行決定。

最後一層便是主機（host），也就是實際對應至IP位址的名稱。此名稱則由所屬網域管理員自行處理即可，無須透過管理網域名稱機構註冊。

完整的網域名稱與IP位址的格式相似，每層領域名稱皆以一個點'.'相隔開，且具有左低右高的階層性。以 ntu.edu.tw 為例，其中 .tw 代表所在位置在臺灣，為網際網路的頂層領域之一，edu 代表教育機構，ntu 為台灣大學，此領域名稱涵蓋台灣大學內所有的主機。

3. DNS 查詢

最後，讓我們探討DNS查詢流程。一旦使用者輸入FQDN後（例如在瀏覽器上輸入網址），作業系統便會呼叫解析程式（resolver，用戶端負責網域名稱解析的軟體），開始嘗試解析該網域名稱所對應之IP位址。其流程如下：

Step 1：檢查本機的快取記錄（cache）是否有先前查詢過的結果，此快取記錄即是儲存解析程式最近查詢過之資料，若有則直接回傳此IP位址，沒有則進行步驟2。

Step 2：檢查本機的主機表（host table），是否有該網域名稱的對應IP位址，若有則直接回傳此IP位址，沒有則進行步驟3。

Step 3：先向網路設定所指定的DNS伺服器要求查詢，如果DNS伺服器收到要求後發現在其管轄範圍，便查看區域主機對照表（或稱區域檔案，Zone File）是否有相符的資料，若有則回傳查詢成功，沒有則進行步驟4。

Step 4：若區域主機對照表尋找失敗，則檢查本身所存放的快取，看是否能找到最近查詢資料符合查詢需求。若沒有則進行步驟5。

Step 5：如果在所主機指定的 DNS 伺服器無法找到資料，則必須往上層 DNS 伺服器求援。其上層 DNS 伺服器查詢過程同前述步驟，如果找到則回傳結果，沒有則繼續向上層 DNS 伺服器求助搜尋，一直至根伺服器為止，如果還是沒有找到，則宣告查詢失敗。

8-3 網際網路應用

網際網路應用層所提供的服務相當多，最早包括電子郵件傳輸服務、檔案傳輸服務等，但早期使用網際網路之工作環境大都是應用在 UNIX 系統，使用介面較不具親和力故學習使用上較為困難，所以一般僅用在學術單位或特定專業人士，普及程度並不高。但隨著全球資訊網（World Wide Web，簡稱 WWW）發表，由於 WWW 提供多媒體文件瀏覽方式，提供資訊提供者更大發揮空間和創意在網際網路發揮，也隨之豐富和使用者互動模式，再加上 WWW 易於安裝設定和使用，迅速造成網際網路使用風潮。

接下來，我們將針對各項網際網路應用層所提供的服務做一整體介紹。其中包括：

(1) 電子郵件（E-mail）傳輸及接收服務。
(2) 檔案傳輸服務（File Transfer Protocol，FTP）。
(3) 全球資訊網服務（WWW）。

8-3-1 電子郵件（E-mail）

電子郵件可說是目前網際網路使用最為普遍的服務之一了，現代人利用它來傳遞訊息、交換資訊，已漸漸取代傳統郵件信件的服務。電子郵件服務究竟有何魔力會讓現代人趨之若鶩呢？和傳統信件服務比較起來，電子郵件快且迅速，例如傳統信件要寄到偏遠地區甚至遠渡重洋，交通往返至少要好幾天時間，但電子郵件由於是透過網路傳輸，傳輸速率等於電子訊號傳輸速率，不論多遠最慢也只要幾分鐘即可送達，傳輸效率絕非人力所能比擬。加上電子郵件發送為郵件伺服器所控管，其準確度和安全性也比傳統郵局人工作業方式來的迅速確實，幾乎沒有漏送或漏收信件情況發生。綜合以上優點，電子郵件服務取代傳統信件服務將是指日可待。

電子郵件使用概念與我們現實生活中的郵件相同，有收信人、發信人、收信人地址與發信人地址等，其中收信人地址與發信人地址用的是特殊規格位址方式，稱為電子郵件位址（E-mail address）。電子郵件位址主要由使用者名稱和網域名稱共同組合而成，格式如下：

> user_name@domain_name

其中使用者名稱（即user_name部分）可為任意合法的英文或數字所拼湊的，值得注意的是某些系統會要求區分英文大小寫區分，例如John和john是不一樣的。而網域名稱（即domain_name部分）就是合法的電子郵件伺服器之網域名稱。

電子郵件除了傳輸單純文字訊息外，更大的好處他可以整合聲音、影像變成一個圖文並茂信件，豐富信件內容。此外，電子郵件也可傳輸任何形式附加檔案，只是需經過檔案編碼/解碼過程。

使用電子郵件的優點是傳遞快速而且有彈性。使用者只要接上網際網路，不論身在地球哪個角落，都可以接收來自世界各地的電子郵件，不必擔心錯過重要信件。此外，管理電子郵件也比傳統信件來得容易，一旦我們讀完信件後，我們可以選擇繼續儲存在電腦內做備案或直接刪除，或將信轉寄其他使用者，或是透過印表機將信件內容印出。

目前最常用的電子郵件收發信通訊協定，應該是簡易郵件傳輸協定SMTP和郵件傳遞事務協定POP。簡單地說，SMTP是負責發送電子郵件的協定，而POP是負責接收電子郵件的協定。

(一) SMTP

SMTP 通訊協定是一個常駐在電子郵件伺服器（Mail server）的行程，可以自動將電子郵件由一部電子郵件伺服器傳至另一部電子郵件伺服器，使用者通常不會察覺它的存在。若您在自己的電腦中寫了新的郵件，透過電子郵件發信軟體將其傳輸到指定的 SMTP 電子郵件伺服器，則 SMTP 會自動嘗試將這些郵件送至目標電子郵件伺服器。電子郵件與一般郵件一樣，必須經過許多不同的轉運站才能達到目的地。在網際網路中，SMTP電子郵件伺服器即是扮演這個角色，而 SMTP就是這些伺服器之間互相交換信件時所用的通訊協定。

SMTP偵測到收信人的地址主機名稱不對或根本不存在時，就會回覆錯誤情況給電子郵件發信軟體。此外，受限於 SMTP 在發展之初即是為了數據機的非同步傳輸協定，SMTP 僅能傳輸七個位元組的ASCII碼，如果要正確傳輸中文郵件，我們的電子郵件發信軟體，必須要支援多用途國際網路信件的功能，才能正確傳輸中文郵件。

(二) POP

POP 通訊協定也是一個常駐在電子郵件伺服器（Mail server）的行程，若某位使用者有電子郵件寄達時，電子郵件伺服器會先接收並儲存在這位使用者的帳號下，直到該使用者透過電子郵件收信軟體收信者來檢查是否有新信件時，POP 通訊協定就會啟動把新信件傳回給收信使用者。目前常用的POP通訊協定是POP3，這只是代表POP通訊協定的第三個版本，如圖 8-12 所示。

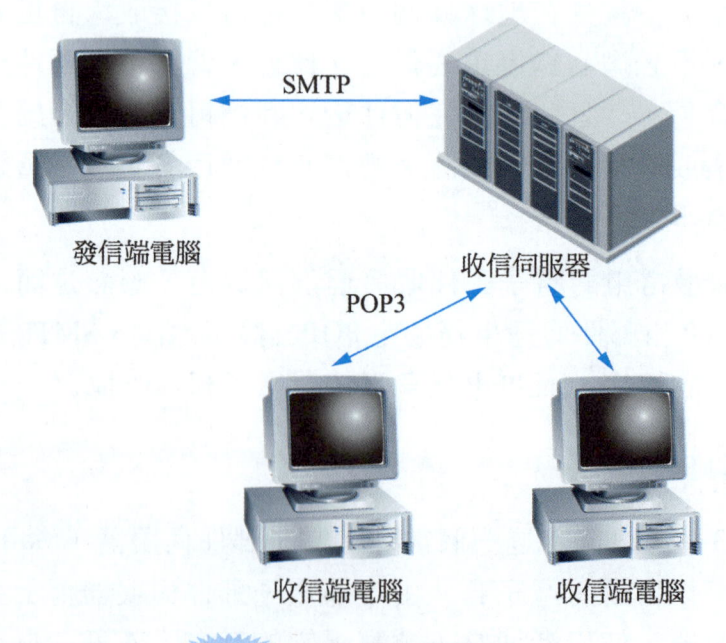

圖 8-12　電子郵件傳輸/接收

8-3-2 檔案傳輸（FTP）

在網際網路使用中，檔案交流也是不可或缺的主要功能，最常見的應用莫若是檔案的散佈（distribution）。例如我們所購買的軟體，一旦有新版本需更新時（如防毒軟體，若有新病毒發生時，防毒軟體必須馬上提供新的解毒程式以防止新病毒肆虐），軟體廠商若針對客戶一個一個郵寄最新版本提供更新服務，那實在太曠日廢時不符經濟效益，若開放使用者透過網際網路連到該公司檔案伺服器下載最新版本，相信這是最快且最直接的方法。FTP主要設計目的便是在此，由於網際網路上有許多檔案伺服器開放供人下載最新資訊，這些檔案伺服器所提供檔案是形形色色的，不論是文書檔或二進位檔，且容量可能也相當龐大，這不適合以電子郵件傳遞方式來處理是因為會增加太多伺服器負擔，若以兩端點交換檔案方式來處理使用FTP是比較適當的作法，如圖 8-13 所示。

目前許多 FTP 傳輸程式做了許多介面上改良，使得傳輸遠端伺服器檔案像是使用一個網路磁碟機一樣容易。

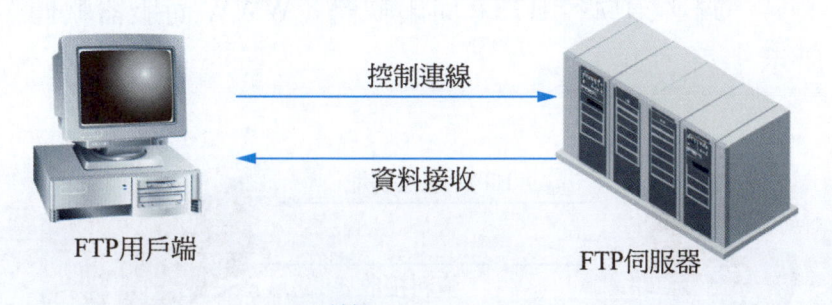

圖 8-13　FTP 服務

8-3-3 全球資訊網（WWW）

全球資訊網（World Wide Web，簡稱 WWW）是在 1989 年 3 月，由歐洲粒子物理實驗室（European Laboratory for Particle Physics，CERN）的伯那司李（Tim Berners-Lee）所提出。當初構想是想透過網際網路簡單且快速整合世界各地物理研究人員的心得資訊，創造一個共用的資訊空間（cyber space），而這個構想和技術卻成為後來全球最受歡迎和矚目的傳輸方式。

全球資訊網提供資訊交換的方式是由網頁（web page）所呈現，而網頁是由超文件標示語言（HTML）撰寫而成，什麼是HTML呢？HTML 是一種用於編輯網頁的程式碼，可用來描述各種資訊，並以不同方式呈現在螢幕上。例如，網頁的背景顏色、字型大小或圖形配置、其他程式控制以及與子網頁的特殊連結方式等。撰寫簡單網頁不算困難，但要執行特殊功能（如整合資料庫查詢）就比較不容易了，目前有許多專業網頁程式設計師或工作室提供相關服務。網頁撰寫完成後，便可置放在全球資訊網伺服器供大家存取。而使用者必須透過瀏覽器（Browser）軟體如Netscape、Internet Explorer連結全球資訊網伺服器來檢視這些網頁。

使用全球資訊網的連結，不管是顯示圖片或查詢相關資訊，都必須透過通訊傳輸協定來達成。這傳輸協定就是超文件傳輸協定（Hypertext Transport Protocol），簡稱 HTTP。相對於 TCP/IP 分層，HTTP 是屬於應用層通訊協定，所以 HTTP 是一個跨平台標準。也因為如此存放在不同電腦系統的資料，都可以經由網際網路執行HTTP相互連結。通訊時，一端必須執行 HTTP 用戶端程式（用戶端瀏覽器），另一端必須執行HTTP伺服軟體（WWW伺服器軟體），如圖8-14 所示。

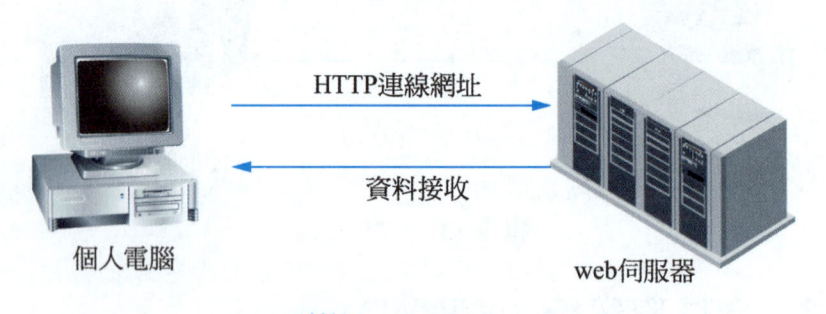

圖 8-14 WWW 服務

近年來，由於各式各樣網頁連結技術如JAVA、ASP、XML[註]等不斷開發及改進，使得全球資訊網應用愈來愈廣泛，投入廠商不計其數，且這股熱潮仍在持續，所以可預知的未來，全球資訊網勢必成為生活的必需品。

JAVA （註）

JAVA（爪哇）程式語言是昇陽公司(Sun Microsystems)在 1995 年，專門為網際網路設計的一項程式語言。JAVA 是一種全新的物件導向程式語言，和 C++ 程式語言非常類似，但較容易使用，用來開發全球資訊網的內容。

JAVA 特色是跨平台、容易使用、直譯以及物件導向。尤其跨平台技術更是一項突破，描述物件時，透過 Java 虛擬機器(JVM)，可以讓同一套軟體在不同的裝置或平台上工作，包括個人電腦、UNIX、MAC 等產品。

ASP （註）

ASP 是微軟公司所開發出來的一種網頁開發環境，是一種伺服器端的手稿環境，本身亦是物件導向程式語言，它提供以 Windows NT 為工作平台來架設一個網站，使用 ActiveX 元件(control)概念開發網頁環境，讓使用者處於動態、交談的網際網路環境。

XML （註）

XML 是一種可以彈性建立各種共通資訊格式的語言，以共享 WWW、企業內部網路的格式與資料。與 HTML 類似，都是用標示符號描述網頁或檔案的內容，HTML 是利用標籤命令，指明資料所在處、連結及顯示方式，XML 則是指明資料本身意涵。這表示 XML 檔案可以被程式當作資料來處理，或跟相似資料一起儲存，方便管理網頁上的資料及文件，滿足更多複雜的應用需求。

> **其他網際網路通訊協定**
>
> 由於網際網路相關通訊協定還有很多,但都是一些不常使用的協定,如 TELNET、PING、ARP 等,簡述如下:
> (1) TELNET:是遠端登入的網際網路通訊協定,使電腦使用者可與伺服器做互動式的連結,並存取遠端網站。
> (2) PING:封包網際探索器,這個程式以送出一個封包的方式來探索某部指定的主機,若該主機收到該封包,會即刻回應另一個封包,而 PING 將顯示來回封包所花的時間。
> (3) ARP:位址解析協定 (Address Resolution Protocol)。為了使封包能正確送到目的站,IP 位址須與正確的硬體位址匹配,通常軟體並不知道給定 IP 位址的硬體位址為何,當它需要知道時,即可利用 ARP 送出一段廣播訊息 (broadcast message),而遠端的機器若收到該訊息,即會回應它的硬體位址。

8-4 網際網路未來應用

在 8-3 節我們提到許多網際網路應用,包括電子郵件、檔案傳輸等,這些都已行之多年,無論技術和使用環境都已相當成熟,但還有許多應用,礙於網路傳輸速度太慢目前還無法做得很好,但一旦網路頻寬改善且相關軟體發展成熟,皆有可能是未來最具潛力發展項目,包括電傳視訊、電子商務、視訊會議、遠距教學及遠距醫療等,說明如下。

8-4-1 電傳視訊

電傳視訊,簡單地說就是加值型資訊傳播服務,可分即時性或非即時性資訊(即時性如股匯市成交行情,非即時性像一般廣告或公告文章等),也可以做各項靜態、動態的資訊查詢,使用者透過電傳視訊服務去取得他們想要的資訊,甚至線上交易。

使用電傳視訊必須具有基本終端機設備，其中包含了數據機、解碼器、鍵盤、顯示介面和顯示器（大部分是使用電視機），如果是使用個人電腦僅需數據機和解碼器即可。此外，尚必須申請電傳視訊專線服務，以台灣而言一般都是向電信單位申請。

由於電傳視訊需許多額外配備，且專線服務費索價也不低，因此電傳視訊使用在台灣並不盛行，加上透過 WWW 也具備相對等之功能，且某些服務上更為豐富齊全，所以電傳視訊已無太多吸引力。既是如此為何還要提到電傳視訊？主要原因是電傳視訊服務在歐洲國家仍是相當普遍，且相關服務網也相當齊全，是歐洲人民日常生活相當重要資訊來源。

8-4-2 視訊會議

視訊會議是開會討論的另一種型態，形式上和傳統會議無太大差別，只是參與會議的各方，不需要面對面坐在一起，只要坐在數位影像擷取裝置（如CCD(註)）可以取景的適當位置，配合數位CCD擷取現場影像並搭配麥克風錄取現場聲音，再將影像資料和聲音資料混合並即時壓縮成網路封包格式，傳輸到欲進行會議的電腦，而接收電腦再將這些封包還原成原來的影像及聲音，傳輸到會議對方。如此一來，所有與會同仁均可以透過螢幕互相看到對方，一起開會。對於距離遙遠的公司（如台灣公司和美國公司），視訊會議可免去頻繁開會所需來往奔波的辛勞，將節省更多時間與金錢，提升效率和競爭力。一旦會議開始參與會議的各方便可以透過視訊會議軟體看到對方的身像，並共同檢視螢光幕上的圖表或影像資料或秀一段簡報，以進行開會的研討。

視訊會議也可應用在其他方面，例如遠端監控、遠端探測等，其作用和目的均是使用者毋須到達現場，透過視訊會議方式即可瞭解遠端最實際完整的狀況。

視訊會議因為要即時傳輸影像及聲音資料，如同我們所知的影像及聲音資料都是相當龐大的，所以在做傳輸前都會先做壓縮編碼的步驟，俾便資料傳輸能更精簡。但這些影像及聲音資料即使壓縮後也是很大，要即時傳輸這麼大量資料這對網路頻寬是一種很嚴苛的考驗，早期因為網路頻寬的限制，視訊會議的執行效果並不理想，因而抑制許多人使用的意願。但現在寬頻網路已逐漸成熟，傳輸大量資料不是問題，相信視訊會議的未來發展及使用應有更寬廣的空間。

CCD（註）

CCD 其實是 Charged Coupled Device 的縮寫，中文翻譯成電荷耦合元件，於 1969 年貝爾實驗室開發成功，之後日本廠商如 NEC、SONY 等公司大量生產，廣泛應用在多項產品上。

CCD 影像感測器是一種陣列式光敏檢像器，像傳統相機感光軟片擷取影像的原理是一樣的。在 CCD 內主要元件為感光晶片，它可以感受到光線的頻率變化，並將所接收到的光線強度、頻率等資料轉換成電流訊號供後端（如掃瞄器、數位相機內部的影像資料處理模組）使用。其感光晶片安裝的密度與數量經過換算之後就是所謂的光學解析度，因此，CCD 感測器的解析能力，直接影響數位相機攝取影像的解析度。

CCD 影像感測器主要分線性、面型兩大類，前者用於影像掃描器及傳真機，後者主要用於數位相機、攝錄影機、監視攝影機、PC 照相機等。

8-4-3 遠距教學

遠距教學（Distance learning or Distance education）的意義便是即使在距離相隔遙遠的環境下，透過網路傳達教學訊息達成學習效果。傳統教學型態有些先天上的限制，包括教室地點及老師授課時間安排等。先以老師角度來看，由於一班教室容納人數有限，一個老師若想傳授知識給更多學生，勢必要開更多相同課程才能符合需求，這樣一來老師要花更多時間去教授相同課程，教育成本也會提高。再來以學生角度來看，若學生住在偏遠地區很可能因為交通問題無法準時上課甚至出席，如果這樣失去上課學習機會實在可惜。鑑於上述傳統教學的缺點，遠距教學可說已解決這些問題。第一，遠距教學透過網路連線上課，學生可以來自世界各地，不侷限特定地區。

第二，採用遠距教學，老師不用重複上某些特定課程，更有時間準備教材或其他課程，提升教育品質。

遠距教學比起傳統教學，它具有下列三個特點：

(1) 教師和學習者在空間和時間上的區隔。此有別於傳統的課堂教學；亦即學生無法和老師面對面溝通，老師也無法即時觀察學生學習成效。

(2) 遠距教學因採用電腦連線方式進行上課，所以每次上課均可使用電腦紀錄。老師可以透過電腦連線將教學檔案散佈給學生，同時提供各種型式的課業輔導線上輔助及檢索，幫助學生學習。學生亦可隨時查閱之前教學記錄，隨時評估自己學習情況。

(3) 學生學習的來源已不限於自己學校內教師的知識與經驗，且學習方式將呈多元化，而學生家長在家中也將更易於掌握學生的學習狀況。

從以上比較可知道，遠距教學提供一個教育學習環境，但主導者是學生自己，而不再是學校老師，所以學生可以在任何時間、任何地點只要可以連上網路便可開始上課學習，對於學習狀態及進度則更能精確掌控。

8-4-4 遠距醫療

遠距醫療（Telemedicine）便是利用電腦網路通訊技術，將病人現場最新處理情況，例如傷口症狀和病情反應等，經由網路傳輸，把現場狀況即時傳回醫療中心，隨即保持監控，以提昇醫療品質。面對棘手的急救病人，甚至可以透過衛星傳導，將病人傷口症狀的影像與視訊傳給其他醫療單位，共同協助急救人員判別狀況，做最正確的處理。

在目前國家資訊通信基礎建設實驗性的先導計畫裡，已有初步成果，例如台南成功大學醫學院附設教學醫院與澎湖之間便曾成功完成遠距醫療作業。

8-4-5 電子商務

所謂電子商務（Electronic commerce，簡稱 EC）便是透過網際網路進行的商業交易行為活動。這些活動包括資訊提供、市場情報、商品交易或租售等等，都可視為電子商務的範疇。簡單的說，電子商務便是如何利用網際網路做生意賺錢的學問。

商務模式即是消費者和供應者之間互動關係。當消費者有意購買某項產品時，自然必須要找有賣此產品的供應商向他購買。同樣地，供應商要推銷每項產品時，也要找得到有消費者購買。一旦消費者和供應者關係確定，交易自然產生。傳統商務模式大都是透過實體販售地點如商店、賣場甚至路邊攤進行商務行為，但這存在幾個缺點：

(1) 消費者必須前往販售地點購買，對於遠距離的消費者而言，來回一趟委實費時費力。

(2) 供應商必須成立一個販售處或店面供消費者前往選購，但經營起來其中人事開銷成本及管理成本很大，除非真的很賺錢，否則不容易生存。

反觀透過電子商務方式並沒有前述兩項缺點，因為網路是二十四小時開放的，且不限地域，也不需負擔店員人事支出等實質開銷，所以經營成本可以降低許多，所以透過電子商務購物的價格可以比較便宜，這也是吸引客戶一大誘因。這種由消費者透過電腦網路，進入網路上之電子商店，瀏覽商品並購買商品購物的方式，我們稱為電子購物（Electronic shopping）。

電子購物簡單地說便是透過網路來訂購貨品，如同視訊會議和遠距教學，購物本質並沒有改變，只是形式上透過網路下單而已。使用者只需在家中連上網路到特定購物網站，瀏覽可供選擇的商品，若喜歡則把他點選下來，最後結帳時只要輸入個人信用卡號碼作為付帳用，並留下送貨地址，則完成電子購物。而環視整個購物過程，使用者根本不用離開家門就可以購物，不但省卻到購物地點舟車勞頓之苦，也不會有瘋狂搶購時那種人擠人的痛苦。

電子購物雖已成為新興的銷售方式，網路商店也發展極為迅速，但電子購物始終全面無法取代傳統購物，主要原因是電子購物仍存在著許多本質上的問題。第一、由於電子購物無法實際觀賞或觸摸所要購買的東西，也沒有試用的方式（如衣服、食物等），所以有些商品恐不適合此種購物方式。第二、電子購物付款方式無法銀貨兩訖，且網路交易安全性也讓人質疑，所以很多人怕因此吃虧上當而排斥使用。

雖然電子購物商機無窮，但在上述交易安全問題還沒有完全解決之前，傳統購物還是持續應用在我們日常生活。

8-4-6 電子出版

電子出版品顧名思義便是使用電子媒體作為輸出媒介，有別於傳統出版品，是以平面印刷後編輯成書作為讀者閱讀媒介。由於傳統印刷使用的是一般紙張，故僅能靜態呈現文字或圖片。反觀電子出版使用的閱讀媒介是檔案，可以透過文書處理軟體技術，動態加入聲音、影像等動畫處理，並提供資料檢索功能，透過檔案傳輸閱覽方式傳輸到終端機螢幕和讀者溝通。

傳統出版之運作包含兩個階段：一是文字和圖表材料的組織、編輯、剪貼、美術設計和排版，二是將製好的版進行印刷。由於電腦的引入，在第一階段所進行的排版工作已經能夠利用電子手段實現，這就是流行的電子排版概念，其核心就是文書處理軟體、美術設計軟體以及電子排版軟體。但如果在第二階段仍將電子版面印刷到紙介質媒體上，只能說脫離傳統鉛字排版步驟，仍不能算是完整地電子出版。完整地電子出版指的是除了使用電子技術排版之外，甚至連成品資料本身傳播，也是透過電子手段完成。這裡所謂的"電子出版物"，指的便是以電子資料形式把文字、影像、聲音動畫等多種形式的資訊存放在光碟、磁碟等非紙介質載體中，並而電子傳播方式指的便是透過電腦或網路通訊等方式將資料呈現至讀者面前，讀者可以直接透過螢幕線上閱覽或是將其列印出來。

電子出版比起傳統出版到底有哪方面的進步？主要有三：(1)紙張出版物的容量小卻體積大、攜帶並不方便，電子出版因以檔案方式儲存，即使高達數千頁的百科全書，都可濃縮在一片光碟，攜帶儲存相當方便，也非常適合網路進行交換傳輸。(2)紙張出版成本高，複製困難且容易潮解不易保存，反觀電子出版成本低，且透過數位媒體儲存（如磁片、光碟），要複製也很容易，且容易保存。(3)製造紙張不僅消耗大量的寶貴資源，而且污染環境。反觀電子出版不需要紙張，所以根本沒有環境污染問題。對於電子出版擁有的優點，不難看出未來電子出版是有機會取代傳統出版。

電子出版技術一旦成熟，將重大改變社會資訊傳播媒體觀念，由於早期出書成本昂貴，需要大量的設備、資金、人力且必須以專業的方式為之，不是每個人都有機會發表自己作品，除了知名作家或是被青睞的新人才有機會出書。但電子出版扭轉整個局勢，由於出版成本大幅降低，只要擁有個人電腦和上網功能，人人都有出版能力，使得出書對每個人來說，不再是遙不可及的夢。

然而電子出版的出現，卻對傳統的專業出版事業如印刷廠、書報社產生相當大的衝擊，生意漸走下坡是必然之事。但對印刷文物需求大的公司團體而言，卻能大幅降低營運成本而深受歡迎。很多公司內部出版資料如學習手冊、章程法規等，均不再以書面提供給員工，而改以電子出版方式供員工讀取，不僅更新容易且傳輸分配上也十分方便。再以個人作家而言，近年在多媒體網路技術協助下，個人出版成果，也可安置在以檔案伺服器所建構的專屬網站上，供讀者查閱或訂閱，提供一條新的通路，使得傳播事業更佳蓬勃。

8-4-7 電子書

電子書可說是將傳統書籍觀念推升至數位媒體一項創舉，其可分為三種類型：電子檔案、電子雜誌、e-book 等幾種類型。

(一) 電子檔案

電子檔案是將桌上排版的成果，以原貌如 Word 檔、pdf 檔案或 HTML 檔儲存在磁片中，或燒錄成光碟傳輸，或存放在特定檔案伺服器上供人下載。讀者必須在可瀏覽該檔案的終端機上如個人電腦、PDA 安裝其對應之閱覽軟體方能閱讀。

由於電子檔案攜帶性高，容易複製和傳輸，但也容易被人拿去盜用竄改，所以對於具有版權或需付費才能觀賞的文章，不宜以此種方式出版。

(二) 電子雜誌

電子雜誌可視為多媒體作品（Title）的一種子類型，一般都是壓製成一片光碟，內有專屬的瀏覽程式可供閱讀，無法任意使用其他軟體閱讀。由於電子雜誌出版的內容都已嵌入至瀏覽程式內，我們無法直接透過文書處理軟體編輯瀏覽，自然沒有容易被人拿去盜用竄改之缺點。電子雜誌具文字與聲色結合的表現效果，是相當好的多媒體閱讀範例。

(三) e-book

e-book 其實是一個專用電子書閱讀器（reader），硬體架構上和目前市面上掌上型電腦或 PDA 是相同概念的產品。e-book 可接受各種檔案格式，如：PDF，HTML，XML等，並可經由網路更新內容，或定期接收傳統雜誌的電子檔案，進行離線閱讀。它的優點包括：攜帶輕便，可調整字的大小，隨時隨地、甚至在黑暗中閱讀，同時還可以調整光源和亮度。遇到特殊難解的詞彙，可以立刻以「超連結」的方式查閱線上詞典，十分方便。未來設計還可在任何地方中經由無線傳輸接收更新資訊，和人們喜歡隨身帶一本書報的習慣相符合。還有，它能提供保護版權的功能，使用者無法把資料像一般電子檔案般複製給別人。

e-book 的發展正處於方興未艾的階段，許多廠商均紛紛投入這個市場，未來如果價格可以降低到一般人都可以買得起的價位，相信可以吸引更多使用者使用。目前資訊業界的領導廠商微軟公司也宣布將進入這個市場，在這樣強烈的趨勢帶領下，e-book 前景是相當值得期待。e-book 雛型如圖 8-15 所示。

圖 8-15　e-book

8-5　結　論

網際網路的未來發展如何很難下普遍的結論，主要原因是網際網路使用範圍和層面實在太廣、太大了，可說是有史以來影響全世界人類活動最深遠的科技發展之一。雖是如此對於網際網路未來發展的規劃還是有脈絡可循，包括：

⑴ **網路連線速度愈來愈快，傳輸效率愈來愈高**：目前區域網路已逐漸邁入億萬元位元傳輸新紀元，而廣域網路（將在下章討論）也有 1M 以上寬頻傳輸的技術，所以可預見未來網際網路連線速度仍將不斷提昇。

⑵ **無線上網愈來愈普遍**：目前無線上網技術日益成熟，速度也愈來愈快，一旦相關法令、制度建立完全，無線上網其機動性及便利性，有可能取代有線上網。

(3) **電子商務持續發展，漸漸取代傳統商業模式**：電子商務雖然還有許多交易安全的疑慮及泡沫化的陰影，但其方便性和高效率仍是讓人激賞。只要相關問題能一一解決，電子商務後續發展仍是值得期待。

(4) **生活形態改變**：由於更多提供資訊和服務的網站成立，包括政府機關或企業團體都已使用網站協助辦理事務，人們不再需要親臨各機關單位排隊洽公，直接透過網路辦理，省時省力。

(5) **遠距教學愈來愈普遍，終身學習時代來臨**：遠距教學和傳統教學差異雖然很大，也不可能完全取代傳統教學，但對於上課時間不易掌控的上班族或行動不方便的銀髮族，卻是相當方便的學習管道。

(6) **網路活動成為休閒生活一部份**：目前常見的網路休閒活動包括網路論壇、網路聊天室、BBS、線上遊戲及ICQ等，常是許多網路族課餘閒暇之例行活動，未來一旦網路上線速度提昇，連線人口愈來愈多，這類網路活動勢必更活絡。

重點摘要

1. 區域網路講究的是具效能的、保密的，反之網際網路講究的是包容性高的、可分享的。由於區域網路範圍小，設定上也較簡單，所以比較好管理。然而網際網路由於範圍太大，也沒有設立一個標準具公信力管理組織，所以無法也無從管理。

2. 網際網路的標準通訊協定為 TCP/IP。TCP/IP 通訊協定允許執行不同作業系統的電腦彼此通訊。

3. TCP/IP 通訊協定是一種層級式的結構，每一層都有其專屬任務編制，且每一層都只能呼叫它的下一層所提供的服務來完成自己的需求。TCP/IP 通訊協定共分為四層，即應用層、傳輸層、網際層和網路存取層。

4. IP 協定是網際層中最重要的協定，在網路上流通的封包資料格式與規則，如傳輸封包格式、封包內包含多少資料、如何選擇傳輸路徑、如何偵測錯誤等。整體來說 IP 主要提供三項基本服務，一是 IP 定址，二是 IP 封包傳送，三是 IP 路由。

5. IP 位址是一組由四個整數所構成的唯一數字，這四個整數中的每個整數各長一個位元組，範圍由 0~255。故 IP 位址可視為是一個 32 位元之整數值。但實際表示一個 IP 位址時，是以一個句點 '.' 隔開四個十進位整數的方式，這種表示法又稱句點標記法，例如 44.70.112.34、203.74.123.22、168.25.1.10 等等。

6. IP 位址編碼方式前半段主要是由網路（Network ID）所組成，後半段主要是由主機(Host ID)組成。網路位址可用來識別所屬的網路，主機位址才是定址網路節點的位置。另外主機部份位元皆為 0 或 1 的兩種 IP 位址，也都保留作其他用途。主機部份位元皆為 0 的 IP 位址用於代表整個網路，位元皆為 1 的 IP 位址則為廣播位址，此位址用於同時定址指定網路上的所有主機。

7. 網路分成 A、B、C、D、E 五個等級，其區別方式是以 IP 位址最高位元組的值來判定，其他位元組再分成網路 ID 和主機 ID 兩部分。A 級網路之網路部份長度為 8 位元，位址部份長度為 24 位元，最左邊（即最高位元值）為 0，所以範圍由 0.0.0.0~127.255.255.255。B 級網路之網路部份長度為 16 位元，位址部份長度亦為 16 位元，最左邊前導兩個位元值為 10，因此 B 級網路 IP 位址範圍由 128.0.0.0~191.255.255.255 之間。而 C 級網路之網路部份長度為 24 位元，位址部份長度為 8 位元，最左邊前導三個位元值為 110，因此 C 級網路 IP 位址範圍由 192.0.0.0~223.255.255.255 之間。

8. IP 封包傳送方式主要有三種：單點傳送、廣播傳送及多點傳送。
9. IP 路由（routing）指的便是來源端 IP 封包透過不同網路傳輸到目的端的過程安排。
10. IPv6 最主要的改進是使用 128 位元的地址，這是傳統 IPv4 地址的四倍，於是所能定址電腦數目明顯增多。
11. 可靠服務協定和非可靠服務協定最主要的差別便是可靠服務協定有接收確認和錯誤偵測處理的能力。
12. 在 TCP/IP 傳輸層總共定義兩種傳輸協定，分別是 TCP 和 UDP。TCP 就是傳輸控制協定(Transmission Control Protocol)之簡稱，而 UDP 是使用者資料包協定（User Datagram Protocol））之簡稱。TCP 和 UDP 最主要差別在於 TCP 是可靠服務協定，而 UDP 是一個非可靠服務協定。
13. 傳輸埠的定義簡單地說是一個 TCP/IP 通訊應用程式在使用連線傳輸時所賦予的編號，用來辨別這個傳輸是屬於那個應用程式。
14. 網域名稱是由主機名稱+網域名稱而成，其設計的主要目的是幫助使用者透過有意義的主機名稱來記憶都是數字的 IP 位址。網域名稱可為一般文字或數字之組合，例如網域名稱 www1.ntu.edu.tw，主機名稱便是 www1，網域名稱便是 ntu.edu.tw。
15. 電子郵件位址主要由使用者名稱和網域名稱共同組合而成，格式為 user_name@domain_name，其中使用者名稱（即 user_name 部分）可為任意合法的英文或數字所拼湊的，而網域名稱（即 domain_name 部分）就是合法的電子郵件伺服器之網域名稱。
16. 目前最常用的電子郵件收發信通訊協定為簡易郵件傳輸協定 SMTP 和郵件遞事務協定 POP。SMTP 是負責發送電子郵件的協定，而 POP 是負責接收電子郵件的協定。
17. 網際網路使用中，最常見的應用是檔案的散佈，FTP 便是負責檔案交換的協定。
18. 全球資訊網提供資訊交換的方式是由網頁所呈現，而網頁是由超文件標示語言（HTML）撰寫而成，而使用者必須透過瀏覽器軟體如 Netscape、Internet Explorer 連結全球資訊網伺服器來檢視這些網頁。使用全球資訊網的連結，不管是顯示圖片或查詢相關資訊，都必須透過超文件傳輸協定（Hypertext Transport Protocol，簡稱 HTTP）通訊傳輸協定來達成。

習題

一、是非題

(　　) 1. TCP/IP 通訊協定共分為四層，即應用層、傳輸層、網際層和網路存取層。

(　　) 2. 主機部份位元皆為 1 的 IP 位址用於代表整個網路位址。

(　　) 3. 負責分配管理 IP 位址最高機構為 ICANN。

(　　) 4. 可靠服務協定和非可靠服務協定最主要的差別便是可靠服務協定有接收確認和錯誤偵測處理的能力。

(　　) 5. TCP 和 UDP 最主要差別在於 TCP 是非可靠服務協定，而 UDP 是一個可靠服務協定。

(　　) 6. Socket 位址若為 186.8.54.23:21，代表目的 IP 位址為 186.8.54.23，使用編號 21 的傳輸埠。

(　　) 7. IP 位址固定只有四個數字固定格式，而網域名稱完全沒有格式限制。

(　　) 8. POP 是郵件伺服器互相交換信件時所用的通訊協定。

(　　) 9. DNS 查詢使用 TCP 作為傳輸服務協定。

(　　) 10. 用戶端送出 FQDN 要求網域名稱伺服器查出其對應 IP 位址的動作稱為反向名稱查詢。

(　　) 11. 網域名稱伺服器分散式處理架構採取樹狀階層式架構。

(　　) 12. 透過網際網路進行的商業交易行為活動稱為電子商務。

(　　) 13. 視訊會議因為要即時傳輸影像及聲音資料，所以在做傳輸前都會先做壓縮編碼的步驟，俾便資料傳輸能更精簡。

二、選擇題

(　　) 1. 網際網路標準的通訊協定，就是
(A)TCP/IP　(B)IPX　(C)NETBUEI　(D)Local Talk。

(　　) 2. 下列何者不是 TCP/IP 的特性？
(A)TCP/IP 通訊協定允許執行不同作業系統的電腦彼此通訊，只要該作業系統有支援即可
(B)TCP/IP 通訊協定是一種開放架構，並不屬於某家企業公司或團體所屬專利
(C)在 TCP/IP 通訊協定中，包含幾個常用的通訊協定，如 FTP、SMTP 等
(D)TCP/IP 通訊協定是一種層級式的結構，共分五層。

(　　) 3. FTP 和 HTTP 屬於 TCP/IP 通訊協定哪一層？
(A)應用層　B)主機傳輸層　(C)網際層　(D)網路存取層。

(　　) 4. TCP 和 UDP 屬於 TCP/IP 通訊協定哪一層？
(A)應用層　(B)主機傳輸層　(C)網際層　(D)網路存取層。

(　　) 5. IP 屬於 TCP/IP 通訊協定哪一層？
(A)應用層　(B)主機傳輸層　(C)網際層　(D)網路存取層。

(　　) 6. 下列何者不屬於 IP 協定服務範圍？
(A)IP 定址　(B)IP 封包傳輸　(C)IP 錯誤重傳管理　(D)IP 路由。

(　　) 7. IPv6 規格是使用多少位元做為定址？
(A)64　(B)96　(C)128　(D)256。

(　　) 8. 下列何者不是網際網路程式開發語言？
(A)JAVA　(B)LISP　(C)XML　(D)ASP。

(　　) 9. 下列何者不是視訊會議所必須使用的元件？
(A)網路連線　(B)CCD　(C)掃描器　(D)麥克風。

三、問答題

1. 區域網路和網際網路的差別在哪裡？

2. 網際網路應用層所提供的服務有哪些？試簡述之。

3. 何謂遠距教學？和傳統教學比較起來有何不同？

4. 何謂電子出版？和傳統出版比較起來有何不同？

6. 電子書有哪些種類？試簡述之。

6. 網際網路未來發展為何？

Chapter 9
第 9 章 整體服務數位網路與寬頻網路

學習目標

1. 瞭解各種廣域網路的規格和傳輸標準，如 T-Carrier、SONET、X.25 和 Frame Relay。
2. 瞭解整體服務數位網路（ISDN）之架構和工作原理。
3. 瞭解 ADSL 之架構和工作原理。
4. 瞭解 CATV 寬頻網路之架構和工作原理。

由於網際網路的盛行，帶動一股所謂全民上網的熱潮，然而一般家庭大都散居各處，若想連線至網際網路，都必須透過廣域網路的連接。目前最普遍使用的廣域網路便是公眾交換電話網路，也就是電話網路，但由於電話網路涵蓋範圍大，距離長，所以速度慢是其缺點，且傳輸品質也有待加強。所以任何取代電話網路解決方案，便不斷地研究開發，目前最有成果的是應是整體服務數位網路及各項寬頻網路，也是本章討論重點。

9-1 廣域網路傳輸技術標準

在真正討論整體服務數位網路或寬頻網路前，先讓我們討論有哪些廣域網路傳輸技術標準。

9-1-1 T-Carrier

T-Carrier（Trunk-Carrier，主幹傳輸媒體）是由AT＆T於1957年發展在實體層的數位傳輸技術，其核心技術是使用分時多工方式（TDM）在同一條傳輸線上傳輸多道語音訊號。

T-Carrier有相當多規格（詳表9-1），T1是第一個成員，其傳輸速率設定值為1.544Mbps，採用兩對雙絞線當作傳輸媒體，支援全雙工模式，其中一對雙絞線負責傳輸資料，另一對雙絞線負責接收資料。

當初T1透過分時多工技術劃分出24個64Kbps的傳輸通道，也就是希望同一時間可以傳輸24個即時語音資料，如今隨著時代的改變，許多電信公司利用此技術來提供較便宜撥接服務（例如頻寬為512Kbps之廣域連線，即只有8個64Kbps的傳輸通道）。這種僅使用T1部分傳輸通道之連線，又稱為部分型T1（Fractional T1，簡稱FT1）。

從T1之後，T-Carrier家族陸續公布傳輸速率更高的T2、T3…（如表9-1所示）等，使用的線材也愈來高級，包括同軸電纜、光纖及無線微波。若以OSI分層架構觀之，T-Carrier是實做了OSI實體層規範。

表 9-1　T-Carrier 傳輸規格（北美版）

種　類	傳輸速率	傳輸通道	相對 T1 傳輸速率
FT1	64 Kbps	1	1/24 個 T1
T1	1.544 Mbps	24	1 個 T1
T2	6.312 Mbps	96	4 個 T1
T3	44.736 Mbps	672	28 個 T1
T4	274.176 Mbps	4032	168 個 T1

9-1-2 SONET

在 1984 年 AT＆T 分家後，許多電信公司均各自發展獨門高速光纖傳輸技術，使的各家高速連線彼此之間均不相容，為了順利連接各家不同高速光纖傳輸技術，後來有一家 Bellcore 公司推出 SONET（Synchronous Optical Network，同步光纖網路）傳輸標準，劃分出各種光學載體（optical carrier）等級傳輸速率，讓各家標準有連接依據，如表 9-2 所示。

若以 OSI 分層架構觀之，SONET 同 T-Carrier 也是實做了 OSI 實體層規範。

表 9-2　SONET 傳輸速率對照表

種　類	傳輸速率
OC-1	51.84Mbps
OC-3	155.52Mbps
OC-9	466.56Mbps
OC-12	622.08Mbps
OC-18	933.12 Mbps
OC-24	1244.16 Mbps
OC-36	1866.24Mbps
OC-48	2488.32Mbps
OC-96	4976.64Mbps
OC-192	9953.28Mbps

9-1-3 X.25

X.25 是一個廣域網路傳輸標準，其範圍涵蓋 OSI 實體層、鏈結層和網路層，主要設計目的是透過公眾交換電話網路（public switched telephone network，簡稱 PSTN）傳輸資料。

X.25 是一種點對點交談方式，這裡所謂的點指的是資料終端設備 DTE（Data Terminal Equipment），例如主機、終端機等。資料封包由來源端 DTE 送出，經由來源端資料通訊設備 DCE（Data Communication Equipment）如數據機等傳輸到資料封包交換器 PSE（Packet Switching Exchange），再傳到目的端 DCE，然後再傳到目的端 DTE。對使用 X.25 上層通訊協定而言，其間透過那些 DCE、PSE 設備傳輸資料封包是無須關心的，這種特性稱為虛擬電路（virtual circuit）如圖 9-1 所示。

X.25 資料封包是非固定長度的，並支援全雙工模式，同時支援錯誤檢查及資料重傳，也因為如此造成 X.25 傳輸速率較慢。

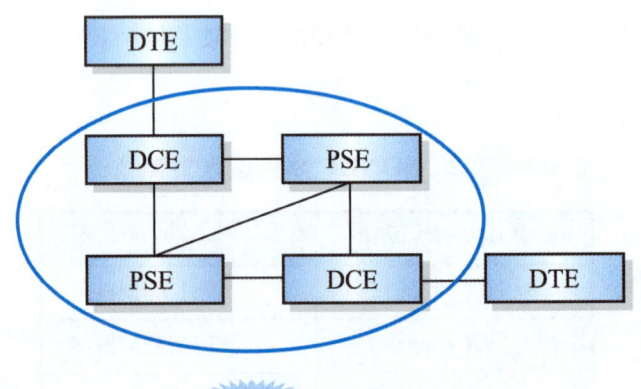

圖 9-1 X.25 通訊

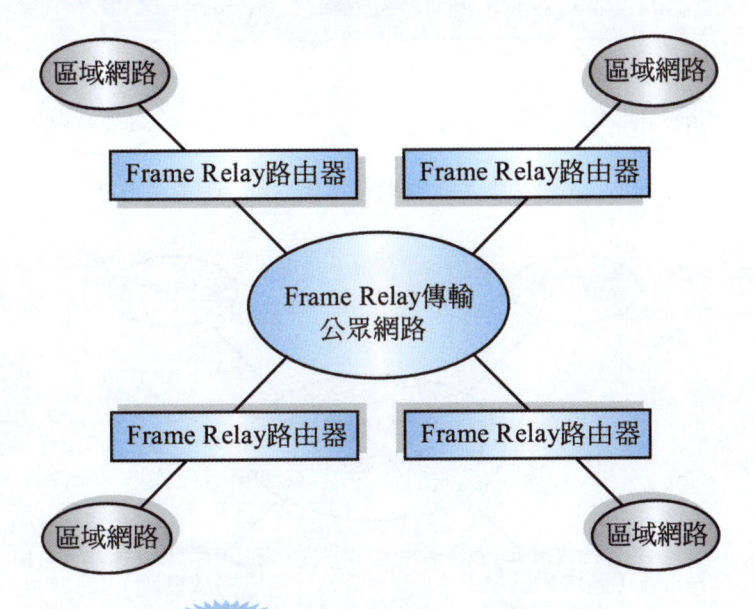

9-1-4 Frame Relay

　　Frame Relay（訊框傳輸）於西元 1984 年由 CCITT 提出，這個技術主要用於整體服務數位網路上，是目前相當常用的廣域網路資料交換通訊協定。Frame Relay 改良自 X.25 協定，所以許多運作觀念和特性均繼承 X.25，但因為 X.25 包含較多錯誤偵測及修正程序，使得傳輸效率較差，為此 Frame Relay 改變作法，將錯誤偵測及修正留給更上層通訊協定去完成，因此傳輸速率提升許多，如圖 9-2 所示。

圖 9-2　Frame Relay 廣域網路

9-1-5 ATM

　　ATM 不僅可作為區域網路通訊標準，也可作為廣域網路通訊標準，有關 ATM 區域網路傳輸技術在第五章已經介紹，這裡僅提到 ATM 廣域網路一些概念。

　　ATM 廣域網路主要是透過 ATM 路由器將各個區域網路連接在一起，傳輸採用 T-Carrier 與 SONET 實體層規格。如果區域網路採用 ATM 傳輸技術，則直接使用 ATM 交換器連接即可，如圖 9-3(a)、(b) 所示。

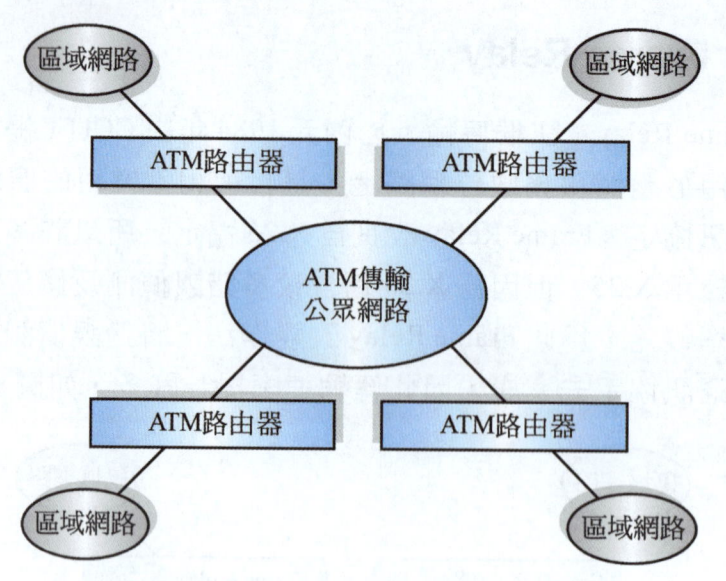

(a) 區域網路為一般網路，需使用 ATM 路由器

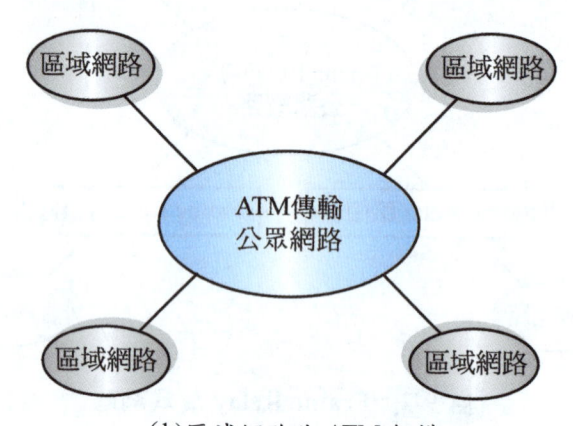

(b) 區域網路為 ATM 架構

圖 9-3 ATM 整合區域網路與廣域網路

9-2 整體服務數位網路

9-2-1 ISDN 簡介

　　整體服務數位網路全名為 Integrated Services Digital Network，簡稱為 ISDN，其發展目的是嘗試將各種資訊及通訊管道，納入一個共通的網路裡面，用戶端只需安裝 ISDN 終端設備與申請 ISDN 網路連接後，即可享有高品質數據通訊服務。

由於政府目前正推動國家資訊快速網路（National Information Internet，NII）計畫，希望未來能達成每個家庭都可以容易連接上網並享用連線服務的目標，事實上由於現在家庭電話普及率早已百分之百，使用現有的公眾數據電話網路應是不二人選，但由於早期電話線路仍是採用類比系統所構成的交換器線路，然而使用類比傳輸（回顧第二章）有二項嚴重缺失：

(1) 資訊傳輸量有上限：由於類比線路先天的限制，即使透過特殊設備和電路信號溝通方式，其傳輸理想上限值大約是56Kbps，也正是目前數據機所標榜最大傳輸速度，但實際應用常受限於類比線路連接品質影響，實際連接速度往往介於 26～38 Kbps 之間。這樣的傳輸速度是無法因應寬頻傳輸要求。

(2) 無法實施多重裝置共用一條線路：如我們使用所知，如果家中同時要使用兩台電話就必須申請安裝兩條電話線路，如果同時還考慮要接上傳真機或電腦撥接上網，那就得再申請額外線路。這種使用架構不論在安裝成本、使用便利性及日後維護的考慮上都不理想，如果只需一條線路就可連接多重裝置一起使用，相信是完美的多。

ISDN就是針對類比電話線路的傳輸缺失所做的重大改革，首先架構上便先摒除傳統類比方式採用Frame Relay傳輸方式（參考 9-2-4 說明），並於傳輸介面設計上提供多重裝置共用處理能力。

9-2-2　ISDN 的架構

ISDN架構上包含介面（interface）、參考點（reference point）和裝置（device），詳述如下：

(一) 介面

ISDN通信交換機與用戶間有兩種連接介面，第一種稱為基本速率介面（Basic Rate Interface，簡稱 BRI），第二種稱為主要速率介面（Primary Rate Interface, 簡稱 PRI）。

1. BRI 介面

　　BRI 介面是由兩條 B 傳輸管道（bearer channel）及一條 D 資料管道（data channel）所組成，每條 B 管道的傳輸速率是 64Kbps，D 管道的傳輸速率是 16Kbps。B 管道主要用來傳輸用戶資料如語音、影像及視訊等資料，此外兩個 B 通道可分別建立兩個路由，除了能對外個別通訊外，亦可將兩個 B 通道合併使用，提供 128Kbps 的高速傳輸以供資料傳輸量更大多媒體影像通訊使用。而 D 管道主要負責傳輸控制訊號及網路管理訊號，典型如 ISDN 電話撥接。因此 BRI 介面也被稱為 2B＋D 式連接。這種連接方式在應用上有很大的彈性，兩條 B 管道可全部用於傳輸語音，或全部用於傳輸資料，兩條結合的傳輸速率可達 128Kbps，或是一條傳語音、另一條傳資料；兩條管道可傳至同一地點或不同地點，同時 D 管道也可連至第三個地點。由於 BRI 介面其傳輸速率較小，故歸類為窄頻 ISDN（N-ISDN）。

2. PRI 介面

　　PRI 介面則有歐洲規格與美國規格之別，美國規格是由 24 條管道（23 條 B 管道加一條 D 管道，或稱 23B＋D 式連接）所組成，每條管道傳輸速率均為 64Kbps，故形成一個合計為 1536 Kbps（64×24＝1536）的通訊通道，這是為適應北美標準 T1 幹線傳輸 1.544Mbps 之速率要求所設計。歐洲規格則是由 32 條管道（31 條 B 管道加上一條 D 管道所組成），每條 B 管道或 D 管道的傳輸速率亦均為 64Kbps，故形成一個合計為 2042 Kbps（64×32＝2042）的通訊通道。雖然歐日規與美規稍有不同，甚至各個國家的細部規格亦不盡一致，但運用軟體設定可以調整，故不同規格的 ISDN 目前已能有效連通運用。由於 PRI 介面其傳輸速率比起 BRI 大了許多，故歸類為寬頻 ISDN（Broadband-ISDN，B-ISDN）。

(二) 參考點

參考點是用來描述不同功能群組間的介面，公分為 R、S、T、U、V 等五種。參考點有時也稱為介面，但為了避免和 BRI、PRI 介面混淆，本書還是以參考點稱之，以資分別。

各參考點的意義：

(1) R：代表 TE2 和 TA 間的連線，常見的為 RS-232 介面。
(2) S：代表 TE1 或 TA 與 NT1 或 NT2 的連線。
(3) T：NT1 與 NT2 的連線。
(4) U：NT1 和 LT 連線。
(5) V：由 ISDN 網路進入 PSTN 連線。

(三) 裝 置

ISDN 所指的裝置是一個抽象功能模組，也就是一組 ISDN 運作程序，完成指定的任務工作，如將訊息格式化或多工等，如圖 9-4 所示。

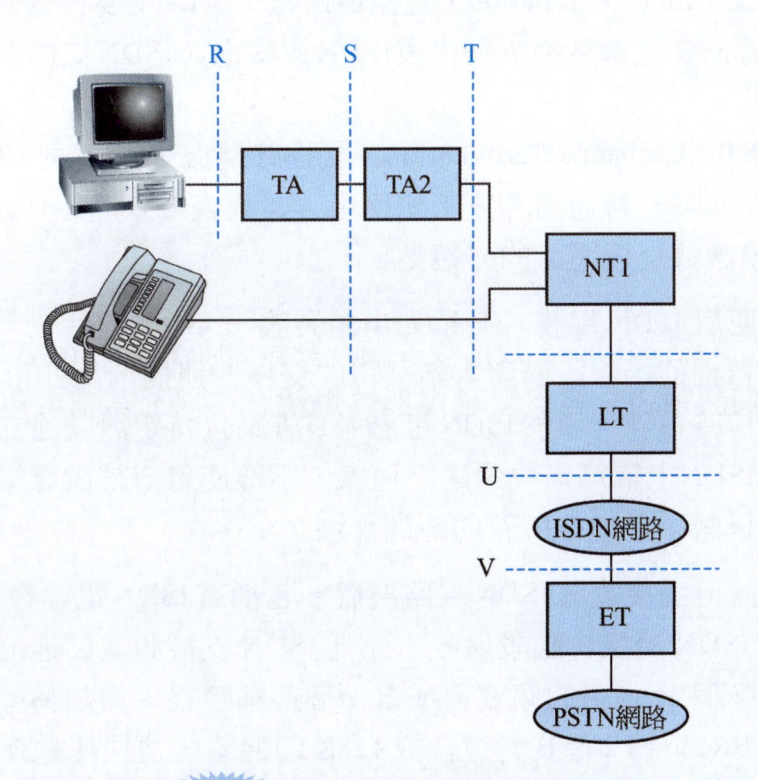

圖 9-4　ISDN 運作架構示意圖

ISDN 裝置有：

(1) TE1（Terminal Equipment Type1，終端裝置一型）：可直接連上 ISDN 線路裝置，如 ISDN 電話機、ISDN 傳真機或 ISDN 視訊會議設備等。

(2) TE2（Terminal Equipment Type1，終端裝置二型）：不可直接連上 ISDN 線路裝置，如一般非 ISDN 之傳統電話機、傳真機等，必須透過 TA 才能連上 ISDN。

(3) TA（Terminal Adapter，終端配置器）：就是把 TE2 連上 ISDN 的裝置。

(4) NT1（Network Termination 1，網路終端機一型）：NT1 負責將由外部連接至家中 ISDN 線路，轉成可供家中裝置使用的線路。由 NT1 牽出來的線路，在 100 公尺範圍內，最多分接給 8 個裝置使用。

(5) NT2（Network Termination 2，網路終端機二型）：NT2 功能便是負責將 NT1 所牽出來的線路再分接給更多使用者。

(6) LT（Line Termination，線路終端機）：LT 主要負責傳輸資料編碼、多工和路由，是代表 ISDN 連線進入 ISDN 交換網路的終端點。

(7) ET（Exchange Termination，交換終端機）：ET 同 LT，主要負責傳輸資料編碼、多工和路由，是代表 ISDN 交換網路進入公眾數據交換網路的終端點。

要使用 ISDN 服務，必須先申請裝設一 ISDN 電話線，同時客戶也需要特別的接線設備與電話公司的交換器連接，此外和其他 ISDN 裝置連接時亦同。由於 ISDN 是透過 D 管道以特定訊號建立連線，所以使用 ISDN 上網可以快速建立連線，不像使用傳統數據機撥接，通常要經過數十秒連線所花的時間那麼久。

目前可直接連上 ISDN 線路裝置，包括有 ISDN 電話機、ISDN 傳真機或 ISDN 視訊會議設備等。此外 ISDN 支援頻寬動態配置功能，可以讓多個 B 通道的頻寬合成單一個傳輸連線，增加傳輸頻寬。例如使用 BRI 可將 2 個 B 通道合成 128K 的連線，加快傳輸速度。

(四) 傳輸方式

　　ISDN 所用的傳輸方式稱為 2B1Q（2 Binary，1 Quaternary）編碼方式，是一個使用兩個二進制、一個四進制的脈衝振幅調制。用於傳輸每個符號含 2 位的一種一維調制方法每個信號準位代表 2 個位元資料，共有四種不同表示方式，參考表 9-3 所示。

表 9-3　ISDN 2B1Q 傳輸方式

位元值	準　位	電壓強度
00	－3	－2.5
01	－1	－0.833
10	＋3	＋2.5
11	＋1	＋0.833

9-2-3　ISDN 的服務與應用

　　由於 ISDN 比起傳統 PSTN 撥接方式多了許多優點，所以對於某些服務與應用原本在 PSTN 上面使用效果不佳的，換成 ISDN 後就沒有問題了。許多歐美先進國家均將 ISDN 用於支援企業經營、學術研究、醫療服務以及學生家庭作業等，事實上以現在電腦硬體便宜和軟體發達，只要懂得如何規劃運用，都能獲得極佳效果。其中實做效果較佳且較重要應用可分為下列幾項：

(1)檔案專線傳輸。　　　(2)桌上電腦視訊會議。
(3)遠距教學與訓練。　　(5)電子購物。

(一) 檔案專線傳輸

　　由於一般電話撥接線路採用類比方法傳輸資料，傳輸速率最快只能達到 36.6Kbps，但採用 ISDN 線路傳輸則可達到 128Kbps 以上，傳輸速率至少快了三倍以上，對於要求時效性的檔案傳輸是相當有吸引力的。加上 ISDN 直接採用數位傳輸模式，傳輸品質大幅提升，使得錯誤重傳所需花費的額外時間也會大幅減少。

此外，以現行網路架構而言，區域網路想要和遠端區域網路相互連通作業時，ISDN 是一個容易使用且廣受支援的中間網路，且只須將數個 ISDN 的 B 管道結合運用，便可以得到高速傳輸效果。

(二) 桌上電腦視訊會議

視訊會議是目前相當熱門的網路應用產品，雖然視訊會議的發展已經很多年，但一直礙於傳統撥接網路傳輸頻寬不足始終無法蓬勃，不過有了高頻寬 ISDN 網路之後，視訊會議總算有一顯身手的舞台。

這裡所討論的視訊會議和第八章所描述並無差別，只是視訊會議所用網路連結部分改成 ISDN 而已。由於 ISDN 頻寬固定，使用上品質會比較穩定及理想。

視訊會議最大的好處，便是與會的雙方即使相隔萬里之遙也可以即時開會討論，彷彿沒有距離。且運用撥接式 ISDN 網路，可與任何選定的對象進行研商、資料交換或群體作業。目前許多美國矽谷高科技公司均透過 ISDN 視訊會議系統與亞洲公司共同進行產品規格設計和研討，可說是應用視訊會議很好的典範。

(三) 遠距教學與訓練

這裡所討論之遠距教學與訓練其觀念和運作模式和第八章所談到的遠距教學基本上是一樣的（請回顧 8-4-3 節），在此不再重述，只是網路連結部分為 ISDN 如此而已。由於 ISDN 頻寬高，使得線上學習過程中教學端所提供的聲音、影像及線上資料，可以快速傳至遠方各教室或訓練場所，使教師與學生如同面對面地進行教學。

(四) 電子購物

這裡所討論之電子購物其觀念和運作模式和第八章所談到的電子購物基本上是一樣的（請回顧 8-4-4 節），在此不再重述。

9-2-4 ISDN 的未來發展

在網路科技日益發達的二十一世紀，世界各國均已深深體認到積極推動資訊網路寬頻建設是提升國家經濟競爭、人民教育普及程度之有效途徑。雖然新一代寬頻技術仍不斷在快速發展之中，但以技術成熟度與全球一致的標準化來看，ISDN仍是其中最被看好技術架構之一。

雖是如此，ISDN的推動目前仍存在著許多阻礙，說明如下四點：

(1) 升級成本過高：電信業者要將一條舊有傳統電話線路升級為 ISDN 線路需要投入相當的成本和人力，且回收期間較長，勢必影響電信業者投資建設ISDN的意願。再加上ISDN未來發展仍有許多的不確定性，使得目前許多主要網際網路服務供應商（ISP）都沒有提供 ISDN 線路服務。

(2) 用戶負擔較高：雖然 ISDN 的速度比傳統電話線路快很多，但各種開銷費用（包括安裝費、基本費、及 Internet 接取費率）均高出許多，對於精打細算的一般民眾，吸引力自然大打折扣。

(3) 缺少有效行銷：大多數的電信公司對於 ISDN 的推廣應用仍然不夠積極，多數的民眾仍然對於ISDN相當陌生，ISDN應用的普及率無法提升，自然影響其普及層面。

(4) 其它網路的競爭：由於 ADSL 及 Cable Modem 寬頻技術（將在下節討論）也逐漸成熟，且使用率也愈來愈高，價格也愈來愈便宜。因此，這些網路的競爭可說是目前及未來 ISDN 發展上的最大潛在威脅。

9-3 寬頻網路

由於一般家庭目前最常使用上網方式仍是透過數據機撥接上網，然而撥接上網所連結的網路是傳統公眾電話網路，即使使用目前最快56Kbps數據機，其傳輸最大頻寬最理想的狀態也不會超過56Kbps，且一旦使用人數增加其傳輸速率便會開始下滑，對於需要傳輸大量資料的客戶而言，其速度也嫌太慢。有鑑於此，各式各樣取代傳統電話網路的傳輸技術不斷地被提出，以目前來說，最受矚目的寬頻技術，以 ADSL（Asymmetric-Digital-Subscriber Lines，非對稱數位用戶迴路）及 Cable Modem（纜線數據機）最為熱門，此外還有 Direct PC 直撥衛星，但因成本過高暫不普及，僅限於專門特定用戶。

一般寬頻的定義，是指傳輸速率每秒能超過 56K 位元以上的速率，以此標準而言傳統類比數據機的傳輸速率只能稱為窄頻。由於採用 ADSL、Cable Modem 或 Direct PC 傳輸技術均能提供比撥接上網快百倍以上的傳輸速率，所以以上述寬頻技術所架構之網路稱為寬頻網路。

9-3-1 ADSL

在正式介紹ADSL之前先讓我們先介紹另一個專有名詞 - 數位用戶迴路（Digital-Subscriber Lines，簡稱DSL）。DSL技術主要應用在現有一般銅質電話線路上，透過調變及編碼技術來提高傳輸速率，使用一對 DSL 數據機（一端在用戶端，一端在主機端）透過電話線連接用戶電腦和系統主機，將高頻寬資訊帶給一般家庭與小企業用戶的數位迴路。一般而言使用 DSL 傳輸速率每秒最多可接收 6.1 Mb 的資料，且可以連續傳輸動作影像、聲音、甚至網路連線遊戲之 3D 特效。

ADSL 可說是 DSL 的應用的一種，其他 DSL 還有 HDSL（高速率 DSL）、SDSL（對稱 DSL）、VDSL（非常高速率 DSL）等，這些均通稱為 xDSL 技術。觀察 ADSL 的歷史最早是由 Bellcore 於 1989 年提出，原是電話公司為了提供隨選視訊系統型態的多媒體應用而發展的技術，但是隨著全球資訊網的興起，已經轉換變成著重在提供高速網際網路存取服務，目前在寬頻網路市場上，已有後勢看好之趨勢。

ADSL工作原理是以現有的電話銅線為傳輸媒介來輸送資料，主要原理是以電話雙絞線的低頻帶（0～4kHz）提供語音傳輸，中頻帶（25～200kHz）提供中速雙工通道用於資料的上傳，高頻帶（200～1000kHz）提供資料下傳。由於使用不同頻率範圍來傳輸語音和資料，所以 ADSL 可以同一時間上網，也不會妨礙其他人用電話。而為何要稱為非對稱？其意義為上傳速率（64Kbps～640Kbps）與下載的速率（1.6Mbps～6Mbps）不同。

Computer Network
第 9 章 整體服務數位網路與寬頻網路

　　ADSL使用方式和傳統撥接不大一樣，首先在電信公司傳輸端部分必須先將數據資料透過 ADSL 數據機傳輸，透過語音數據分離設備（POTS splitter，簡稱 PS）將語音與數據資料分離；進入用戶端後，透過 ADSL 數據機接收數據資料，語音資料則進入電話機。在電腦的那端，ADSL數據機將由網路卡送出的數碼訊息轉變為類比訊號，並以高頻率送出，高頻訊號經分離器與低頻訊號（如語音訊號）合併後經雙絞線送出，而接收的一方則經 ADSL 分離器分析出高頻及低頻訊號，然後經 ADSL 數據機還原成數碼訊息，轉送至網路卡及電腦中，如圖 9-5 所示。ADSL 數據機如圖 9-6 所示。

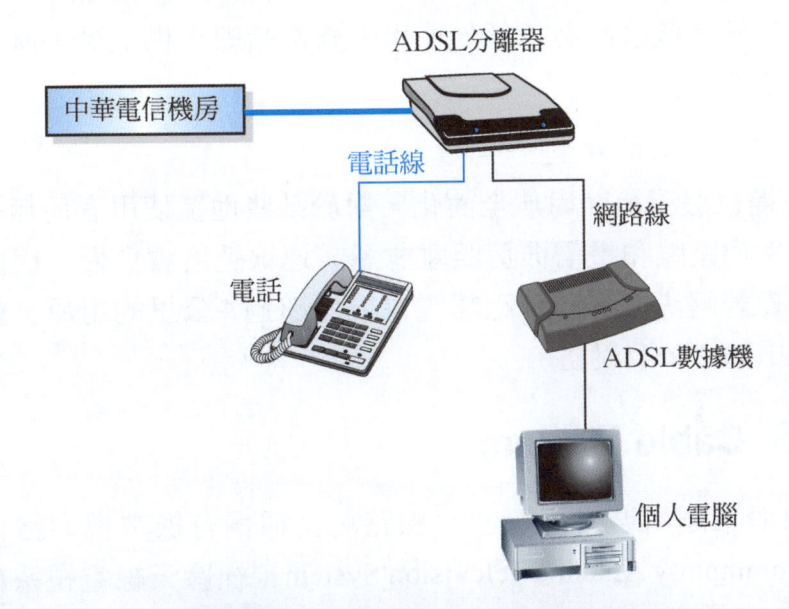

圖 9-5　ADSL 傳輸服務連接圖

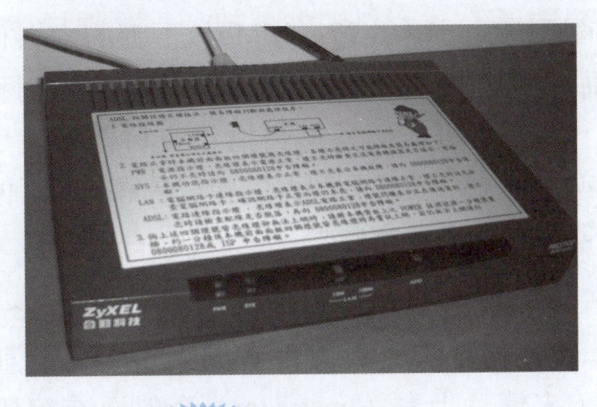

圖 9-6　ADSL 數據機

過去ADSL無法普及的原因在調變技術不統一，不同技術間無法相容，加上必須在用戶端加裝 ADSL 分離器，除了讓價格居高不下外，安裝也相當困難。為推動全球共通的ADSL標準，包括Compaq、Intel、Microsoft等全球資訊、通訊及網路業者共同成立ADSL促進團體（UAWG, Universal ADSL Workingroup），以推動ADSL成為業界標準。

使用 ADSL 的優點：
(1) 每個用戶所擁有的頻寬是固定，不會因上線人數一多而降低。
(2) 現有電話用戶迴路可再利用，無須架設額外線路。
(3) 不像傳統撥接必須額外使用一條電話線專供上網，減輕電話線路的負擔。

使用 ADSL 的缺點：
(1) 提供服務範圍尚無全面化，對於某些地區使用者尚無法申請。
(2) 用戶距離和電信機房距離愈遠，連線速度會愈慢。因此在沒有妥善解決方案前，距離電信機房超過4公里的用戶，暫時無法申請 ADSL 服務。

9-3-2 Cable Modem

一般家庭所裝設的第四台線路，又稱為有線電視網路，英文名稱為Community Antenna Television System（社區天線電視系統），簡稱為 CATV。由於有線電視所提供的頻寬相當大，至少有上百個頻道，所以可以利用多餘不用的頻道作為資料傳輸之用。以目前規格來看平均每個頻道可以提供27～36Mbps不等的資料傳輸通道，而且不會和電視節目頻道互相干擾，故可同時提供上網和觀賞電視。當頻道不夠時，只要再將一個頻道轉換為資料傳輸使用，頻寬瞬間就可加倍。這些好處使得有線電視網路的頻寬是傳統電話線路的100～1000倍，所以非常適合拿來做寬頻傳輸。

一般有線電視網路會利用典型的電視頻寬（50～750MHz）將下載（downstream）資料傳輸到使用者的家中，同時利用另一組頻寬（5～42MHz）來傳輸上載（upstream）資料至有線電視公司機房系統，以達到雙向傳輸之目的。至於頻道的使用方式和形式則由有線廣播電視業者自行規劃，並沒有固定標準。這種可以同時傳輸上載及下載資料的模式稱為雙向模式。另外還有一種單向模式，也就是下載資料仍是透過有線電纜傳輸，而上載資料還是需要經過傳統的數據機透過電話網路傳到有線電視公司的機房系統。這種方式就是高速下載，低速上傳，所以單向纜線數據機上網速度比雙向纜線數據機來得慢。有關單向模式和雙向模式的差異，如圖 9-7 所示。

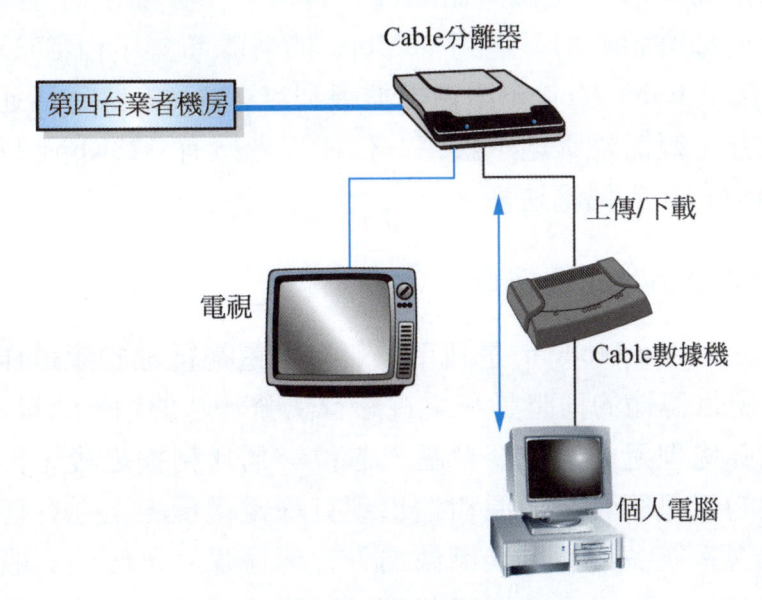

(a) 雙向傳輸服務

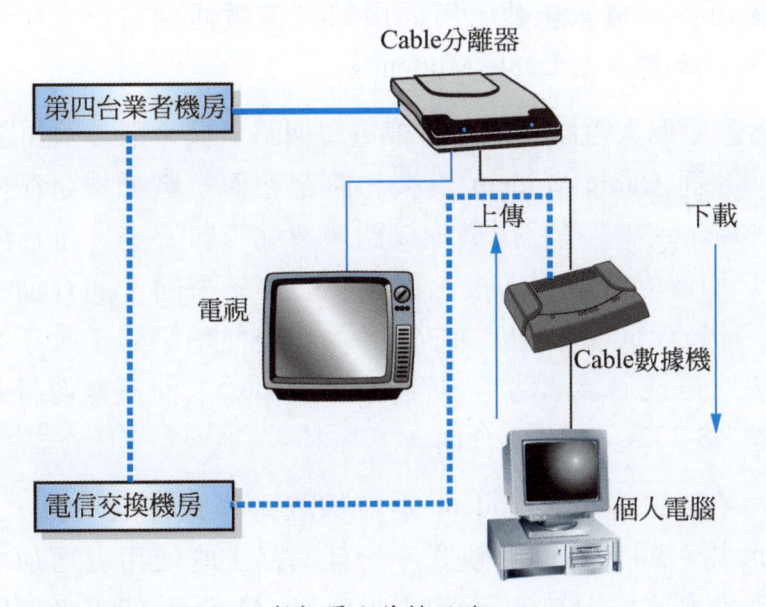

(b) 單向傳輸服務

圖 9-7　Cable Modem 傳輸服務連接圖

Computer Network
電腦網路

過去由於國內法令的規定，除了在封閉性的社區內之外，有線電視業者不得提供雙向的服務。但此一法令已在八十九年開放，一旦開放之後，許多有線業者（或稱固網業者）將可申請執照架設專線，也可藉由市場公平競爭提升線路傳輸及服務品質，對於未來通訊網路的普及，將有正面的幫助。目前國內有線電視網路採用的都是最新進的 HFC（光纖同軸混合）網路，一條纜線就可乘載上百個頻道，而每個頻道均可達到 30Mbps 的傳輸頻寬（相當 20 條 T1 線路），因此 Cable Modem 纜線數據機利用 CATV 線路作為連上網際網路的媒介，輕而易舉地，讓每一位使用者擁有 128Kbps 以上（最高達 1544Kbps）的傳輸速率。

(一) Cable Modem 傳輸原理

由於 Cable Modem 是利用一般有線電視纜線的頻道作為傳輸的媒介，所以傳輸的同時是和電視影音訊號一起傳輸。Cable Modem 會先將電腦處理過的數位資料經過數位→類比轉換之後，再與其他有線電視的視訊節目訊號混和送出到有線電視纜線上進行傳輸。由於有線電視系統多半採用光纖做為骨幹傳輸媒介，因此一般而言傳輸的訊號會先經過光電轉換器將電氣訊號轉換為光訊號，然後到適當的位置再轉回電氣訊號，再經由同軸電纜傳到用戶家中，同時送給電視機的接收器和 Cable Modem。

若家中個人電腦要使用有線電視網路上網，則必須加裝一台 Cable Modem，而 Cable Modem 安裝和設定和傳統數據機是截然不同地。Cable Modem 主要是利用纜線網路來傳輸資料服務，是經由標準的 10 Base-T 和個人電腦相連接，這和一般傳統網路卡的介面一致，所以安裝 Cable Modem 前必須在電腦內安裝標準網路卡，所有資料傳輸和接收均是透過該網路卡傳至 Cable Modem，而不像傳統數據機是單純透過 RS-232C 或 USB 介面。

大多數的 Cable Modem 系統採取共享式存取平台，因為 Cable Modem 用戶端共享可用頻寬。一旦網路上的使用者增加愈多，則頻寬分享會愈來愈短缺，導致個別 Cable Modem 使用者連線速度越來越差。

(二) 使用 Cable Modem 優缺點

優點：(1) 無須經過撥接程序，系統永遠處於接通狀態。
　　　(2) 可同時觀賞有線電視和上網。
　　　(3) 用戶若配合有線電視收費，價格比較划算。

缺點：(1) 個用戶所擁有的頻寬會因上線人數一多而降低。
　　　(2) 上傳訊號易受無線電波干擾，影響傳輸品質。
　　　(3) 初期建置採用混合式光纖同軸，其設備成本高。
　　　(4) 由於纜線容易暴露在外，容易遭有心人士破壞或竊聽，且用戶共用容易引起傳輸資料保密問題。

ADSL 與 Cable Modem 的比較，如表 9-4 所示。

表 9-4　ADSL 與 Cable Modem 的比較表

項　目	ADSL	Cable Modem
建設者	電信業者	有線電視業者
投資建設	目前僅中華電信一家整體建設，網路架構單純。	由系統業者、有線電視業者與 ISP 共同合作，網路架構較複雜，變數多。
網路架構	星形架構，維修容易，個別電路，不影響他人。	串接形架構，維修複雜，障礙會互相影響。
傳輸速率	下傳可高至 9Mbps 上傳可高至 1Mbps 與傳輸距離有關	*單向 Cable Modem： 　下傳 200K~400K 　上傳採一般電話撥接 *雙向 Cable Modem： 　上、下載均可達 200K~400K，但與同時使用用戶數多寡有關。
目前台灣發展現況	大幅領先，成長快速，目前市場佔有率已高達 80% 以上。	較為落後，目前市場佔有率僅有不到 20% 以上。
網路安全	佳	差

9-2-3 DirectPC

　　DirectPC是由美國休斯（Hughes）公司所發展，主要是利用衛星傳輸來提供網際網路的服務，所以可說是無線的網路。使用DirectPC上網的方式，是利用專屬DirectPC碟形天線接受器（dish）和介面卡等設備，接受衛星所傳輸的資料，但是上傳資料還是要透過傳統的數據機，連上ISP才行，所以可說是單向的傳輸模式。所幸一般使用者使用網際網路接收下載資料遠大於傳輸資料，故此種方式用於瀏覽網路時非常快速。

　　DirectPC的傳輸速率大概在200～400K左右，其優點是不受到地形的限制，對於有線網路並不是很普及地形的偏遠地區，使用DirectPC就相當適合。但缺點是使用衛星傳輸會受到天氣的影響，如果天氣不好，雲層太厚的話，訊號就會受到干擾。

9-4　結　論

　　由於網際網路的盛行，一般家庭若想連線至網際網路，都必須透過廣域網路的連接。目前最常使用的廣域網路，便是電話數據網路。然而隨著寬頻需求與日遽增，新的連線上網技術不斷開發。

　　目前廣域網路傳輸技術標準包括T-Carrier、SONET、X.25、Frame Relay（訊框傳輸）及ATM等，其中以X.25及Frame Relay應用最廣。ISDN便是利用Frame Relay傳輸技術。

　　傳統電話撥接網路由於其傳輸頻寬低，且傳輸品質不理想，也無法同時一邊講電話一邊上網，幾乎可以確定在未來網路市場上要被淘汰，只是時間早晚的問題而已。但以目前網路市場來看，由於電話撥接網路仍有佔有率高級費用便宜的競爭優勢，所以仍是偶而上網使用者較好的選擇。

以目前寬頻網路發展來看，ISDN、ADSL和Cable Modem各擅勝場。ISDN擁有頻寬可隨需求調整的優點，只是安裝費用和升級成本昂貴，並不適合一般個人用戶，比較適合大企業公司專案使用，故普及率始終無法提升。Cable Modem由於透過有線電視線路，對於家中原本就裝有線電視用戶而言倒是一個不錯的選擇。但由於有線電視線路容易遭人破壞或盜用，Cable Modem 網路安全性尚有改進空間，且 Cable Modem 因採共享頻寬架構，不具傳輸速率調節能力，一旦使用人數使用增加，頻寬可能發生不足情況。ADSL則是目前使用最多的寬頻網路，因為使用舊有電話線路，不必花費額外線路成本，且 ADSL 具傳輸速率調節能力，可隨線路品質調整傳輸速率，頻寬處理能力比起Cable Modem 來得更好。

重點摘要

1. T-Carrier（Trunk-Carrier，主幹傳輸媒體），其核心技術是使用分時多工方式（TDM）在同一條傳輸線上傳輸多道語音訊號。

2. Bellcore 公司所推出 SONET（Synchronous Optical Network，同步光纖網路）傳輸標準，主要是劃分出各種光學載體等級傳輸速率。

3. X.25 是一個廣域網路傳輸標準，主要設計目的是透過公眾交換電話網路傳輸資料。X.25 是一種點對點交談方式，這裡所謂的點指的是資料終端設備 DTE，例如主機、終端機等。

4. Frame Relay（訊框傳送）將錯誤偵測及修正留給更上層通訊協定去完成，因此傳輸速度提升許多。

5. 整體服務數位網路全名為(Integrated Services Digital Network)，簡稱為 ISDN，其發展目的是嘗試將各種資訊及通訊管道，納入一個共通的網路裡面，用戶端只需安裝 ISDN 終端設備與申請 ISDN 網路連接後，即可享有高品質數據通訊服務。

6. ISDN 架構上包含介面（interface）、參考點（reference point）和裝置（device）。

7. 介面指的是通信交換機與用戶間連接介面，可分成兩種，第一種稱為基本速率介面(BRI)，第二種稱為主要速率介面(PRI)。

8. BRI 介面是由兩條 B 傳輸管道及一條 D 資料管道所組成，每條 B 管道的傳輸速率是 64Kbps，D 管道的傳輸速率是 16Kbps。B 管道主要用來傳輸用戶資料如語音、影像及視訊等資料。

9. PRI 介面則有歐洲規格與美國規格之別，美國規格是由 24 條管道（23 條 B 管道加一條 D 管道，或稱 23B ＋ D 式連接）所組成，每條管道傳輸速率均為 64Kbps，故形成一個合計為 1536Kbps ($64 \times 24 = 1536$)的通訊通道，這是為適應北美標準 T1 幹線傳輸 1.544Mbps 之速度要求所設計。歐洲規格則是由 32 條管道（31 條 B 管道加上一條 D 管道所組成），每條 B 管道或 D 管道的傳輸速率亦均為 64Kbps，故形成一個合計為 2042 Kbps ($64 \times 32 = 2042$)的通訊通道。

10. 參考點是用來描述不同功能群組間的介面，共分為 R、S、T、U、V 等五種。各參考點的意義如下：

(1) R：代表 TE2 和 TA 間的連線，常見的為 RS-232 介面。

(2) S：代表 TE1 或 TA 與 NT1 或 NT2 的連線。

(3) T：NT1 與 NT2 的連線。

(4) U：NT1 和 LT 連線。

(5) V：由 ISDN 網路進入 PSTN 連線。

11. ISDN 所指的裝置是完成指定的任務工作，如將訊息格式化或多工等。

12. ISDN 所用的傳輸方式稱為 2B1Q（2 Binary，1 Quaternary）編碼方式，是一個使用兩個二進制、一個四進制的脈衝振幅調制。

13. ADSL 工作原理是以現有的電話銅線為傳輸媒介來輸送資料，主要原理是以電話雙絞線的低頻帶(0~4kHz)提供語音傳輸，中頻帶(25~200 kHz)提供中速雙工通道用於資料的上傳，高頻帶(200~1000kHz)提供資料下傳。

14. 使用 ADSL 最大的優點包括：

(1) 每個用戶所擁有的頻寬是固定，不會因上線人數一多而降低。

(2) 現有電話用戶迴路可再利用，無須架設額外線路。

(3) 不像傳統撥接必須額外使用一條電話線專供上網，減輕電話線路的負擔。

15. CATV 以目前規格來看平均每個頻道可以提供 27~36Mbps 不等的資料傳輸通道，而且不會和電視節目頻道互相干擾。

16. 一般 CATV 網路會利用典型的電視頻寬(50~750 MHz)將下載資料傳送到使用者的家中，同時利用另一組頻寬(5~42 MHz)來傳送上載資料至有線電視公司機房系統，以達到雙向傳輸之目的。

17. 由於 Cable Modem 用戶端共享可用頻寬。一旦網路上的使用者增加愈多，則頻寬分享會愈來愈短缺，導致個別 Cable Modem 使用者連線速度越來越差。

18. DirecPC 是由美國休斯(Hughes)公司所發展，主要是利用衛星傳輸來提供網際網路的服務，所以可說是無線的網路。使用 DirectPC 上網的方式，是利用專屬 DirecPC 碟形天線接受器（dish）和介面卡等設備，接受衛星所傳輸的資料。

習題

一、是非題

（　　）1. T-Carrie 是由 AT＆T 於發展在實體層的數位傳輸技術，其核心技術是使用分時多工方式（TDM）在同一條傳輸線上傳輸多道語音訊號。

（　　）2. X.25 是一個區域網路傳輸標準。

（　　）3. Frame Relay 改良自 X.25 協定，但增加錯誤偵測能力，故傳輸速率略慢於 X.25。

（　　）4. 整體服務數位網路指的便是 ISDN 服務，是一種快速撥接上網之寬頻網路。

（　　）5. ATM 廣域網路主要是透過 ATM 路由器將各個區域網路連接在一起，如果區域網路採用 ATM 傳輸技術，則直接使用 ATM 交換器連接即可。

（　　）6. ISDN 傳輸的是數位資料，因此在使用電腦連接網路時，不須再安裝數據機做 A/D 或 D/A 處理。

（　　）7. PRI 介面由於其傳輸速率較小，故歸類為窄頻 ISDN。

（　　）8. 要使用 ISDN 服務，必須先申請裝設一 ISDN 電話線，客戶也需要特別的設備與電話公司的交換設備連接。

（　　）9. ADSL 是以現有的電話銅線為傳輸媒介來輸送資料。

（　　）10. 使用 ADSL 的用戶若距離和電信機房距離愈遠，連線速度會愈快。

（　　）11. 串列式傳輸在傳輸線需求上只需要一組線路便可完成，所以成本較低，但速度較慢。

（　　）12. 單向纜線數據機上網速度比雙向纜線數據機來得慢。

（　　）13. 安裝 Cable Modem 前必須在電腦內安裝標準網路卡，因為所有資料傳輸和接收均是透過該網路卡傳至 Cable Modem。

（　　）14. 使用 DirectPC 上網的方式，是利用專屬 DirecPC 碟形天線接受器（dish）和介面卡等設備，接受衛星所傳輸的資料，但是上傳資料還是要透過傳統的數據機，連上 ISP。

(　　) 15. 使用 DirectPC 資料傳輸不會受到天氣的影響，故比無線電波傳輸來得好。

二、選擇題

(　　) 1. T1 傳輸速率為　(A)1544 Mbps　(B)6312 Mbps　(C)44736 Mbps　(D)274176 Mbps。

(　　) 2. SONET 主要定義何種媒介傳輸技術？
(A)無線傳輸　(B)雙絞線　(C)同軸電纜　(D)高速光纖。

(　　) 3. X.25 是一個廣域網路傳輸標準，其範圍不涵蓋 OSI 哪一層？
(A)實體層　(B)鏈結層　(C)網路層　(D)傳輸層。

(　　) 4. 下列何者不為 ISDN 的應用？
(A)閘道服務　(B)遠距教學　(C)電子購物　(D)檔案傳輸服務。

(　　) 5. 下列何者不是 ISDN 的推動目前存在著許多阻礙
(A)升級成本相當昂貴，ISP 服務公司意願低
(B)使用軟體過少　(C)其他寬頻網路競爭同軸電纜。

(　　) 6. ISDN 裝置中，負責將由外部連接至家中 ISDN 線路，轉成可供家中裝置使用的線路的為
(A)TA　(B)NT1　(C)LT　(D)ET。

(　　) 7. ISDN 裝置中，主要負責傳輸資料編碼、多工和路由，是代表 ISDN 連線進入 ISDN 交換網路的終端點為
(A)TA　(B)NT1　(C)LT　(D)ET。

(　　) 8. ISDN 所用的傳輸方式為
(A)ATM　(B)2B1Q　(C)CSMA/CD　(D)CSMA/CA。

(　　) 9. 下列何者不是 ADSL 的特點？　(A)現有電話用戶迴路可再利用，無須架設額外線路　(B)不像傳統撥接必須額外使用一條電話線專供上網，減輕電話線路的負擔　(C)即使連線時，現行電話通話將無法繼續　(D)用戶距離和電信機房距離愈遠，連線速度會愈慢。

(　　) 10.下列何者不是 Cable Modem 的特點？ (A)無須經過撥接程序，系統永遠處於接通狀態 (B)為共享頻寬架構，但具傳輸速率調節能力 (C)安裝 Cable Modem 前必須在電腦內安裝標準網路卡，因為電腦室透過網路卡收發資料 (D)若是單向傳播方式下載資料是透過有線電纜傳輸，而上載資料還是需要經過傳統的數據機透過電話網路傳到有線電視公司的機房系統。

三、問答題

1. 常見廣域網路通訊協定有哪些？

2. 在 ISDN 架構上包含介面（interface）、參考點（reference point）和裝置（device），試說明其代表意義。

3. 目前寬頻上網的選擇有哪些？其特性為何？

4. 試比較 ADSL 和 Cable Modem 之間的優缺點？

書　　　名	電腦網路	
書　　　號	AB01402	
版　　　次	2009年01月初版 2025年08月三版	
編 著 者	黃智宏	
責 任 編 輯	游淇文	
校 對 次 數	6次	
版 面 構 成	林伊紋	
封 面 設 計	林伊紋	

國家圖書館出版品預行編目資料

電腦網路/黃智宏編著. -- 三版. -- 新北市：台科大圖書股份有限公司, 2025.08
面；公分

ISBN 978-626-391-605-0(平裝)

1.CST: 電腦網路

312.16　　　　　　　　　114011025

出 版 者	台科大圖書股份有限公司
門 市 地 址	24257新北市新莊區中正路649-8號8樓
電　　　話	02-2908-0313
傳　　　真	02-2908-0112
網　　　址	tkdbook.jyic.net
電 子 郵 件	service@jyic.net
版 權 宣 告	**有著作權　侵害必究** 本書受著作權法保護。未經本公司事前書面授權，不得以任何方式（包括儲存於資料庫或任何存取系統內）作全部或局部之翻印、仿製或轉載。 書內圖片、資料的來源已盡查明之責，若有疏漏致著作權遭侵犯，我們在此致歉，並請有關人士致函本公司，我們將作出適當的修訂和安排。
郵 購 帳 號	19133960
戶　　　名	台科大圖書股份有限公司 ※郵撥訂購未滿1500元者，請付郵資，本島地區100元 / 外島地區200元
客 服 專 線	0800-000-599
網 路 購 書	勁園科教旗艦店　蝦皮商城　　博客來網路書店　台科大圖書專區　　勁園商城
各服務中心	總　　公　　司　02-2908-5945　　台中服務中心　04-2263-5882 台北服務中心　02-2908-5945　　高雄服務中心　07-555-7947

線上讀者回函
歡迎給予鼓勵及建議
tkdbook.jyic.net/AB01402